融合教材

新能源专业导论

主　编　杨世关

副主编　李继红　鹿院卫　陈汉平　钱　斌

中国水利水电出版社
www.waterpub.com.cn
·北京·

内 容 提 要

本书为专业导论系列教材之一，面向国家战略性新兴产业相关专业——新能源科学与工程和新能源材料与器件的人才培养需求，从新能源在保障人类社会可持续发展中的作用和地位，新能源种类及其转换利用技术途径，新能源类专业学生专业素养的培养，以及新能源产业及其所能提供的就业岗位等方面，系统阐述了新能源类专业的设置背景、新能源知识体系和课程体系、大学生能力培养和素质提升目标，以及该专业学生未来的职业发展方向，以帮助学生形成对专业的整体认知并激发他们的专业兴趣。

本书可作为高等院校新能源科学与工程专业、新能源材料与器件专业本科生教材，以及其他新能源相关专业学生的教学参考书，也可作为对新能源感兴趣的高中生报考专业的参考资料。

图书在版编目（CIP）数据

新能源专业导论 / 杨世关主编. -- 北京 : 中国水利水电出版社, 2020.7(2024.7重印).
专业导论系列教材
ISBN 978-7-5170-8679-6

Ⅰ. ①新… Ⅱ. ①杨… Ⅲ. ①新能源－高等学校－教材 Ⅳ. ①TK01

中国版本图书馆CIP数据核字(2020)第124287号

书　　名	专业导论系列教材 **新能源专业导论** XIN NENGYUAN ZHUANYE DAOLUN
作　　者	主　编　杨世关 副主编　李继红　鹿院卫　陈汉平　钱斌
出版发行	中国水利水电出版社 （北京市海淀区玉渊潭南路1号D座　100038） 网址：www. waterpub. com. cn E-mail：sales@ mwr. gov. cn 电话：(010) 68545888（营销中心）
经　　售	北京科水图书销售有限公司 电话：(010) 68545874、63202643 全国各地新华书店和相关出版物销售网点
排　　版	中国水利水电出版社微机排版中心
印　　刷	天津嘉恒印务有限公司
规　　格	184mm×260mm　16开本　15.25印张　352千字
版　　次	2020年7月第1版　2024年7月第5次印刷
定　　价	**62.00**元

丛 书 编 委 会

本书编委会

丛书序

为全面贯彻全国教育大会、全国高校思想政治工作会议以及新时代全国高等学校本科教育工作会议精神，深入落实教育部《关于加快建设高水平本科教育全面提高人才培养能力的意见》等文件要求，主动适应国家能源发展战略和经济社会发展对人才的新需求，华北电力大学规划并推出了这套专业导论教材。

大学生在四年学习过程中要修习几十门课程，做大量实验，参加丰富多彩的课外活动，可谓忙碌而充实。但调研显示，一旦谈起对自己所学专业的认识，即使是即将毕业的学生，有很多人依然懵懵懂懂，难以准确概括本专业的主要工作领域、内容、地位和今后发展方向。尽管每位大学生在入学之初都接受了专业教育，但以报告形式进行的专业教育受时间所限，难以系统地帮学生建立起对专业的整体认知。从 2016 年开始，我校新能源科学与工程专业依托“全国新能源科学与工程专业联盟”，联合多所高校开始编制《新能源专业导论》教材，并开设专业导论课程。2018 年教材正式出版以来，又带动了一批高校开设“新能源专业导论”课程，得到了广大老师和学生的高度评价。实践证明，开设专业导论课程可以有效地补上专业教育的短板。基于此，我校扩大专业导论课程开设的范围，同时启动配套教材建设。这套专业导论教材正是这一规划建设的系列成果。

学校统一规划并组织建设这套教材的主要目的，一是帮助新生全面认识和了解专业、激发专业兴趣，树立专业认同感。二是使学生明确大学期间专业知识结构和能力、素养的发展方向，为大学四年学习生涯和之后的人生发展提供基本指导。

围绕教材建设，我们制定了以下建设目标：第一，以立德树人为根本，将价值引领有机融入教材建设，帮助大学生扣好人生的第一粒扣子；第二，完整呈现专业知识结构和课程体系，使学生建立起对专业的整体认知；第三，挖掘专业领域内能激发学生创新意识和探索精神的素材，培养学生的创新意识和探索精神；第四，系统介绍大学阶段需重点培养的能力和素质，为学生全面发展指明方向。

这套专业导论教材以工科专业为主，同时涵盖了文科和理科专业，其中既有新兴专业，也有我校传统优势专业。这些专业发展历史不同、学科基础不同、所面向的产业不同，在遵循共同建设目标的前提下，我们鼓励教材编写者大胆探索和创新，使教材体现出专业特色。

为保证教材建设质量，我们对编者进行了严格挑选并提出了高标准要求：一是要求主编对专业有系统、全面和深入的认识；二是要求编者有很强的文字功底，能够很好地平衡内容的专业性和语言的通俗性；三是要求编者具有较强的思政意识和课程价值元素的挖掘能力。

专业导论教材建设的要求高、难度大，这套教材肯定还存在需要进一步完善和提升之处，希望读者批评指正，以便不断改进。我们抛砖引玉，期待有更多的兄弟高校加入到专业导论教材建设中，共同打造一批精品专业导论教材。

王增平

2020 年 6 月 28 日

前言

本教材是在2018年出版的《新能源科学与工程专业导论》基础上修订而成的。2010年，教育部批准设立了两个与新能源这一国家战略性新兴产业相关的专业，即新能源科学与工程和新能源材料与器件。近年来，这两个专业获得了快速发展，这得益于新能源在我国能源体系中地位的不断提升。2021年，习近平总书记在中央财经委员会第九次会议上提出“构建以新能源为主体的新型电力系统”；2022年，在党的二十大报告中又提出“加快规划建设新型能源体系”。国家在能源高质量发展方面的战略部署，对担负人才培养使命的教材建设提出了更高的要求，同时也为教材持续改进指明了方向。从体现国家能源发展规划和布局，以及新能源科技和产业发展成就出发，本次修订我们对教材内容进行了增补和更新，同时，为满足两个新能源类专业用书所需，将教材更名为《新能源专业导论》。

本次修订，教材主体结构延续了第一版，仍坚持“四维”导论架构。从破解学生专业认知困惑角度出发，重点回答了四个问题，即人类为何要大力发展新能源，如何高效转换利用新能源，如何学习新能源专业，以及新能源产业全貌及其所提供的岗位情况如何。

作为一本专业导论教材，帮助学生建立对专业的整体认知是其首要旨归。哲学家雅思贝尔斯在《什么是教育》中说“从整体上阐述一门科学的讲座具有特殊的地位，它们是不可或缺的，因为它们唤醒了审视整体的冲动，同时又果断而彻底地在细节上下功夫。”这也是我们编写这本教材期望达到的目的。为此，教材从四个维度来唤醒学生整体审视新能源专业的冲动，并进而激发他们对专业的学习兴趣，以及在新能源领域的创造力。

第1章，着重讨论了人类为什么要开发利用新能源的问题。从能源与环境这两个关系人类可持续发展的重大主题出发，解析了新能源发展的历史和现实背景，世界能源转型发展趋势，以及推动能源转型的力量源泉，目的是使学生能够以宽广的视野认识新能源快速发展背后的底层逻辑，并学习如何从因果关系角度思考重大问题。

第2章，整体介绍了新能源转换利用技术体系。从“资源—转换—应用”三个环节构建了新能源技术整体认知框架，按照该框架分别描述了太阳能、生物质能、风能、地热能、氢能、海洋能和核能等新能源技术，并扼要介绍了新能源产业发展的重要支撑——储能技术。本章旨在使学生形成对新能源的整体认知，避免四年大学读下来，学生对新能源的认识始终处在“只见树木、不见森林”的状态；同时，为学生在后续专业课程学习阶段达到教育家怀特海所说的“使学生通过树木看见森林”的目的而奠定基础。

第3章，全面论述了如何培养新能源专业素养。大学教育需要做到“价值塑造、能力培养、知识传授”三位一体。为此，本章在对国内新能源专业及产业发展广泛调研的基础上，构建了新能源专业的知识体系及课程体系，并介绍了主要课程的意义；在此基础上，从学习能力、思维能力和实践创新能力方面探讨了如何培养这些能力；进而从价值塑造角度分析了大学生应着重提升的素质。

第4章，初步解析了新能源产业链及工程职业岗位。通过剖析新能源产业链的构成及其发展现状和趋势，以及产业所能提供的工作岗位，希望使学生对自己未来所投身其中的事业形成初步认知，建立对未来的期冀。

附录包含4项内容，即复杂工程问题案例、能源相关机构及其网址、全国性大学生创新创业大赛简介，以及新能源相关硕士专业及招生单位。解决复杂工程问题是工科学生需培养的最为重要的一项专业能力，案例的作用在于帮助学生对复杂工程问题建立初步概念。专业网站推介的目的在于为学生了解新能源科技和行业的发展提供具有权威性的检索渠道。参加创新比赛已成为提升学生创新能力非常重要的途径，大赛的介绍有助于学生进一步认识和参与这些重要的赛项。提供的新能源相关硕士专业招生单位名单，是想帮助有志于继续深造的学生寻找未来考研的方向。

本次修订的主要内容包括：第1章，增加了推动能源转型的力量部分。第2章，增加了能源与能量，以及氢能、海洋能、核能和智能微电网等部分，重写了储能，并对地热能和太阳能进行了修改和补充。第3章，增加了新能源知识体系、新能源材料与器件课程体系，并重写了能力培养部分。第4章，更新了太阳能产业和风能产业内容，以及新能源工作岗位的数据，增加了氢能产业和光热产业。还有一项重要增订内容，就是每章都增加了课后思考题，从培养学生思维能力的角度出发，所有思考题均设计为没有标准答案的开放性题目。

做到育人与育才相统一是本教材编写过程中努力实现的目标。为此，我们提出了“激发专业兴趣、认识历史使命、树立学习目标、明确事业方向”的总体建设思路。为激发学生专业兴趣，全书充分展现了新能源科技的无穷魅力，以及我国新能源事业发展的壮美画卷，并从知识体系和科技体系两方面力求呈现新能源的全貌。在展现成绩的同时，对我国新能源产业和科技与世界先进水平的差距，也予以客观呈现，帮助学生认识自己的历史使命。本教材非常重视对学生学习能力、思维能力和实践能力培养的引导，为此，专门对这些内容进行系统阐述。从帮助学生明确事业方向出发，本教材对第四次工业革命时代的能源技术与数字化技术、生物技术等的融合趋势进行了分析，以便使学生认识未来事业发展可能存在的机遇和挑战。

本次修订工作共有 12 所高校的 14 位教师，以及 1 家企业的工程师参与。为群策群力做好本次修订，一方面，编写组在充分讨论的基础上进行了详细的分工；另一方面，为了尽可能保持全书风格的统一，作为主编我对初稿内容进行了二次加工。在此，要特别表达对所有作者的感谢，感谢大家对我的信任和包容，允许我在你们的文稿上做大幅的改动。正是全体编写老师这种团结协作的精神保证了教材建设的质量。

尽管有第一版教材作基础，但由于修订范围和幅度较大，且新能源科技发展速度又很快，同时囿于作者知识、能力和视野的局限性，教材中肯定还会有不尽如人意之处，真诚期望老师和同学们在使用过程中能不断提出宝贵意见，以便再版时更新和完善。

本书的出版，首先要感谢编写组各位老师的辛勤付出；感谢中国水利水电出版社李莉编审以及高丽霄、丁琪、殷海军、邹昱等编辑，他们参与了本书大纲的审读以及文稿的修订，做了大量工作；感谢我的导师张百良教授对全书所做的详细审阅和修改；感谢联合国亚洲及太平洋经济社会委员会能源司刘鸿鹏司长，以及国家发改委能源研究所叶东嵘高工为本书提供的重要参考资料。此外，杨金良高工为本书提供了一些图片素材，我的学生汪德诚也贡献了他的摄影作品，在此一并对他们表示感谢。

本书得到了教育部人文社会科学研究专项任务项目（工程科技人才培养专项）（项目编号 16JDGC005）和华北电力大学课程思政示范课项目的支持，在此表示感谢！

2024 年 4 月 16 日于北京

目录

第1章

新能源开启能源可持续利用时代

可持续发展是人类共同的目标，但目前以化石燃料为主的能源结构无法支撑这一目标的实现，这是全球能源结构向新能源与可再生能源转型的根本原因。在满足人类社会可持续发展这一重大需求的驱动下，太阳能、生物质能、风能等推动人类进入文明时代的能源被赋予了新的使命。围绕人类现代生活对电、热和燃料的需求，在众多学科（材料学、化学、物理学、生物学、热学、电学、机械学等）的支撑下，这些能源以全新的形态回归到人类的能源体系，而与信息技术的深度融合，将会进一步赋予它们颠覆传统的能力。

1.1 能源可持续利用时代图景概览

当人类社会进入 21 世纪的第二个 10 年时，在现代科技的推动下，能源结构正在经历深刻变革，具有资源再生禀赋的新能源开始步入舞台中央，开启了能源可持续利用时代的大幕。在这样的时代，人类使用的终端能源——电能、热能和化学能（燃料），其生产和输配模式都在经历着重大变革，这种变革肇始于 20 世纪末。

导论课程开设背景及其架构

1999 年 8 月 30 日，美国最具影响力的商业杂志《商业周刊》刊登了一组系列文章，总题为“21 世纪的 21 种设想”，其中第一篇是关于能源的设想，题目是“我是你的地方电站”。下面通过其中的几个段落一窥当时的设想。

到 21 世纪，差不多人人都有个人的涡轮机。它们以棕榈油或沼气为动力，确保家电设备正常运转，假如你的电力能自给有余，你还可以把多余的电出售给当地电网。

这是 2009 年的夏天，我家有两只电表，分别显示电力的“输入”和“输出”。显示电力“输入”的电表在绝大多数情况下都在转动，不过偶尔在电力不足或电价上涨时，我家地下室里的一台小型发电机就会运转起来。它发出的电力不仅能带动家里所有的电器设备，而且还可以把多余的电力卖给当地的电网。我喜欢看着自己的“输出”电表转圈儿……

我正在考虑在屋顶上加装太阳电池，它将使我成为一个地地道道的电力销售商，当然只是尽我所能……

以上描述的能源生产方式与传统能源生产方式相比，最大的变化是个人成为了电能的生产者，人们不再需要完全依赖大电网和大电厂给自己家供电。但设想如何转化为现实呢？答案就是“分布式发电”与“智能电网”的融合。

新能源发展逻辑

分布式发电，简单来说就是利用集成的或单独的小型发电装置产生电能。这些发电装置装机容量小，通常安装在终端用户的住房、办公室、工厂等场所，或者这些场所附近。另外，这些小型发电装置的主人已不再局限于发电公司，还可以是个人，也就是说每个人都可以成为电力生产者。分布式发电为电力生产由“垄断”向“民主”转变奠定了基石。

智能电网的本质是电力和信息的双向流动。根据中国工程院余贻鑫院士的解释，在这张网上，电力流和信息流都是双向流动的，是一个高度自动化和广泛分布的能量交换网络。智能电网通过将分布式计算和通信的优势引入电网，达到信息的实时交换和设备层次上电力近乎瞬时的供需平衡。与传统电网的不同之处在于，智能电网强调电网与用户的互动，电网公司可以及时知道用户的需求，用户也可以及时了解电网的动态。安全、无缝地容许包括分布式电源在内的各种发电和储能系统接入是其典型特征之一。智能电网通过简化联网的过程，达到了“即插即用”的效果。电网智能化趋势如图 1.1 所示。

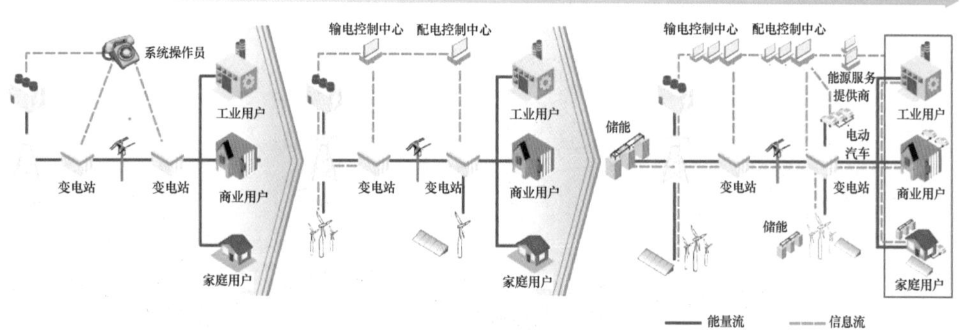

图 1.1　电网智能化趋势

分布式发电与智能电网的结合，使得终端用户不仅能够用上自己生产的电，而且还能和他人共享电力，这将从根本上挑战长期居于垄断地位的集中式能源系统，改变其自上而下的单向供能方式，即电能由大电厂经大电网再到终端用户的方式。

以上就是设想中的电力系统蓝图。当时间进入 21 世纪的第二个 10 年，新能源的迅猛发展正在使当初的设想变为现实。

首先来看新能源的先行者德国。早在 20 世纪末，德国政府就提出了太阳能屋顶发展计划，图 1.2 是作者 2006 年拍摄于德国乡间的一张照片，它是德国“十万太阳能屋顶计划”的一个缩影。该计划的顺利推行得益于其电价补贴政策，根据政策，德国电力公司回购太阳能发电的价格为 0.5 欧元/kWh，而其售电价格只有 0.1 欧元/kWh。

图 1.2　德国屋顶光伏电站

为鼓励国民使用太阳能，日本政府对民众安装太阳能发电设备的基础投资给予补贴，并且太阳能发电的上网电价高于居民用电价格。在此政策的激励作用下，仅 2006 年日本就有 8 万个屋顶新装了太阳能发电设备。

2012 年，我国家庭光伏发电并网实现了破冰。当年 10 月 26 日，国家电网发布了《关于做好分布式光伏发电并网服务工作的意见》，鼓励分布式光伏发电分散接入低压配电网，承诺对 6MW 以下的分布式光伏发电项目免费接入电网，并全额收购富余电力。这一年，普通的电子工程师徐鹏飞的名字上了央视新闻，起因是他在自家楼顶上安装的光伏电站正式并入电网，成为“中国首例居民光伏”。2015 年，我国开始将分布式光伏作为一项扶贫技术在全国进行大范围推广，当年全国光伏扶贫试点建设规模达 1836MW，产生了巨大的社会效益。

与此同时，我国集中式光伏电站建设也进入了快车道。2012 年青海省启动了海南州生态光伏园区建设项目，园区规划占地面积 298.9km^2，总装机容量 1 万 MW。海

图 1.3　海南州生态光伏发电园区

南州生态光伏发电园区如图 1.3 所示。经过 5 年的快速发展，先后有 40 家企业入驻该发电园区，2017 年园区光伏发电总装机容量累计达 3225MW。2017 年 6 月，青海省开启连续 168h 清洁能源供电试验，这是我国首次尝试在一个省级行政区域内全部由可再生能源供电。2019 年 6 月 9 日 0:00 至 23 日 24:00，连续 15 天 360h 全部使用清洁能源供电的“绿电 15 日”行动在青海顺利实施。

从全球发展情况看，新能源发电已进入持续增长阶段，与此同时化石燃料发电份额在日益降低。根据国际能源署（International Energy Agency，IEA）报告，2014 年，全球可再生能源发电投资基本与化石燃料发电投资持平。全球可再生能源发电投资发展趋势如图 1.4 所示。

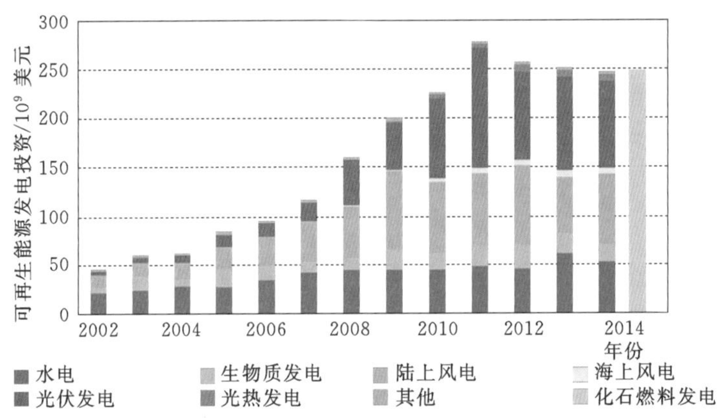

图 1.4　全球可再生能源发电投资发展趋势

新能源不仅可以满足电能生产，还可以满足人类对燃料的需求。煤、石油和天然气等不同形态的化石燃料都能找到对应的生物燃料替代品。目前，生物燃料已在交通、采暖和供热等领域得到广泛应用。

"Cows make fuel for biogas train"，这是 2005 年英国 BBC NEWS 一则新闻的标题。这则新闻的主角是一列火车（图 1.5），其特别之处在于它是世界上首列由沼气驱动的火车，该火车从瑞典南部城市林雪平（Linköping）开往波罗的海沿岸城市韦斯特维尔（Västervik），全程 600km。牛与火车两件看似风马牛不相及的事物，通过沼气联系在了一起。

图 1.5　世界上首列由沼气驱动的火车

燃料乙醇，这是生物燃料的另一主角。在美国、巴西和中国，燃料乙醇已成为汽油的重要替代品，其推广应用实现了能源效益和环境效益的有机结合，将秸秆等农业废弃物转化为燃料乙醇是该结合的具体体现。2013 年 10 月，全球首个以秸秆为原料生产燃料乙醇的工业化装置，在意大利北部克雷申蒂诺市正式启动。世界首家商业化运行的纤维乙醇厂及其原料如图 1.6 所示。这家示范厂隶属于贝塔可再生能源公司，设计燃料乙醇产能为 500 万 L/年，并配备装机容量 13MW 的燃木质素电厂。该示范厂的投运意味着纤维燃料乙醇进入商业化生产阶段。与采用粮食为原料的燃料乙醇技术不同，这家乙醇厂以小麦秸秆、水稻秸秆以及种植于非耕地上的高产能源作物芦竹为原料，而且乙醇生产的副产品木质素被用于发电，其所发电力不仅可以满足工厂自身电力消耗，还可将剩余的电力出售给电网。

图 1.6　世界首家商业化运行的纤维乙醇厂及其原料

生物燃料还可用作航空燃料（图 1.7）。2011 年 10 月 28 日，一架加载航空生物燃料的现役波音 747－400 型客机在北京首都国际机场首飞成功，这是由中国国航、中国石油、波音公司和霍尼韦尔 UOP 公司合作完成的项目。2015 年我国首次使用生物航油进行了载客商业飞行，3 月 21 日，使用生物燃料的海南航空 HU7604 航班搭载 150 名乘客从上海飞抵北京，开启了生物燃料商业化应用于中国民航的时代。

发展新能源已被许多国家列入国家战略。曾经的世界能源消费第一大国美国，为降低对国外石油的依赖，实现能源自给，围绕新能源及可再生能源的发展制定了一系列计划。例如，奥巴马为全美政府机关设定了一个目标，在 2020 年之前实现可再生

图 1.7 生物燃料在航空领域的应用

能源发电电力使用比例达到 20%。在政府支持下，新能源在美国能源结构中的占比不断增加。美国 2014 年的能流图（图 1.8）显示，美国当年能源消耗量约为 98.3×10^{15} Btu❶，其中太阳能、风能、生物质能和地热能 4 种新能源的消耗量为 7.139×10^{15} Btu，在总能源消耗量中的占比已达约 7.26%，2018 年进一步升至 8.72%，而 2007 年该比例还仅仅只有 4.3%。根据美国联邦能源监管委员会公布的数据，2019 年美国的可再生能源发电装机容量占比达 21.56%，超过燃煤发电装机容量。

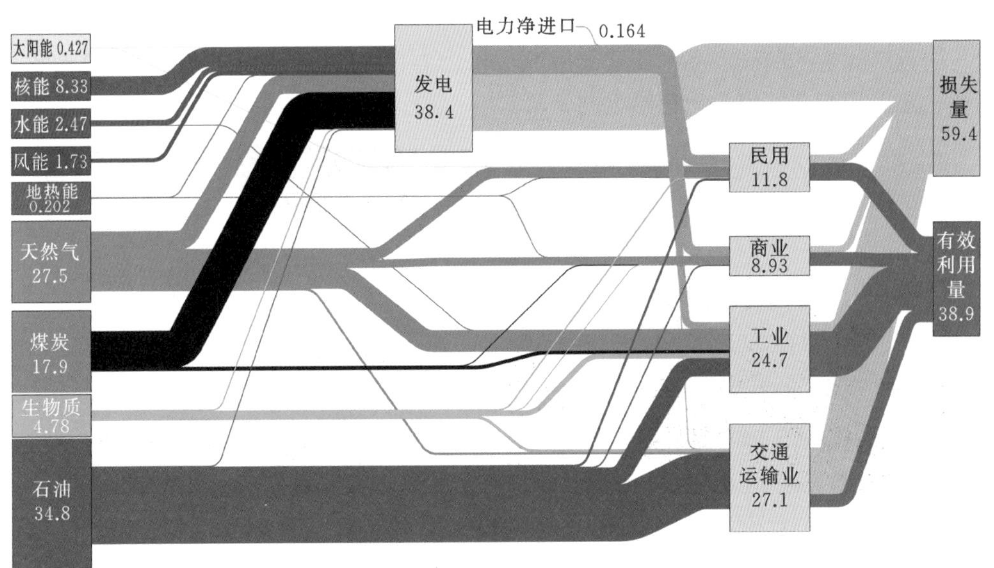

图 1.8 美国能流图 2014（来源于 Lawrence Livermore National Laboratory）（单位：Quads）

在推动新能源发展方面，能源消耗量占全球 1/5 的欧盟力度最大，处在全球领跑地位。2007 年 3 月，欧洲理事会通过《能源和气候变化一揽子计划》，为欧盟确定了三大能源目标，即到 2020 年，温室气体在 1990 年的基础上减排 20%、可再生能源份额提高到 20%、能源效率提高 20%。2008 年，欧盟通过了战略能源技术计划，提出

❶ British thermal unit 的缩写，为英制热量单位，$1\text{Btu}=1055.05585\text{J}=10^{-15}$ Quads（夸特）。

发展风能、太阳能和生物质能技术，将欧盟经济发展建立在“低碳能源”基础上。2010—2011 年，欧盟先后推出《2020 能源战略》和《2050 能源路线图》，后者提出到 2050 年，欧盟的温室气体排放量比 1990 年的排放量降低 80%~90%，实现这一目标的途径之一就是大力支持可再生能源发展，2050 年可再生能源比例最高将达到 75%，97%的电能将来自可再生能源。

我国已超越美国，成为能源消耗第一大国，2015 年我国一次能源消耗占全球的 22.4%。作为世界第一人口大国，面临着艰巨的发展任务。为了应对挑战，2010 年国务院发布了《关于加快培育和发展战略性新兴产业的决定》，提出要重点培育和发展七大战略性新兴产业，包括节能环保、新能源、新能源汽车、新一代信息技术、生物、高端装备制造和新材料产业。在国家政策支持、经济发展和环境保护等的联合推动下，近年来我国新能源取得了长足发展。根据 IEA《中期可再生能源市场报告 2014》，我国已经是可再生能源发电市场的绝对主力，经合组织国家、中国、其他非经合组织国家可再生能源发电能力年净增加值如图 1.9 所示。

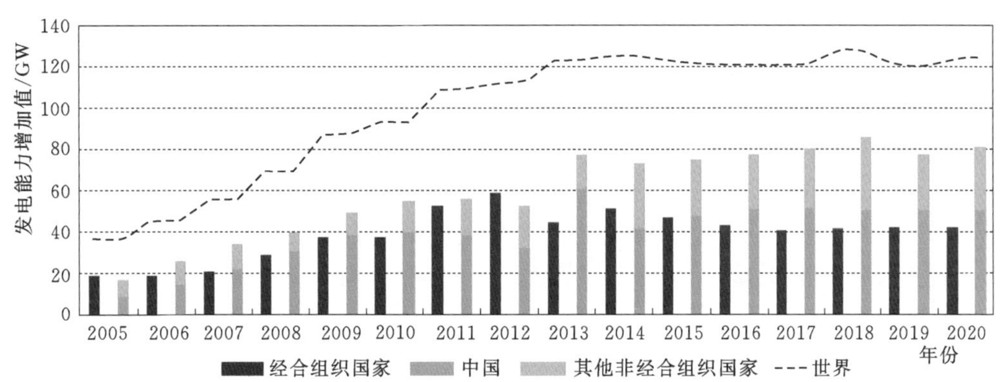

图 1.9 经合组织国家、中国、其他非经合组织国家可再生能源发电能力年净增加值

1.2 发展新能源的历史逻辑

先来读一组可能超出人们想象的数字。

（1）人类每天消耗的能源相当于地球在 1370 年内生成的化石能源。❶

（2）1gal（3.78L）石油的形成需要亿万年前的近 120t 植物。形成 1gal 石油所需的植物重量是奶牛产生 1gal 牛奶所需植物重量的 3 万倍。❷

（3）全球每年由矿物燃料燃烧而消耗的有机碳需要 400 年才能恢复。❸

（4）我国每年人均石油消耗量为 2.4 桶（1 桶 = 158.98L），不足美国的 1/9。如果要达到美国目前的人均耗油水平，我国每年的石油消耗量将超过 29 吉桶，接近于

---

❶ 黄其励. 加快能源结构调整，积极发展可再生能源. 现代电力，2007，24（5）：1-5.

❷ 卢安武，洛基山研究所. 重塑能源：新能源世纪的商业解决方案. 湖南科学技术出版社，2015.

❸ Dukes，J. S. Burning buried sunshine：human consumption of ancient solar energy. Climatic Change，2003，61：31-44.

目前全球油耗总量30.7吉桶。[1]

上述数字提醒我们不得不面对这样一个严峻的现实：通过开采化石能源维持人类社会发展的模式即将走到终点！能源问题的最终解决需要顺应自然规律。

“人法地、地法天、天法道、道法自然。”这是老子的至理名言；“历史不会重演，但总会惊人地相似。”这是马克·吐温的名句；“过去我父亲骑骆驼，现在我开汽车，将来我儿子驾驶喷气式飞机，最后他的儿子只能骑骆驼。”这是沙特阿拉伯的谚语。这些都在启示着解决能源问题的最终方向：重新求助于大自然，并以遵循自然规律的方式开发利用太阳能、生物质能和风能等清洁的可再生能源！

纵观能源发展历史长河，煤、石油和天然气等化石能源的使用历史只有200多年。在大规模开采化石能源之前，人类生活和生产主要依赖薪柴、畜力和风等能源。在远古时期，火是人类摆脱蛮荒和蒙昧的最有力武器。无论是我国“燧人氏钻木取火”的传说，还是古希腊“普罗米修斯盗取天火”的神话，都是对此最好的注解。

我国对“火祖”燧人氏的敬仰，以及西方人对普罗米修斯的崇拜，均体现了人类对“火”的崇敬。这源于火的使用不但使人类摆脱了茹毛饮血的生活，而且通过黏土烧制和冶金工艺，使人类获得了改造自然的强大工具，显著提升了人类改变和适应环境的能力。

远古时代，火的应用离不开“生物质”这一载能体，而生物质又是植物通过光合作用转化太阳能的产物，所以，照亮人类文明进程的那束光源自太阳。风能是人类早期利用的另一种能源。亚历山大大帝的工程师赫伦（10—70年）发明了风力管风琴，用风车带动活塞为管风琴鼓风。7世纪风力驱动的谷物研磨机出现在波斯，后来，荷兰人利用抽水风车从大海获得了近1/3的国土，除了排水灌溉外，还利用风车进行研磨谷物和加工大麦等，18世纪鼎盛时期全国约有18000座风车，因而被誉为“风车之国”。

总之，在工业革命之前，支撑人类社会发展的能源主要是生物质能、风能和太阳能等可再生能源。而发生在18世纪的第一次工业革命颠覆了这种能源结构，并开启了化石能源称雄的时代，人类的生产和生活方式也随之发生巨变：大规模集中开采利用化石能源，支撑人类的居住方式由分散转向集中，城市得以快速发展；现代交通工具极大地拓展了人类的交往半径，飞机可使人们在2天内飞贯全球；大型超市里的商品可实现全球采购，电商使得人们足不出户即可全球购物；移动互联网使得地球不同角落的人们可以实现即时通信……

回顾工业革命以来人类社会的发展，可以毫不夸张地说：过去两个多世纪的所有进步，不管本质上是社会的、商业的，还是政治的，都在一定程度上得益于化石燃料燃烧所释放出的巨大能量。

对化石能源的来源稍作分析，就可发现其开发利用的问题所在。化石能源集中存储了漫长地质时期和广阔区域内积累的动植物资源，其来源决定了它们的不可再生性。煤炭是由分解后的植物、矿物质和水组成的碳基沉积岩，由陆生植物残骸经过几百万年的

[1] Nicola Armaroli，Vincenzo Balzani. Energy for a sustainable world from the oil age to a sun - powered future. Weinheim：WILEY - VCH Verlag GmbH & Co. KGaA，2011.

演变形成。石油则被认为是由沉积于海底或湖盆的海洋生物在高温和高压条件下经过复杂的物理化学作用而形成的；埋藏深度超过 5000m 的有机质碳碳键断裂则形成天然气。地球在数十亿年间积累的这些动植物资源，无法长久支撑人类毫无节制地开采利用。乔治城大学历史学家约翰·R. 麦克尼尔认为：从 19 世纪到 21 世纪，全世界的能源使用量增加了 80~90 倍，成为继对动物实现驯养和植物实现驯化之后人类历史上最具革命性的进程，以至于很多科学家声称人类目前生活在全新人力驱动下的"人类纪时代"，这个以人类为中心的时代，标志着与地球演变历史的彻底决裂。而化石能源资源储量的有限性，注定这一决裂不可能持续下去。1800—2200 年全球化石能源产量如图 1.10 所示。图 1.10 中 2009 年之前的历史数据是准确的，平滑的假设预测曲线是近似的。

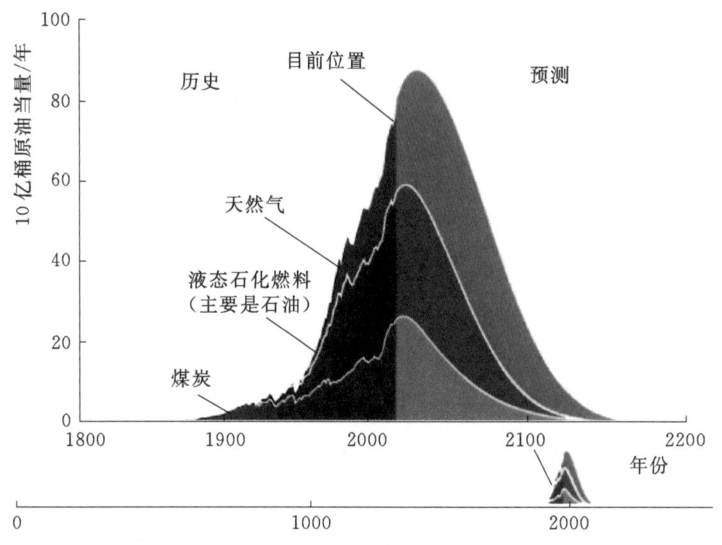

图 1.10　1800—2200 年全球化石能源产量

大规模集中开发利用化石能源存在的隐患，绝非资源枯竭这么简单。全球气候变暖、空气污染、酸雨蔓延、水体污染等均是人类面临的重大环境问题，这些问题均与化石能源的开发利用密切相关，或者说根源就是化石能源。

全球气候变暖的主要原因是以 CO_2 为主的温室效应气体在大气中的累积。地球上的碳主要储存于 4 个储池，即陆地、海洋、大气和岩石圈。碳在这 4 个储池之间持续不断地进行交换，形成了碳循环（图 1.11）。工业革命之前，碳在 4 个储池之间的循环维持了碳平衡，但化石能源的开发利用却干扰甚至破坏了这一平衡。目前由化石燃料开发利用释放到大气中的碳量约为 9Gt/a。据联合国 2016 年统计数据，全球总人口已达 72.6291 亿人，据此推算，人均排放到大气中的碳量为 1.239t/a。

根据科学家对南极及其他古气候探测地区冰核的分析，工业革命之前的 80 万年间大气中 CO_2 浓度的波动范围为 170~290μL/L，其中从人类文明起源到化石能源时代开启的这段时间内波动范围更小，仅仅为 250~290μL/L。然而最近几十年来，该数值却显著偏离了这一长期波动区间，从 20 世纪 50 年代末期到 2010 年，CO_2 浓度的增长已经超过了 20%，达到了 390μL/L。图 1.12 是美国国家航空航天局（National

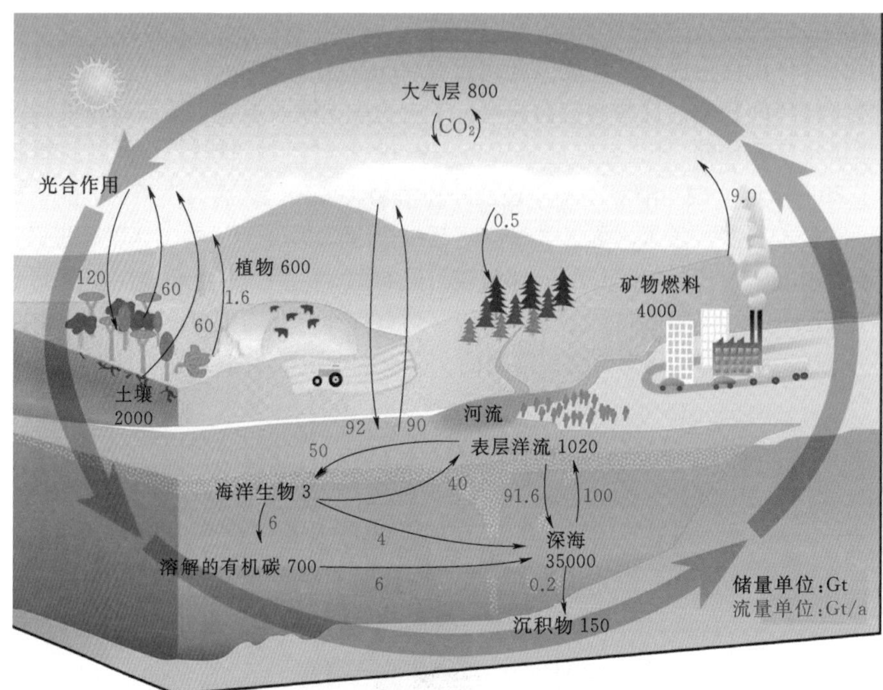

图 1.11 全球碳循环的主要碳储池及碳流动

Aeronautics and Space Administration，NASA）2 号碳观测卫星的记录，展示的是 2014 年 10 月 1 日至 11 月 11 日期间全球大气中 CO_2 浓度分布情况，该图直观地显示了全球许多地区 CO_2 浓度已然在高位波动！

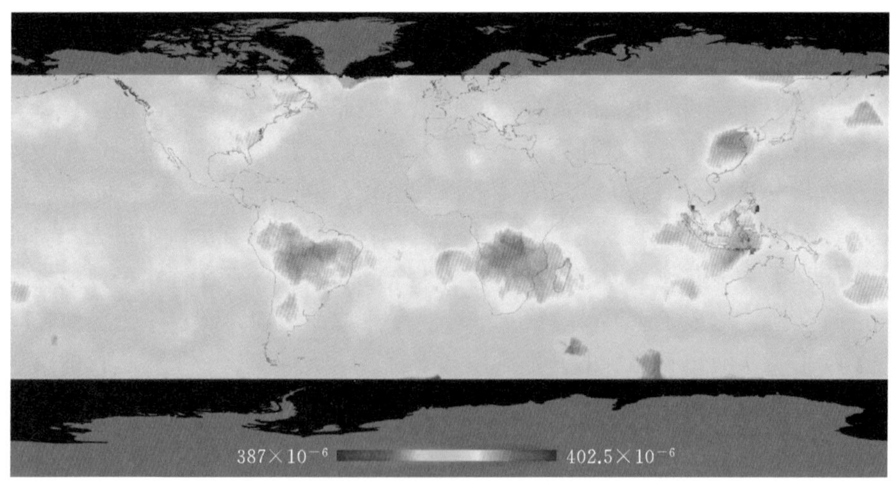

图 1.12 NASA 2 号碳观测卫星记录的 2014 年 10 月 1 日至 11 月 11 日期间全球大气中 CO_2 浓度分布情况

全球气候变暖对生态系统的影响日益显著，飓风、强降水、高温、干旱、洪水等极端天气事件频发。气候变暖还会导致冰川消融、海平面上升、冻土融化等生态灾难。北极地区冻土层中储存的碳几乎是大气层中碳含量的2倍，这些冻土层一旦融化就会向大气层释放过量的碳，而这又会进一步加剧气候变暖现象，这种反馈机制一旦开启，后果将不堪设想。

化石能源利用产生的空气污染已成为影响人类健康的重要因素。化石燃料燃烧释放的大气污染物包括 NO_x、SO_2、颗粒物（particulate matter，PM）、挥发性有机物（volatile organic compounds，VOCs）等。无论从微观尺度（图1.13），还是从宏观尺度观察（图1.14），雾霾均已成为严重困扰中国的大气污染问题，而化石燃料燃烧释放的这些污染物正是形成雾霾的主因。

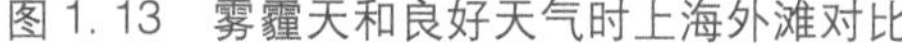

图1.13　雾霾天和良好天气时上海外滩对比

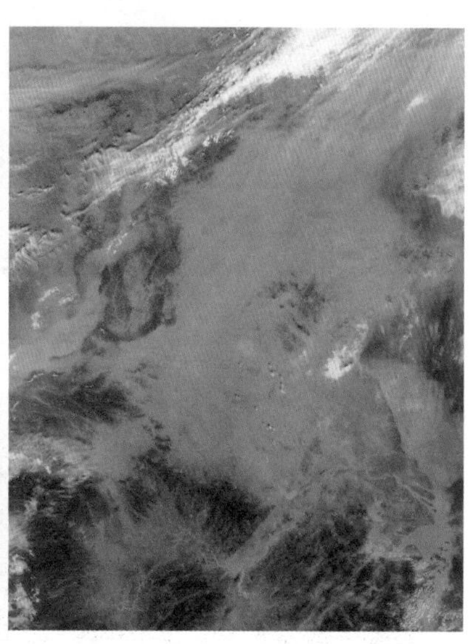

图1.14　厚重雾霾笼罩下的我国东部地区（2015年10月17日NASA特拉卫星的中分辨率成像光谱仪）

化石燃料的勘探、开采、加工、运输和燃烧对环境造成的影响是多种多样的。除了上述具有普遍性的污染之外，一些偶发性事故往往也会导致灾难性的后果。例如，1989年3月24日发生在阿拉斯加威廉王子湾的港湾漏油事件，就被认为是海洋史上最具毁灭性的人为环境灾难之一（图1.15）。该事故所泄漏的原油量虽然只有4万t，远低于其他大型事故，但危害巨大。这主要是由于该事故发生在偏远且生态体系极度脆弱的北极地区，增加了救援和反应时间。当时，“艾克森瓦尔迪兹号”油轮在阿拉斯加东南部的布莱礁触礁搁浅并沉没。沉船泄漏的原油覆盖了28000km^{2}的海面，造成包括25万只海鸟、22头鲸、280只水獭、300头海豹在内的上千种动物立即死亡，以及数十亿只鸟蛋被毁坏。

2010年，更为严重的漏油事故再次在美国发生，这次被定义为美国历史上“最严重的漏油事故”发生于2010年4月20日。当时，英国石油公司在美国墨西哥湾租用的“深水地平线”钻井平台发生爆炸，导致11人死亡和持续87天的漏油灾难，酿成一场经济和环境惨剧。

图 1.15　阿拉斯加威廉王子湾的港湾漏油海面及后续处理场景

通过上述分析，不难得出如下结论：无论从化石能源资源储量角度分析，还是从其产生的严重环境问题角度考虑，以化石能源为主的能源结构必须向清洁可再生能源转型！

值得欣慰的是，这一转型已经开始，而且速度在不断加快。这是一次符合历史发展规律的转型。

第一，这种转型与经济活动的转变相一致。纵观能源历史可以发现，人类所使用的能源在形式上经历了由“重”到“轻”，从物质形态“较明显”到物质形态“不明显”的渐变过程，即从固体煤炭，到液体石油，再到天然气、沼气、氢气，直到今天的太阳能和风能。这种转变提高了能源输送的速度和效率。通过管道输送石油比利用铁路运输煤炭快，通过管道输送气体燃料比输送石油更快，通过电网传输电能则不再有速度制约问题。与此相对应的是，人类的工业形式也已从早期资本主义时期的重蒸汽时代，发展到了现在的轻质、虚拟的信息时代。由此可以看出，能源丧失物质形态和经济活动丧失物质形态一直在同步进行。

第二，这种转型与人类所利用能源的“脱碳”趋势相一致。脱碳是指世界上每一种先后出现的能源分子中碳原子与氢原子比率的变化。薪柴的氢碳原子比率为 1∶10，煤炭的氢碳原子比大约是 1∶1 或者 1∶2，石油则是 2∶1，天然气则提升到了

4∶1，而氢能则完全脱碳。而仅就发电过程而言，太阳能、风能和生物质能发电过程则不产生碳排放问题。这意味着每一种后续的能源应用过程中所释放的 CO_2 都少于前一种。

第三，这种转型与人类聚居模式的转变相契合。聚居模式是人类生存和发展行为模式的主要构成，隐含着人与自然的关系。图 1.16 显示了人类社会的 3 种聚居模式。在依赖薪柴和畜力的时代，人们的生活、教育、工作和休闲都集中在一个小的区域范围内；而化石能源时代，居住在城市里的人越来越多，而且城市也越建越大，人们的生活、教育、工作和休闲等场所之间的距离也越来越大。未来理想的聚居模式则很可能是大城市和卫星城的结合，即分散和集中相结合，分散聚居模式正好契合了太阳能、风能和生物质能等新能源的分布式特征。

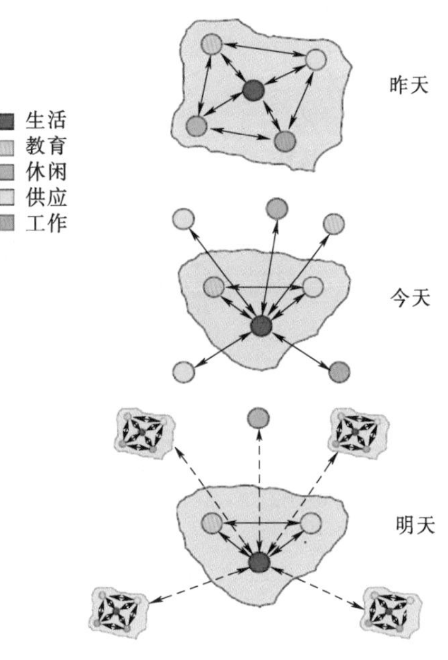

图 1.16　人类聚居模式的变迁

综上所述，不难得出结论：依靠新能源支撑人类的可持续发展是历史的必然选择！

1.3　推动能源转型的力量

毫无疑问，自从进入 21 世纪，世界能源结构就开始迈向了转型之路，国际可再生能源署（International Renewable Energy Agency，IRENA）对转型过程中的一些进展进行了总结（图 1.17），从中可以看出 20 年来可再生能源发展的巨大变化。那么，都有哪些力量在推动这些变化的实现呢？

科技创新可以说是推动能源转型的引擎。就电能的生产而言，进入 21 世纪以来，全球可再生能源装机容量有了巨幅提升。从 2005 年到 2018 年，全球风力发电装机容量增长了约 12 倍；而光伏发电装机容量增长则更为迅猛，从 2007 年到 2017 年，增长了 26.6 倍。增长背后是发电成本的快速下降，据 2017 年的 IRENA 研究报告，自 2010 年以来，光伏和风电的平均电力成本分别下降了 73%和 22%。2018 年，青海省两个光伏项目最低中标电价已低于当地火电标杆电价。毋庸置疑，成本的下降主要归功于科技进步。根据联合国环境规划署、欧洲专利局和国际贸易和可持续发展中心的研究，在 1997—2006 年间，清洁能源技术的专利增长量就超了传统能源专利增长量。根据 2019 年 21 世纪可再生能源政策网络（Renewable Energy Policy Network for the 21st Century，REN21）发布的研究报告，我国可再生能源发电装机容量在世界上可谓一枝独秀，2018 年世界、欧盟 28 国及世界排名前 6 的国家可再生能源发电装机容量见图 1.18。而根据 IRENA 的统计，截至 2016 年年底，在各国累计可再生能源专利数

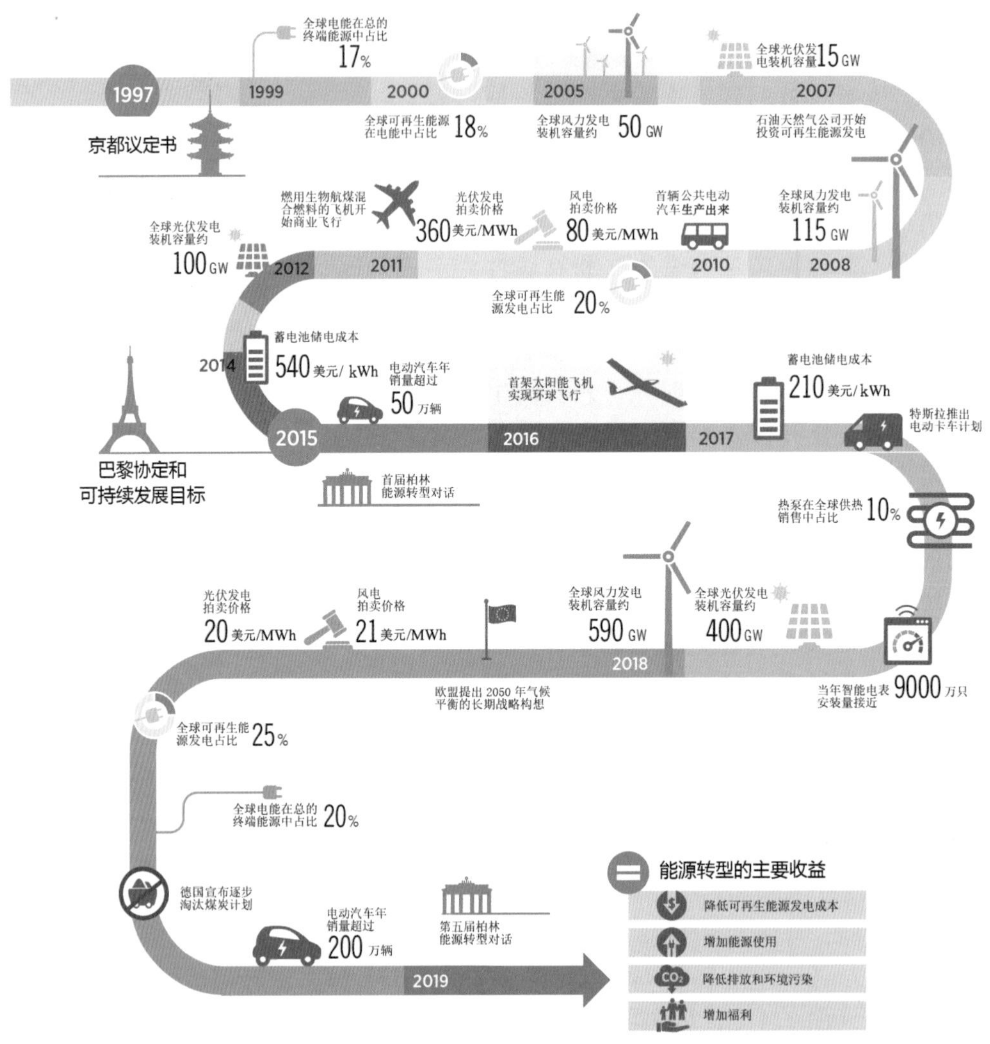

图 1.17　1999—2019 年能源转型进展

量占比中我国也是独领风骚，占了近 1/3 的份额（图 1.19）。

能源转型归根结底是能源产业的转型，而推动产业转型的主体是企业。我国五大发电集团（中国华能集团公司、中国大唐集团公司、中国华电集团公司、国家能源投资集团公司和国家电力投资集团有限公司）旗下均有新能源上市公司，分别为华能新能源股份有限公司、中国大唐集团新能源股份有限公司、华电福新新能源股份有限公司、龙源电力集团股份有限公司以及中国电力清洁能源发展有限公司。全球最大的公用事业企业国家电网公司，不仅是太阳能发电的收购主体，也是传输主体，随着我国成为世界第一电力大国，国家电网也成为全球发电规模最大、太阳能发电增速最快的电网。2017 年，国家电网调度范围新能源发电累计装机容量占全国新能源发电装机总容量的 91%。

许多传统能源行业也在进军新能源领域。例如，中国海洋石油集团有限公司早在 2004 年，就开始涉足新能源产业，2006 年成立中海油新能源办公室，2007 年成立中海油新能源

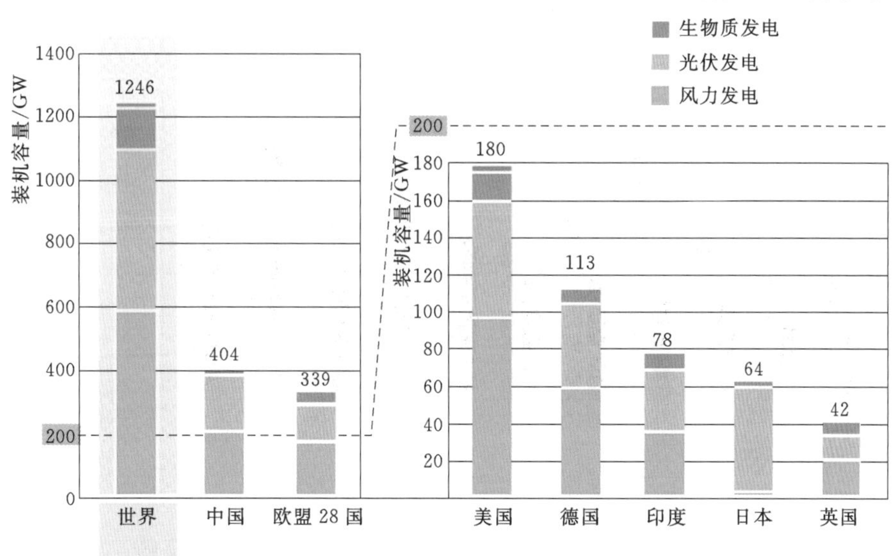

图 1.18　2018 年世界、欧盟 28 国及世界排名前 6 的国家可再生能源发电装机容量

投资有限责任公司。道达尔（Total）作为全世界第四大石油及天然气一体化上市公司，也正在多元化地发展太阳能和电池技术。

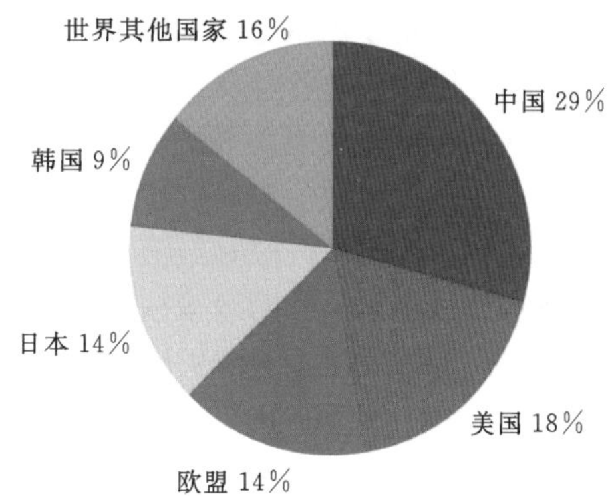

图 1.19　截至 2016 年年底各国累计可再生能源专利数量占比

除了能源企业外，许多非能源企业也参与到能源转型过程中。比如华为技术有限公司（简称“华为公司”），可能人们更多只是记住了它作为通信巨头的身份，其实在光伏行业内，华为公司也是领军企业之一。从 2013 年进入光伏逆变器市场开始，华为公司在极短的时间里实现了快速增长，只用三年时间就在该领域做到了全球第一。一些处于世界领先地位的公司正在向可再生能源完全供电目标努力，并鼓励它们的供应链也这样做。比如，苹果和微软宣布其生产设备完全由可再生能源提供电力，宜家、塔塔汽车和沃尔玛，都承诺未来将 100%从可再生能源中获取电力。

2018 年，全球的可再生能源发电和燃料投资（不包括装机容量大于 50MW 的水电站）总计 2889 亿美元，这是可再生能源投资连续第九年超过 2300 亿美元，也是连续第五年超过 2800 亿美元，全球可再生能源发电及燃料投资情况如图 1.20 所示，其中不包含装机容量大于 50MW 水电站的投资。2018 年，流向可再生能源发电（不包括大型水力发电）的投资额显著增加，估计为 2723 亿美元，占所有新增发电总投资的 65%，而同期化石能源发电的投资占比仅为 22.8%。

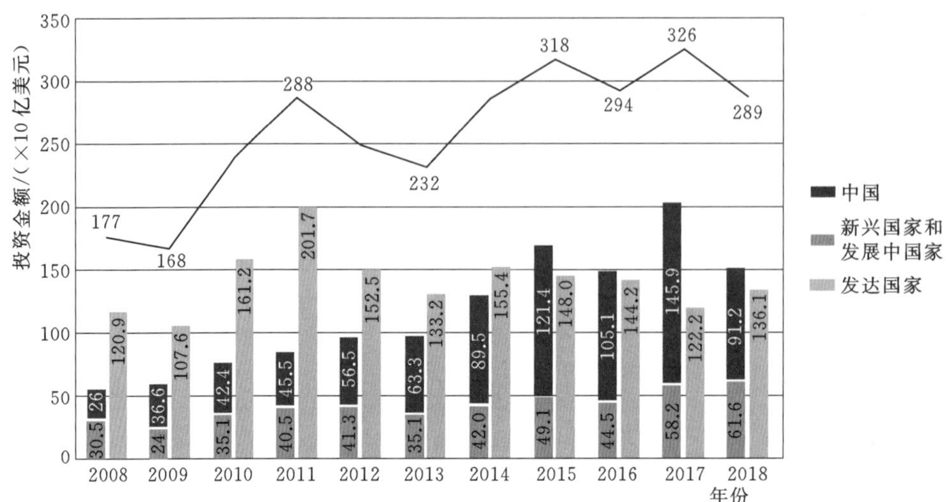

图 1.20　全球可再生能源发电及燃料投资情况

可再生能源的快速增长离不开各国政府在政策方面给予的强力支持。为推进能源转型，很多国家纷纷制定了可再生能源法律和政策，这些政策涉及战略规划、财政支持、金融激励和调控监管。其中：战略规划类政策是国家针对可再生能源所制定的长期整体发展计划，包括能源目标政策和框架政策；财政支持类政策是国家为可再生能源发展所提供的各项资金支持政策，包括公共投资支持和研发支持政策；金融激励类政策指国家为可再生能源相关企业提供金融税收方面优惠的政策，主要包括贷款优惠、融资支持等金融手段以及税收减免等措施；调控监管类政策指国家针对可再生能源产业链运用法律、行政和经济手段进行调控的政策，主要包括配额标准、电价政策和其他监管措施。国家的政策扶持是推动可再生能源发展的重要因素，而政府补贴政策在可再生能源发展中起着关键作用。这些政策涉及发电、交通、供热制冷以及碳交易。REN21 统计的 2004—2018 年制定可再生能源政策的国家数量如图 1.21 所示。

我国在 20 世纪末期就从政策上提出重视新能源与可再生能源的发展，1995 年颁布实施的《中华人民共和国电力法》明确指出：“国家鼓励和支持利用新能源与可再生能源和清洁能源发电。”1998 年颁布的《中华人民共和国节约能源法》直接提出了应鼓励可再生能源的使用。1995 年，当时的国家科学技术委员会、国家计划委员会和国家经济贸易委员会共同制订了《中国新能源和可再生能源发展纲要（1996—2010)》。1998 年，国务院批准的《当前国家重点鼓励发展的产业、产品和技术目录》和《外商投资产业指导目录》中，把可再生能源中的太阳能、地热能、海洋能、垃圾、生物质能发电和大型风电机组都列入了鼓励发展的产业和产品中。2002 年，国家经济贸易委员会组织制订了《新能源和可再生能源产业发展“十五”规划》。

为进一步推进可再生能源发展，2005 年，针对可再生能源专门设立的《中华人民共和国可再生能源法》在第十届全国人大常委会第十四次会议上获高票表决通过（只有 1 人投了弃权票）。和大多数法律千呼万唤始出来的立法历程相比，该法从 2003 年 8 月启动到 2005 年 2 月通过，用了不到两年的时间，在我国立法进程上可谓

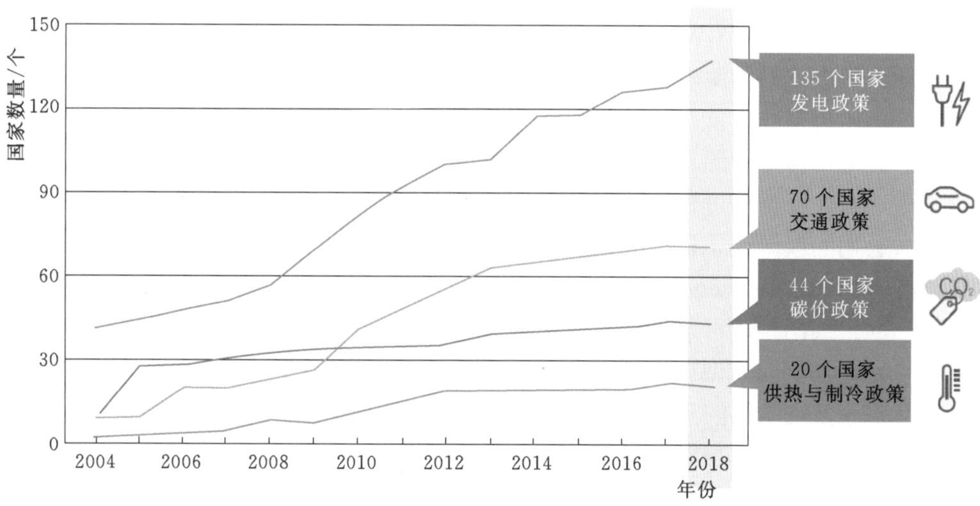

图 1.21　2004—2018 年制定可再生能源政策的国家数量

创了纪录。该法奠定了我国新能源与可再生能源发展的法律基础。目前，我国可再生能源法规政策已形成涵盖发展规划、市场监管、产业激励、技术规范、并网消纳、电价与补贴、税收减免、金融服务、其他辅助支持政策九个方面的体系，见图 1.22。

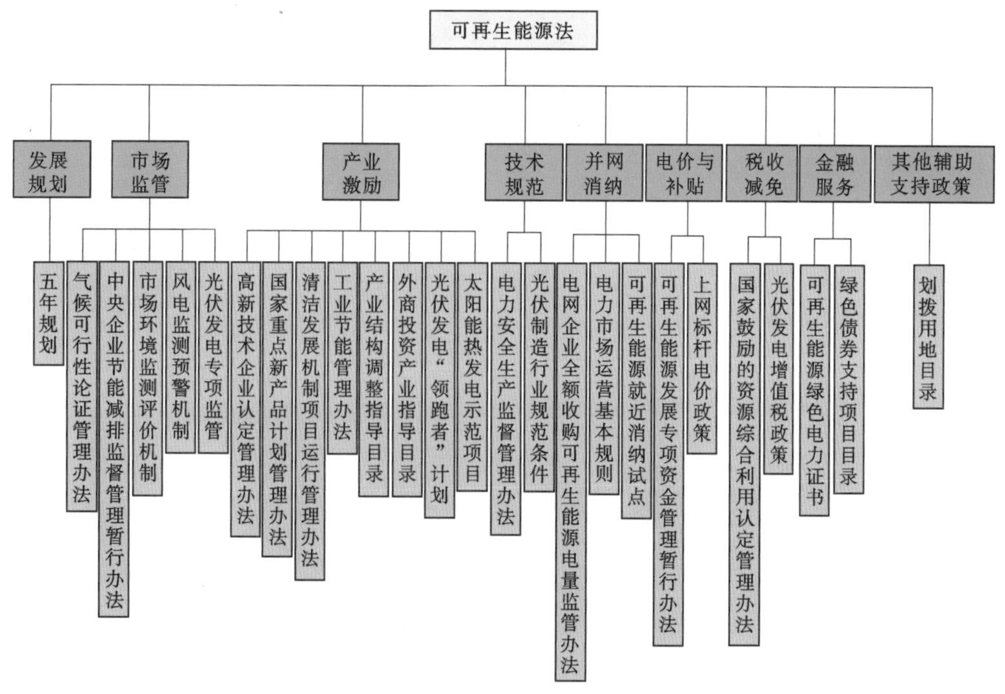

图 1.22　我国可再生能源政策体系

一些主要的石油生产国也在推动新能源与可再生能源的发展。例如，阿拉伯联合酋长国的能源战略中设定了到 2050 年可再生能源在电力供应中占比 44%，以及碳排放量减少 70%的目标。俄罗斯在 2017 年拍卖了 2GW 装机容量的可再生能源电力，并计划在 2018 年再拍卖 1GW 额度。

国际组织在推动能源转型方面也发挥着重要作用。2009 年成立的 IRENA 就是一个支持各国向可持续的能源未来转型的政府间组织。IRENA 促进广泛采用和持续利用所有形式的可再生能源，以实现可持续发展、能源安全以及低碳经济增长和繁荣。为促进多边合作并推动可再生能源的发展，许多新的国际联盟成立。仅在 2015 年巴黎气候大会期间就诞生了国际太阳能联盟（International Solar Alliance，ISA）和全球地热联盟（Global Geothermal Alliance，GGA）。这些机构将政府、企业和非政府组织聚集在一起，共同推动可再生能源的开发利用。

公众在推动能源转型中发挥的作用也不可忽视。2016 年，德国私人拥有的可再生能源装机容量占全国的 31.5%，成为该行业最大的投资群体。特别是随着物联网、大数据和人工智能技术与能源技术融合的不断深化，公众将会更加方便参与推动能源转型。比如“虚拟电厂（virtual power plant，VPP）”就可以发挥这样的作用。VPP 是将分布式发电机组（光伏发电、风力发电等）、可控负荷（电动汽车、中央空调等）和分布式储能设施有机结合，通过配套的调控技术、通信技术实现对各类分布式能源进行整合调控的载体，以作为一个特殊电厂参与电力市场和电网运行，虚拟电厂如图 1.23 所示。从某种意义上讲，VPP 可以看作是一种先进的区域性电能集中管理模式。

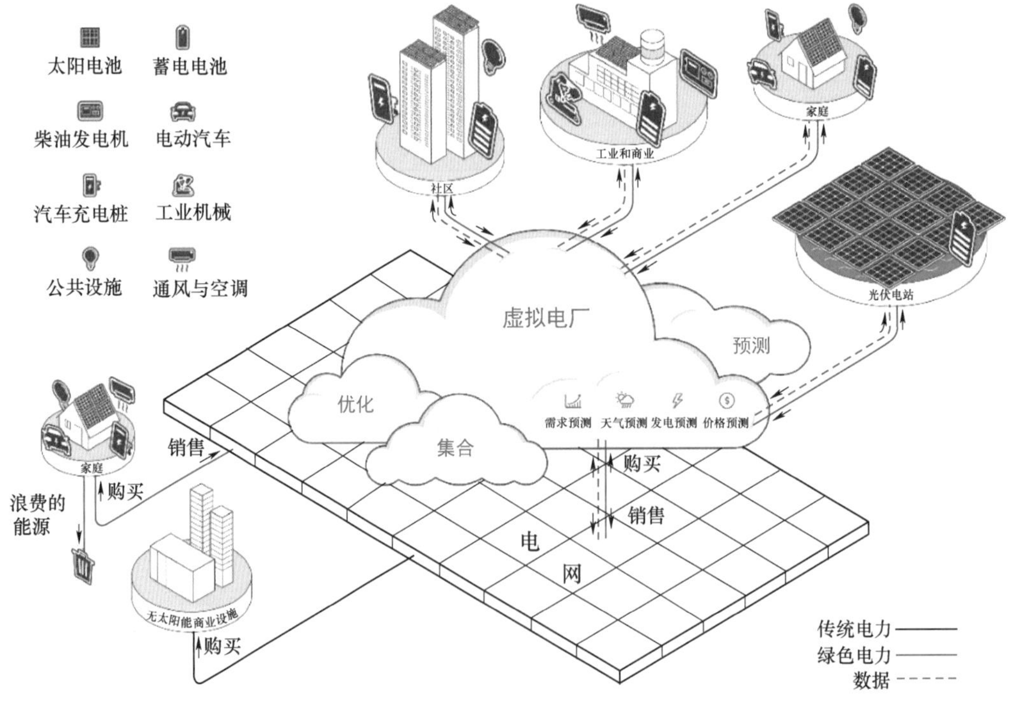

图 1.23　虚拟电厂

除了直接参与能源生产和供应外，公共舆论也是能源变革的重要力量，在世界各国，消费者越来越倾向于购买碳足迹较小的产品和服务，他们通过舆论向政府和企业施加压力，以减少空气污染和碳排放。

1.4 新能源“新”在何处

无论是太阳能、风能，还是生物质能，从应用历史分析，它们都普遍早于化石能源。因此，若就应用历史而言，难言其新。新能源的“新”集中体现在：人类在以新的科技和工程手段转换利用这些能源，以契合现代能源输配、储存和应用体系的需要。

工业革命之前，人类对太阳能、风能和生物质能的利用还仅仅是太阳能干燥、风力机提水磨面、生物质炊事取暖等原始方式。显然，这种利用方式无法满足现代人类社会对能源的需要。

新能源“新”在何处

就根源而言，风能和生物质能等均源自太阳能（图1.24）。太阳光是一种电磁辐射，它可以通过多种途径直接或间接转换为人类所需的热能、电能和化学能（燃料）。

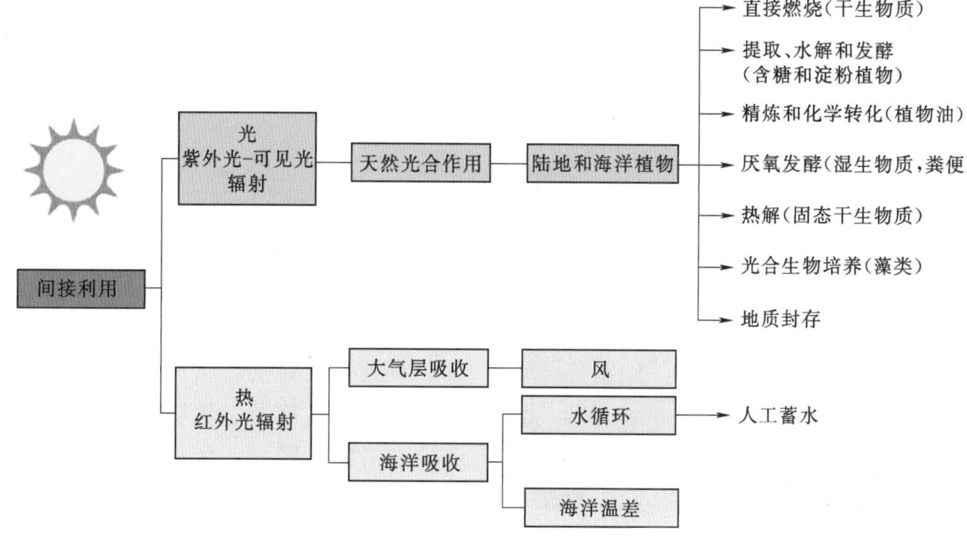

图1.24 太阳能的间接利用方式

太阳能可以通过光伏效应产生电能，还可以先通过光热转换，再进一步转换为电能。图1.25是世界上首座商业化运行的太阳能热发电站，该电站于2007年在西班牙正式投产运行，电站采用平面反射镜将太阳光汇聚于安装在塔架顶部的接收器。该电站的塔架高115m，共安装了624块定日镜，在260℃和40atm（1atm=101325Pa）条件下产生水蒸气，最大发电功率达10MW。2009年又建成一个由1255块定日镜组成的发电系统，装机容量20MW。图1.26是建于美国加利福尼亚州莫哈韦沙漠的9座槽式抛物面太阳能热发电站，该电站峰值功率354MW。

风电机组单机容量不断增加，技术也日益复杂，而且风电场建设已由陆地向海上延伸。单机容量5~6MW的风电机组已经投入商业化运营，美国已研制成功7MW风电机组，正在研制10MW机组，挪威正在研制14MW机组，欧盟正在考虑研制20MW

图 1.25　位于西班牙南部安达卢西地区的世界首座商业化塔式太阳能热发电站

图 1.26　位于美国加利福尼亚州莫哈韦沙漠的槽式抛物面太阳能热发电站

风电机组。图 1.27 是丹麦最大的海上风电场，由 111 座风电机组组成，装机容量 400MW。该风电场可以满足丹麦 4%的电力需求，可供 40 万个丹麦家庭用电。图 1.28 是西门子公司开发的用于 6MW 机组的模具中 75m 长的风机叶片。

新能源在提供燃料方面主要依赖生物质能。通过物理、生物和化学转化等途径，秸秆、木材、有机垃圾等生物质资源，可以被转化为生物质成型燃料、沼气、燃料乙醇、生物柴油、氢气等各种燃料，从而实现对煤、石油和天然气等各种化石燃料的替代。生物燃料及相关转化利用设施如图 1.29 所示。

各种能源转换或转化均需要大量现代技术作为支撑，涉及材料学、化学、物理学、生物学、热学、电气学、机械学等诸多学科的知识。因此，新能源技术是具有显著学科交叉特征的高科技。

新能源的历史使命在于推动人类构建可持续发展社会。历史上新型通信技术与新型能源系统的结合，预示着重大经济转型时代的来临。这是被誉为未来预测大师的杰里米·里夫金在其所著的《第三次工业革命》中所阐明的观点。按照他的观点，人类正处在信息技术与能源体系相融合的时代。互联网信息技术与包括新能源在内的所有可再生能源的结合，正使人类迎来新的工业革命。在这样一个时代，数以百万计的

图 1.27 丹麦 Anholt 海上风电场

图 1.28 用于 6MW 机组的模具中 75m 长的风机叶片

人们将实现在家庭、办公场所和工厂中自助生产绿色能源的梦想，任何一个能源生产者都能将自己所生产的能源通过能源互联网与他人分享，使人们从单纯的能源消费者

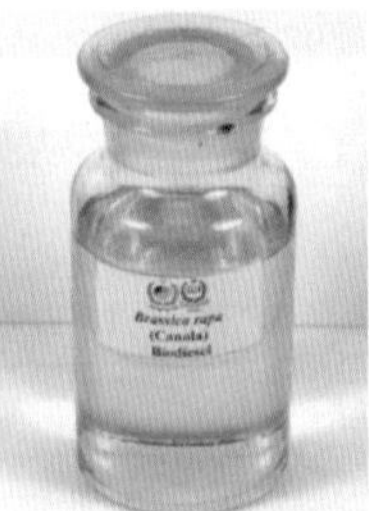

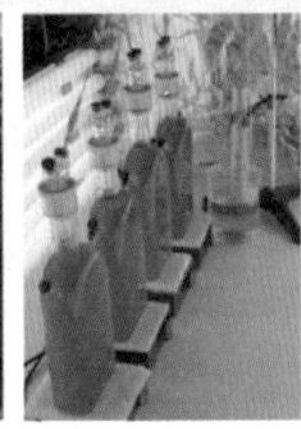

1	2	3
4	5	
6	7	8	9

1.生物质成型燃料 2.生物柴油 3.欧洲首架燃用生物燃料的飞机
4.大型沼气工程 5.世界首座纤维燃料乙醇厂 6.燃料乙醇加油站
7.生物天然气加气站 8.光解水产氢试验装置 9.生物柴油加油站

图 1.29 生物燃料及相关转化利用设施

转变为能源“产消者”，从而构建出人类与大自然和谐相处的可持续发展社会。

站在新的历史起点，如果让你对 2050 年的能源体系做个设想，在你的构思中能源体系将会呈现出怎样的一幅图景呢？

思考题

1. 你如何解析新能源发展的逻辑？
2. 请就你家乡所在地区的新能源产业发展状况做一份调研。
3. 请畅想你如何成为一名能源产消者。当你从单纯的能源消费者转换为能源产消者时，你的生活会有什么改变。
4. 请思考在人类能源转型的历史进程中，你可能发挥哪些作用。
5. 请尝试分析能源与信息技术的深度融合可能带来哪些深刻的能源变革。

第 2 章

新 能 源 家 族

太阳能、风能、生物质能、地热能、核能、氢能、海洋能等共同组成了新能源家族。其中，作为主力的太阳能、风能和生物质能，与化石能源相比，存在资源分散和能量密度低的先天缺陷，而且它们通常不能直接满足人类对电能、热能和燃料的需求。因此，新能源开发利用的关键在于针对资源特点，研究开发各种能量“转换”或“转化”技术，从而将新能源由其最初的能量形式转变为电能、热能及燃料。

2.1 能量与能源

2.1.1 能量

在正式认识新能源家族成员之前，有必要对能量和能源这两个概念有个基本认识。能量与时间一样，是每个人都非常熟悉但却难以准确定义的一个概念。从应用角度看，能量可以定义为体系状态（温度、速度、位置、化学组成等）发生改变的能力大小，即体系的做功能力。而做功与力密不可分，因此，为更好地理解能量，必须了解自然界的引力、电磁力、强核力和弱核力4种基本作用力，如图2.1所示。

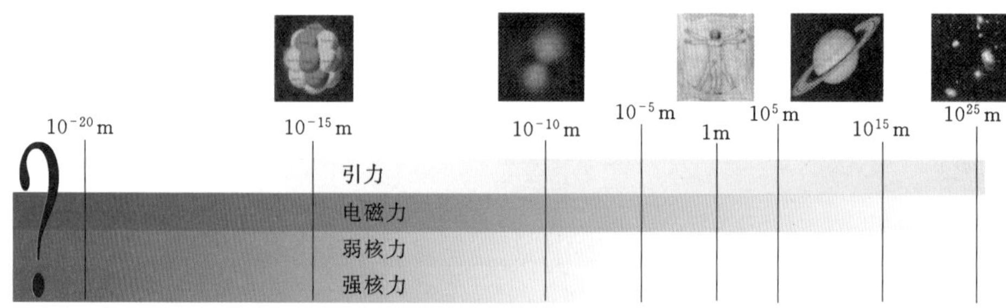

图2.1 从亚核尺度（10^{-20}m）到宇宙尺度（10^{25}m）的4种力

这4种力是地球上所有能量产生之根源，其中引力和电磁力是储存和转换能量的4种力中最为人熟知的。比如，引力将太阳深处的氢原子拉在一起，这些氢原子之间的强核力，加上关键的弱核力，导致释放出的能量以电磁波的形式从太阳中辐射出来。实际上，除了潮汐能基本上是引力和电磁力作用的结果外，人类使用的所有其他能量都依赖于4种自然力的结合。

引力是拥有质量的物体之间存在的相互吸引靠近的力。按照广义相对论的解释，引力来源于物体自身质量对于时空的弯曲，质量越大的物体对时空弯曲的程度越大。引力的强度与物体的质量成正比。在宇宙尺度上引力是最重要的，向下到亚原子尺度，依次为电磁力、强核力和弱核力。

电磁力来源于电荷，同种电荷相斥，异种电荷相吸。带电粒子之间的电磁引力和斥力是如此之强，除非我们非常努力地加以阻止，否则物质总是倾向于转化为电中性状态。因此宏观尺度下的物质本质上是不带电的。摩擦力、弹力本质上都属于电磁力，而化学反应过程中释放的能量本质上属于电磁能。

离开宇宙尺度，引力的重要性就降低了，而电磁力就变得同等重要或更重要。比如，两个相距1m的1g重的物体，它们之间的引力是6.67×10^{-17}N，而两个电荷没有被中和的相距1m的1g重的物体之间的静电力是2.1×10^{19}N。因此，在相当数量的物质之间，电磁力超过引力大约36个数量级。当然，质子之间的排斥力更强，以至于不可能分离和研究1g带电荷的物质。质量或电荷越大，或物体离得越近，可以储存在引力或电磁势能中的能量就越大。

从以米为单位的人类视觉尺度到用光学显微镜所能观察到的最小尺度，都是电磁力和引力发挥作用的尺度范围。移动到更小的尺度，略小于 10^{-14} m 时，就会发生相当突然和剧烈的变化，此时强核力发挥作用。强核力是强子之间相互作用的一种力，原子核中的质子和中子正是在强核力的作用下被紧紧束缚在一起的。强核力比电磁力强 100 倍。核反应与核能都与强核力息息相关。在与强核力作用大致相同的距离范围内弱核力开始出现。它的强度与电磁力相差不大，弱核力的重要性在于它们允许质子变成中子，或者中子变成质子。换句话说，如果质子变成中子，或者中子变成质子，那么一定是弱核力在起作用。

除了上述 4 种基本作用力之外，可能还有其他力被锁定在很短的距离内。然而，即使有额外的力存在，它们也不会对世界的动态产生任何重大影响。之所以确信这一点，是因为可以用 4 种已知的力来解释迄今为止在自然界中观察到的所有现象，同时任何可能存在的新力都被深锁在质子和中子中，人类迄今为止还无法释放它们的能量。

为了进一步理解电磁力、强核力和弱核力，有必要从粒子物理的角度对它们加以简要介绍。基本粒子标准模型（图 2.2）是一套描述强核力、弱核力、电磁力 3 种基本力，以及组成所有物质的基本粒子的理论模型，可以很好地解释和描述基本粒子的特性及相互间的作用。

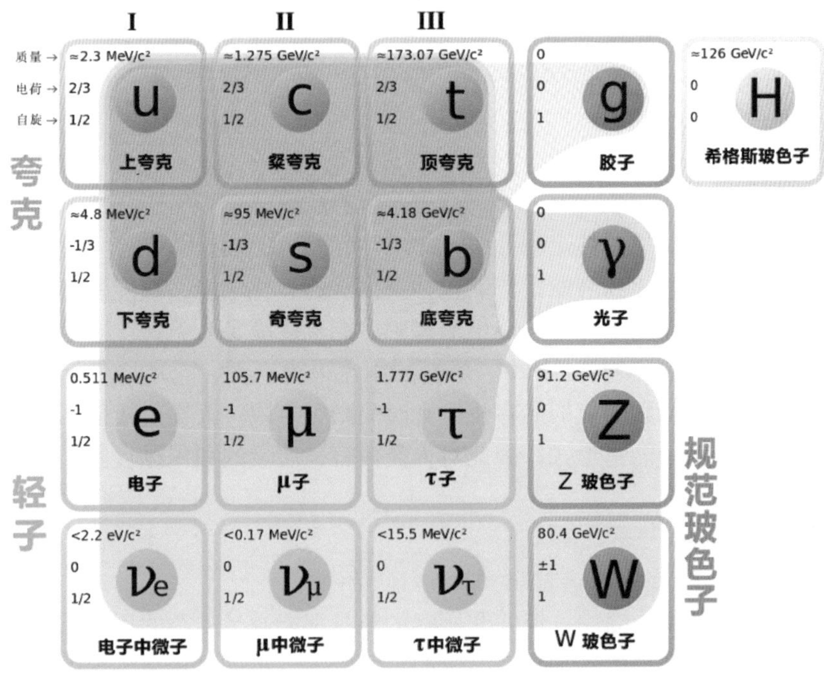

图 2.2　基本粒子标准模型

标准模型根据自旋将粒子分为两大类：一类是费米子，包括夸克和轻子，它们是组成物质的粒子，如轻子中的电子、组成质子和中子的夸克，有半整数自旋；另一类是玻色子，它们是传递作用力的粒子，包括传递电磁力的光子、传递强核力的胶子、传递弱核力的 W 和 Z 玻色子，有整数自旋。科学家认为，每一种力都是通过交换粒子来传递的，除了光子、胶子和玻色子这些媒介子外，传递引力的粒子被称为引力子。但是，到目前为止，引力子仍然是假想的粒子，只存在于理论中。

费米子分为三代，第一代包括电子、上夸克、下夸克及电子中微子。所有普通物质都是由这一代粒子所组成。第一代的四种粒子与另两代相对应的四种粒子的性质几乎一样，唯一的区别就是它们的质量。第二及第三代粒子只能在高能量实验中制造出来，且在短时间内衰变成第一代粒子。电子与电子中微子，以及在第二、第三代中相对应的粒子，统称为轻子。它们的作用力（弱核力、电磁力）会随距离增加变得越来越弱。相反，夸克间的强核力会随距离增加而增强。质子和中子（图 2.3）都是由胶子牢牢束缚 3 个夸克形成。关于基本粒子更多和更深入的内容，则需要学习粒子物理学的知识。

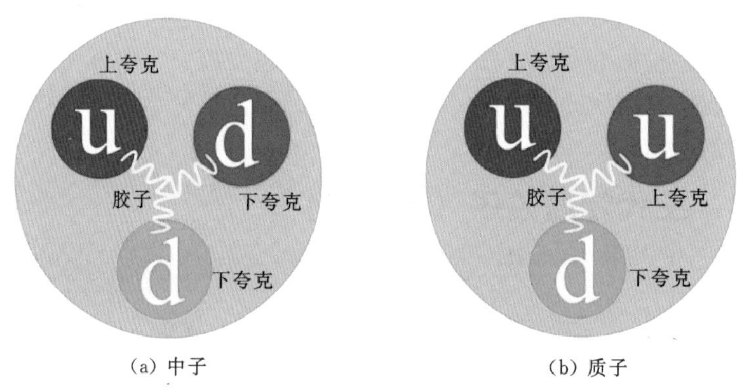

(a) 中子　　(b) 质子

图 2.3　三个夸克形成中子和质子

由各种力提供的能量总体上可以归为两个大类，即动能和势能。动能包括机械能、电能、热能、辐射能和声能；势能包括重力势能、化学能、核能和弹性势能，能量的不同形式如图 2.4 所示。这些能量形式中，能直接满足人类生产和生活需要的是电能、热能和化学能（燃料）。其中，燃料的用途最为广泛，它可以长期储存和方便地运输和使用，而电能和热能的储存规模和时间则很有限。人类直接使用的能量形式大大少于自然界存在的能量形式，因此对人类而言，能量的利用过程实质上是能量的转换过程以及传递过程。

2.1.2　能源

能量存在于一切物质之中，但并非所有的能量都能满足人类的用能需求，因此所谓的能源是指能为人类提供各种有效能量的物质资源。更进一步来理解的话，能源被定义为可以直接或经转换为人类提供所需的光、热、电、动力等任一形式能量的载能体资源。

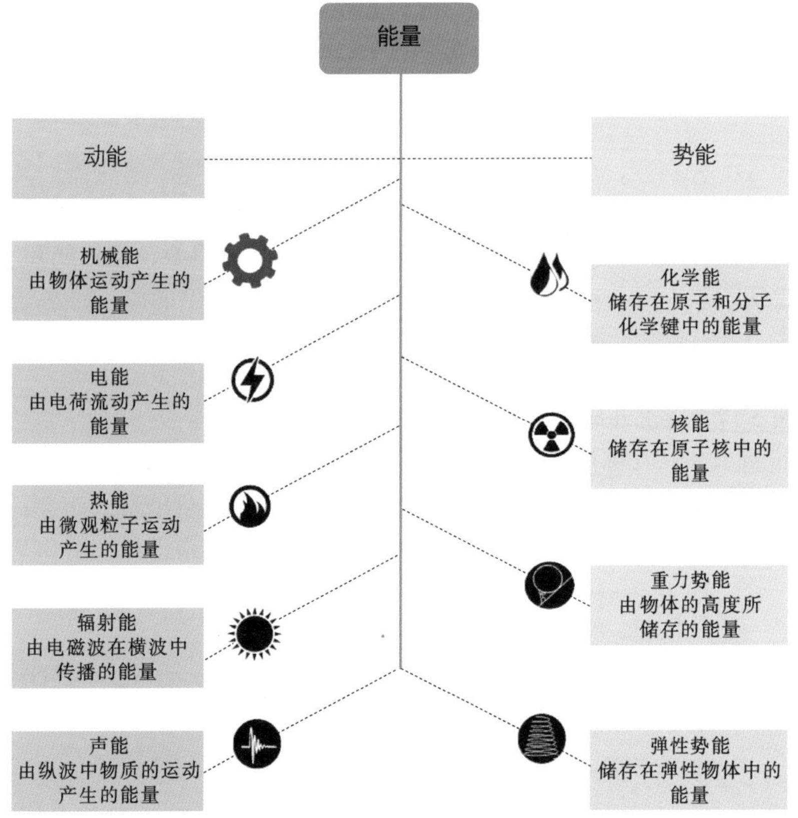

图 2.4　能量的不同形式

回望人类利用能源的历史，可以发现，在进入工业文明之前，人类依赖的能源其实正是今天所说的可再生能源。占主体地位的首先是具有储存特性的薪柴，其次是具有流动特性的水能和风能。50 万年前，人类学会了火的使用，从此，人类可以利用火这一强大的力量有选择地创造或毁灭与他们生存相关的东西，这一切都有赖于薪柴等生物质的燃烧，对薪柴的使用一直延续至今，以其为代表的生物质能，是目前排在煤、石油和天然气之后的第四大能源。而水车和风车的发明，使得灌溉和磨面等动力需求可以摆脱对人力和畜力的依赖。

进入工业革命时代，可再生能源天生的缺陷——低能量密度，使得它们难以适应蒸汽机等能量转换设备的应用，以及由其推动形成的工业生产模式发展的需求。由此，人类转向求助最伟大的能量浓缩专家——时间，这样讲是因为化石燃料被认为是亿万年前地球上的植物和微生物，经历复杂的生物学过程和地质学过程而形成的。正是凭借这些在人类还没诞生，甚至恐龙还没出现之前地球所积累的化石燃料，人类造就了 200 多年来社会和经济的极大繁荣，但这种竭泽而渔的做法不但不可持续，同时还带来了全球气候变暖和环境污染等严重的问题。也正因为如此，进入 21 世纪以来，人类才重新转向对风能、太阳能、生物质能、地热能等可再生能源的利用。正是由于对这些能源的利用方式和利用规模与工业革命之前不可同日而语，因此采用“新能源”来指代风能、太阳能、生物质能、地热能等能源。

2.2 新能源家族简介

新能源是个大家族，成员包括太阳能、风能、生物质能、地热能、海洋能、氢能、核能等。在介绍这些成员之前，有必要对“新能源”和“可再生能源”这两个易混淆的概念加以区分。新能源和可再生能源的成员多有重叠，但核能和水能例外。核能虽属于新能源，但其资源不具再生性，故不属于可再生能源，而水能虽具再生性，但通常不被列入新能源行列。为了用一个词定义这些非化石能源，就有了“新能源与可再生能源（new energy and renewable energy）”这个概念。

新能源家族成员及其特点

新能源成员有许多共同特征，主要体现在以下方面：

（1）可再生。具有再生能力是除核能外其他新能源家族成员的共同基因。在人类文明存续的时间尺度内，新能源可以持续不断地向人类提供能量，而且，它们所能提供的能量远大于人类的能源消耗量，各种可再生能源的资源潜能如图 2.5 所示。

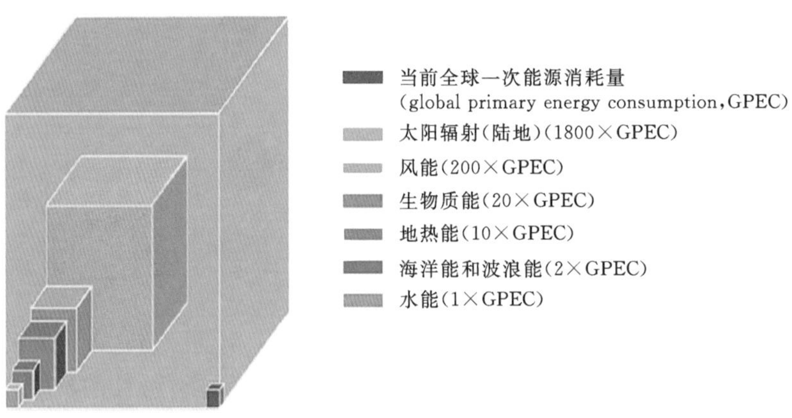

图 2.5　各种可再生能源的资源潜能（Nitsch F.，2007.）

（2）清洁环保。一方面，新能源都具有实现 CO_2 零排放的潜质，这种潜质一旦被完全开发，能源消耗与 CO_2 排放之间的耦合关系将会被解除。当然，这需要待能源实现完全转型后才能够实现，因为目前新能源在生产利用过程中还没有完全脱离对化石能源的依赖。另一方面，新能源利用过程中污染物排放少，太阳能、风能和海洋能等在利用过程中不产生大气污染物，而生物质直接燃烧所产生的大气污染物低于化石能源。

（3）能量密度低。以功率密度作为评价指标，光伏电池板和生物质的功率密度分别为 50~60W/m^2 和 0.1~0.2W/m^2。而在现代社会，超市和办公建筑的功率密度为 200~400W/m^2，高层建筑则高达 3000W/m^2，钢铁等能量密集工业活动则为 300~900W/m^2。由此可见，新能源的功率密度难以与化石能源时期形成的社会模式相适应。

（4）供应存在间歇性和波动性。太阳能和风能都直接受天气影响，存在间歇性和波动性。间歇性和波动性带来能量产出的不稳定，这不但对电网形成冲击，还与社会对能源的连续性需求产生矛盾。鉴于此，新能源产业的发展急需储能技术的支撑。

上述前两个特点赋予了新能源优秀的品质，后两个特点则属于它们的先天缺陷。因此，人类围绕新能源开展研究的主要目的就是扬长避短，从而使以新能源为主构建的能源体系能够支撑人类社会的可持续发展。

2.3 太阳能

2.3.1 太阳能资源

太阳是一个巨大的等离子体恒星（图 2.6），其质量约为 1.989×10^{27}t（是地球质量的 33 万倍），半径为 6.963×10^{8}m（体积约为地球的 130 万倍），平均密度为 1.409g/cm^3（约为地球的 1/4）。太阳组成成分按照质量划分为 71%的氢，27%的氦，以及 2%的铁、氧等其他重元素。中心温度高达 1.5 亿℃，表面平均温度为 5800K，形成主要光谱波长范围为 0.15~0.4μm 的太阳短波辐射和中微子。在漫长的 46 亿年中消耗了约 100 个地球质量的氢，并且还将至少"燃烧"60 亿年，从人类文明存续的角度上讲太阳能将是无尽的。

太阳能资源及光热转换技术

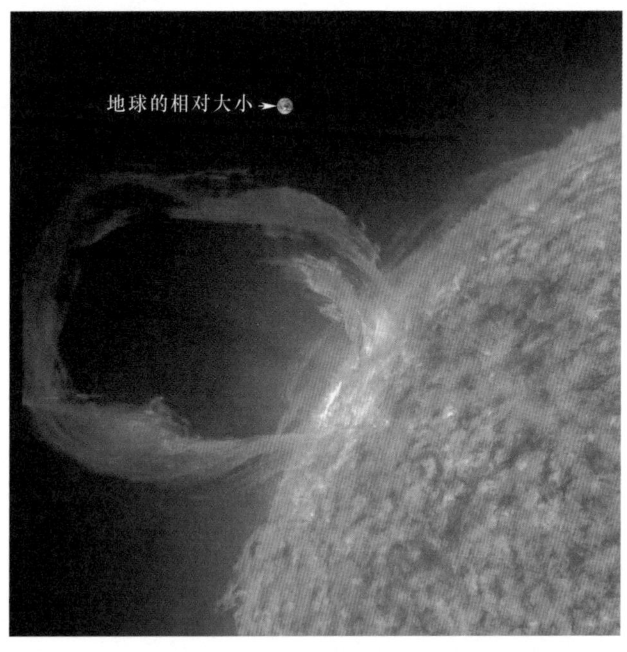

图 2.6　太阳

太阳能是太阳内部氢聚变成氦的核反应过程产生的能量。太阳内部的热核反应式为

$$4\,^{1}\text{H} \longrightarrow {}^{4}\text{He} + 2\upsilon_e + 2\gamma + 24.67\text{MeV} \tag{2.1}$$

其中，^{1}H 为氢原子，原子质量为 1.67×10^{-27}kg；^{4}He 为氦原子，原子质量为 $6.64\times$

10^{-27}kg；υ_e 为中微子；γ 为伽马射线。

每次热核聚变反应释放的能量达到 3.947×10^{-12}J，太阳每秒约消耗 400 万 t 的氢元素。据估算太阳发射能量的做功能力大约为 3.8×10^{20}MW，经过半径约为 1.496×10^{8}km（日地平均距离）的球形辐射到达地球，尽管仅有 1/22 亿的太阳辐射投射到地球上，每年到达地球大气层的太阳能总量约为 1.5×10^{15}kWh，其中约 30%以短波的形式被反射回太空，其余则被地球吸收，相当于每秒向地球投放了 500 万 t 标准煤。大约 1h 照射到地球上的太阳能，便足以满足人类一年的能量需求，现阶段获得的太阳能远大于人类对能量需求。

太阳辐射集中在可见光部分（0.4～0.76μm），红外光（>0.76μm）和紫外光（<0.4μm）的部分少。在全部辐射能中波长在 0.15～4μm 之间的占 99%以上。太阳辐射光谱能量分布如图 2.7 所示。地球表面和大气圈外的太阳辐射存在明显的差异，导致该差异的原因十分复杂，包括纬度、季节、大气的吸收和散射、云层的反射、地球的公转和自转等，因此地球表面的太阳辐射呈现出了复杂的空间性、时间性和气候性等特征。

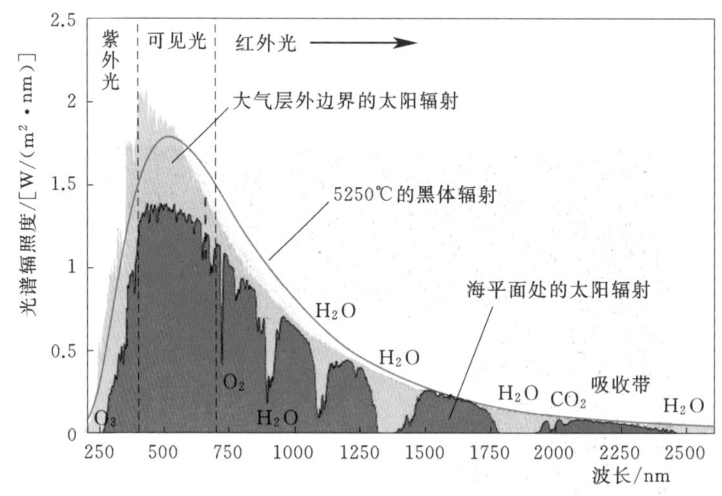

图 2.7　太阳辐射光谱能量分布

全球直接光照强度

全球太阳能资源分布与地理位置相关，中低纬度地区太阳能资源较为丰富。我国太阳能资源丰富，年辐照总量为 3340～8400MJ/m²，平均值为 5852MJ/m²。但区域分布差异明显，总体呈“高原大于平原，西部干燥区大于东部湿润区”的特点，其中青藏高原最为丰富，年辐照总量大于 6480MJ/m²，四川盆地资源相对较少，年辐照总量 3600MJ/m² 左右。按照太阳能年辐照总量，通常将我国太阳能资源划分为资源丰富区、资源较丰富区、资源可利用区及资源匮乏区，我国太阳能资源分布见表 2.1。

2.3.2　太阳能转换利用技术途径

在不经收集和转换情况下，太阳能只能用于物品干燥等初级用途，而要依靠太阳能满足人们对电能、热能和燃料的需求，需要对太阳能进行收集并转换。太阳能主要转换利用技术途径如图 2.8 所示。

表 2.1 我国太阳能资源分布

代号	资源丰富度	辐照总量 G/(kWh/m^2)	平均日辐射量 I/[kWh/(m^2·d)]	主要地区	占国土面积比例/%
Ⅰ	最丰富	$G \geq 1750$	$I \geq 4.8$	内蒙古自治区额济纳旗以西大部分地区、甘肃省酒泉市以西大部分地区、青海省100°E以西大部分地区、西藏自治区94°E以西大部分地区、新疆维吾尔自治区东部边缘地区、四川省甘孜藏族自治州部分地区	约22.8
Ⅱ	资源较丰富区	$1400 \leq G < 1750$	$3.8 \leq I < 4.8$	新疆维吾尔自治区大部分地区、内蒙古自治区额济纳旗以东大部分地区、黑龙江省西部地区、吉林省西部地区、辽宁省西部地区、河北省大部分地区、山东省东部地区、山西省大部分地区、陕西省北部地区、宁夏回族自治区、甘肃省酒泉市以东大部分地区、青海省东部边缘地区、西藏自治区94°E以东地区、四川省中西部地区、云南省大部分地区、海南省以及北京市、天津市	约44.0
Ⅲ	资源可利用区	$1050 \leq G < 1400$	$2.9 \leq I < 3.8$	内蒙古自治区50°N以北、黑龙江省大部分地区、吉林省中东部地区、辽宁省中东部地区、山东省中西部地区、山西省南部地区、陕西省中南部地区、甘肃省东部边缘地区、四川省中部地区、云南省东部边缘地区、贵州省南部地区、湖南省大部分地区、湖北省大部分地区、广西壮族自治区、广东省、福建省、江西省、浙江省、安徽省、江苏省、河南省	约29.8
Ⅳ	资源匮乏区	$G < 1050$	$I < 2.9$	四川省东部地区、贵州省中北部地区、湖北省110°E以西地区、湖南省西北部地区以及重庆市大部分地区	约3.3

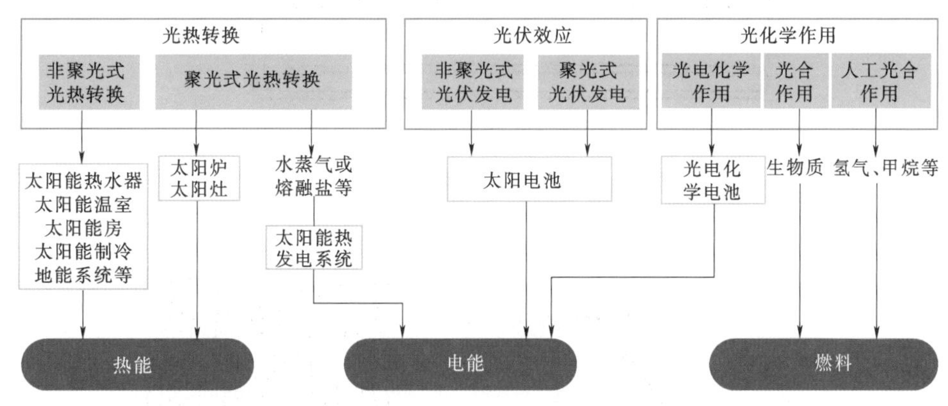

图 2.8 太阳能主要转换利用技术途径

2.3.2.1 太阳能光热转换

太阳能光热转换是利用太阳辐射来加热物体，一般是指通过反射、吸收或者其他方式将太阳辐射能转换成热能加以利用。当太阳能需要转换为高温热源时，需要通过聚光来实现，这种方式被称为聚光式光热转换利用，光热发电是一种典型的聚光式光热转换利用方式。而太阳能在作为低温热源应用时，则不需采用聚光设施，这种方式被称为非聚光式光热转换利用，太阳能热水器、太阳能房和地能系统均属于这种利用方式。此外，太阳能产生的热量还可以经过其他技术途径满足通风和制冷等需求。

1. 非聚光式光热转换利用

（1）太阳能热水器。太阳能热水器是基于温室效应原理的光热转换装置，其光热转换由集热器完成，集热器的作用是吸收太阳辐射并将热量传递给工质，用以产生热水。太阳能集热器主要有平板式、真空管式等结构类型，太阳能集热器如图 2.9 所示。相应的热水器则分别称为平板式热水器和真空管式热水器，平板式和真空管式太阳能热水器如图 2.10 所示。

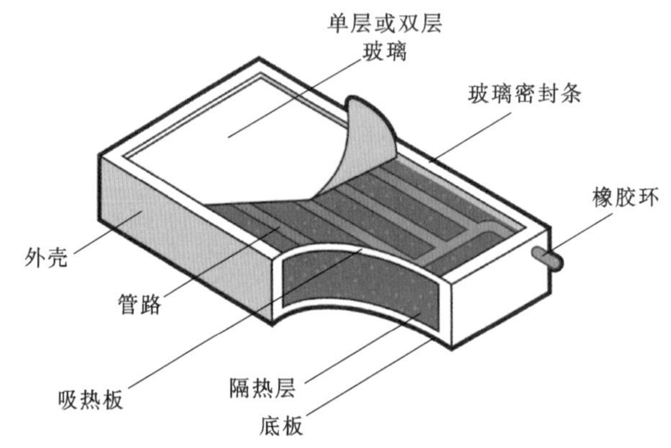

（a）平板式

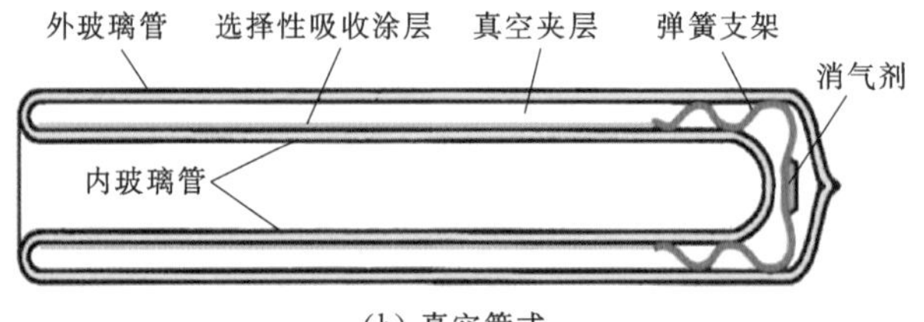

（b）真空管式

图 2.9　太阳能集热器

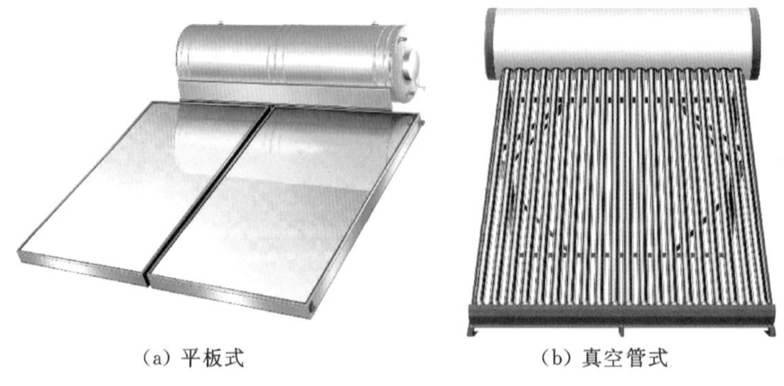

（a）平板式　　（b）真空管式

图 2.10　太阳能热水器

太阳能热水器除直接供应热水外，还可用于采暖，太阳能供热系统如图 2.11 所示。由于太阳能自身存在间歇性，且能量密度低，因此，单纯依赖太阳能难以满足采暖需求，故太阳能采暖需要与其他能源相结合。就利用规模而言，太阳能热水器既能够满足家庭应用，还可以通过太阳能热水工程满足大规模利用需求，某大型太阳能供热工程如图 2.12 所示。

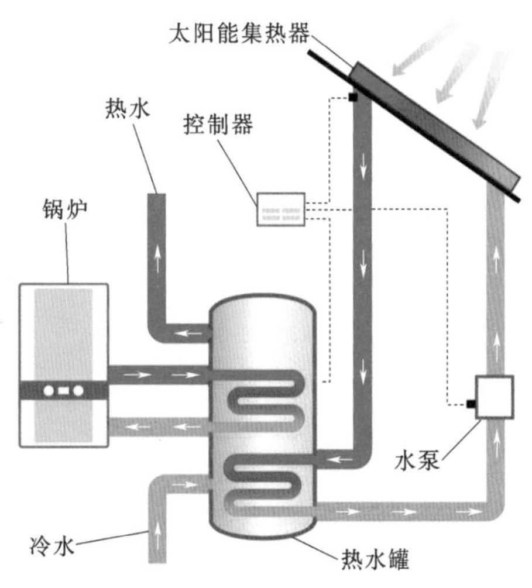

图 2.11　太阳能供热系统

在太阳能热利用技术中太阳能热水器商业化程度高、应用普遍。20 世纪 80 年代，我国先后研制了全玻璃及热管式真空管集热器，并实现产业化。目前，紧凑式真空管太阳能热水器在户用太阳能热水器市场中占有率最高。

图 2.12　某大型太阳能供热工程

（2）太阳房。太阳房是利用透明材料透射辐射能量时，允许短波辐射透过而阻碍长波辐射透过的温室效应原理实现温度调节的，按照采集、运输、储存太阳能方式的区别，通常可以分为主动式太阳房及被动式太阳房。

被动式太阳房是太阳能直接利用的一种形式，已存在数千年，被不同的文明所使用。被动式太阳房结构原理如图 2.13 所示。太阳房采用控制阳光和空气在恰当的时间进入建筑并储存和分配热量的指导思想进行设计，根据冬夏温度调控的需要，通过房屋结构设计和材料选择实现温度调节。冬季使更多的阳光进入房间，然后通过吸热材料和储热材料的配合将热量留在室内，并通过在建筑物内恰当地布置风道和管线实现热空气在房间内的循环，而在夏季，则尽量减少进入室内的阳光，并配合房屋结构保温设计降低室内温度。因此，太阳房能够达到冬暖夏凉的效果。

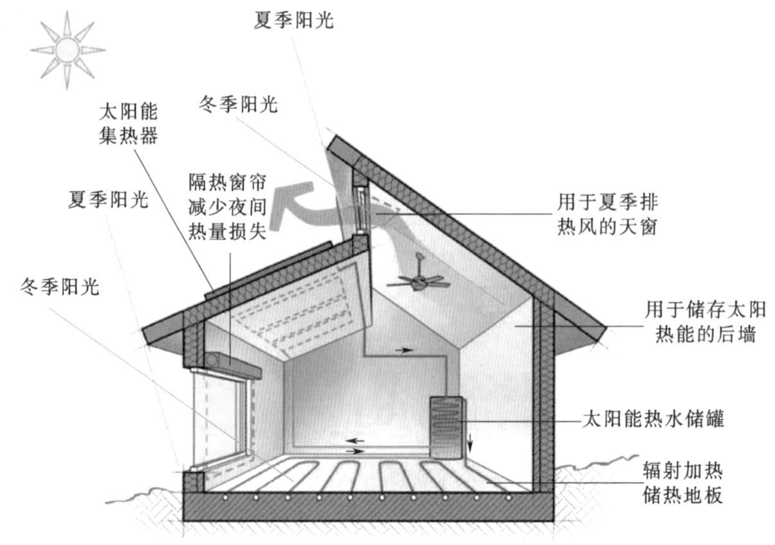

图 2.13　被动式太阳房结构原理图

主动式太阳房通常会选择太阳能集热器收集热量，以空气或水作为热媒，采用泵或者风机作为动力源，经过特殊布置的管道结构及储热系统将太阳能精准输送到所需位置，系统复杂，设备较多，基础投资较大。因此在条件允许的情况下，应优先选用被动式太阳房技术，或者设计一些缓冲性的房间，主动式太阳房技术作为补充。现在成熟的太阳房设计通常为主动与被动结合式，辅助墙面保温、循环通风等技术实现建筑的空气调节零能耗。图 2.14 中的柑橘模式（orange mode，OM）太阳能住宅采用的就是这种设计理念。

图 2.14　柑橘模式太阳能住宅

(3) 地能系统。地能系统是以土壤、地下水、地表水等为储热体的太阳能热利用系统，该系统是将地表浅层作为一个巨大的太阳能集热器。由于土壤是热的不良导体，因此在地下几米深的地方温度常年维持在5~15℃，冬季和夏季的地下温度分别高于和低于环境温度，这使得陆地在冬夏可分别作为低温热源和冷源，从而起到节省空调用能的目的。此外，利用工程手段实现跨季蓄热还可以增强其使用效果。跨季蓄热就是将夏季的太阳能通过集热器收集后储存到地下，以供冬季使用，加拿大的一个太阳能跨季蓄热系统如图2.15所示，该系统实现了主要依赖太阳能供暖的目的。

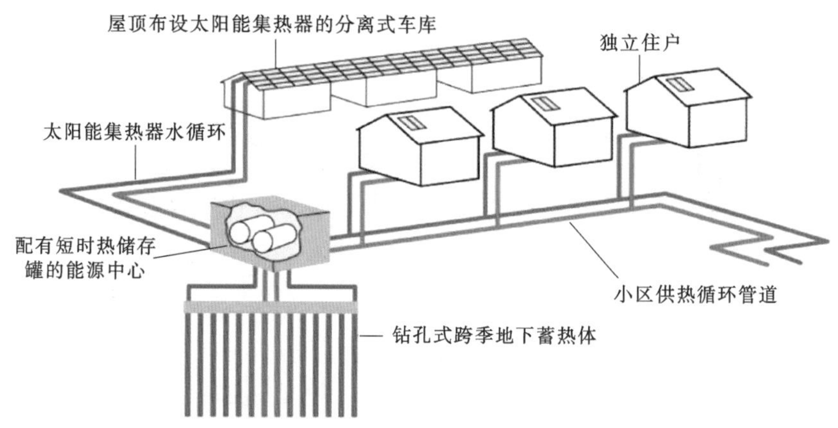

(a) 示意图

(b) 实际工程照片

图2.15　加拿大太阳能跨季蓄热系统

地能系统通常会与热泵相结合。热泵是一种能从自然界的空气、水或土壤中获取低位热能，经过电能做功，提供高位热能的节能装置。它实质上是一种热量提升装置，它能从环境介质中提取数倍于其自身所耗电能的热能。

2. 聚光式光热转换利用

太阳能能量密度低是其天然缺陷，要实现太阳能的高温利用，必须克服该缺陷。通过镜面或透镜将阳光聚集是克服该缺陷的唯一有效途径，通过聚光可以达到300℃以上的高温。太阳能聚光利用在我国有悠久的历史，早在3000年前的西周时期，我们的祖先就已经懂得如何利用太阳来点燃薪柴为自己所用，当时所用的聚光器被称为阳燧（图2.16）——从太阳光中取火的工具，一面呈球面形内凹的青铜镜。当用它对着阳光时，射入阳燧凹面的全部阳光被阳燧球面形凹面聚焦到焦点上，以点燃易燃物。太阳炉和太阳能热发电系统是现代聚光式光热转换利用的两种形式。

图2.16 阳燧

随着近现代光学技术及镀膜技术的发展，利用价格较低的反射器代替造价昂贵的吸收器成为聚光式光热转换利用的发展方向。利用反射器、透镜或其他光学器件将进入采光口的太阳辐射改变方向并汇聚到吸热体上的太阳集热器称为聚光型集热器，一般包含聚光器、吸收器及跟踪系统。由于折射、反射等聚光作用仅发生在器件表面，因此为降低透镜的重量，法国科学家奥古斯丁·菲涅尔提出将透镜连续表面部分“坍塌”到平面上的思路，并由此发明了菲涅尔透镜，并因此显著降低了设备重量，节约了聚光成本。菲涅尔透镜及其工作原理和抛物面反射镜聚光原理如图2.17所示。

（1）太阳炉。太阳炉是一种高温加热装置。图2.18的太阳炉是一座名为奥代洛（Odeillo）的太阳炉，由法国人在1970年建成投产。该太阳炉首先利用63座日光反射镜，将太阳的光线反射到一个大的凹面镜上，然后将大量的阳光聚焦在大约一个烹饪锅大小的区域上，这个区域的温度可以高达3500℃。奥代洛太阳炉整体高54m，宽48m。由于温度高，且具有快速升温和降温的特性，这个太阳炉在建成后被广泛应用于研究试制各种导弹、核反应堆等所需高温材料，以及航空航天工业所用尖端材料的测试。能够以不产生任何废气的方式提供高温是其独特的优势。

（2）聚焦型太阳能热发电系统。聚光产生的高温热能还可进一步转换为电能，聚焦型太阳能热发电（concentrating solar power，CSP）就是这样一类能量转换设施。根据聚光方式的不同，CSP可分为槽式抛物面热发电系统（图2.19）、线性菲涅尔热

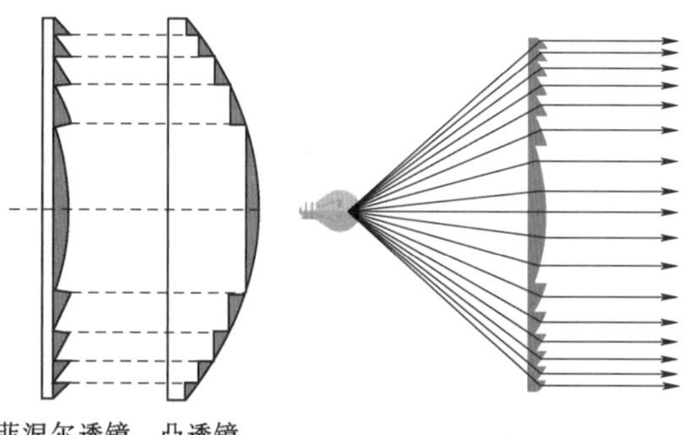

(a) 凸透镜"塌缩"为菲涅尔透镜原理

(b) 菲涅尔透镜聚光原理

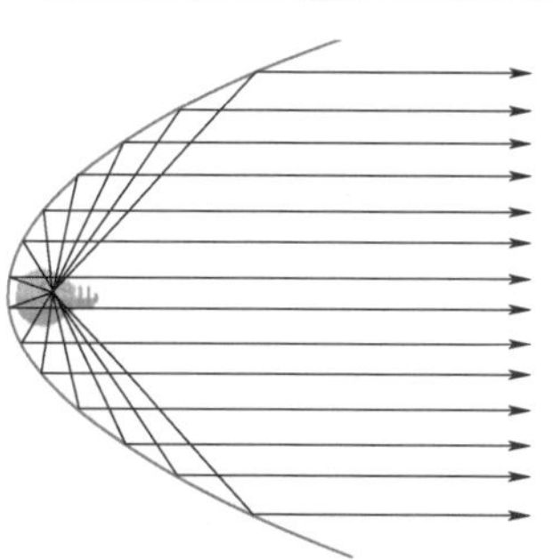

(c) 抛物面反射镜聚光原理

图 2.17　菲涅尔透镜及其工作原理和抛物面反射镜聚光原理

图 2.18　太阳炉

图 2.19　槽式抛物面热发电系统

(引自：https：//www. dlr. de/dlr/en/Portaldata/1/Resources/bilder/portal/xl_ galerie/parabolrinnen_ almeria_ xl. jpg)

图 2.20　线性菲涅尔式热发电系统
（引自：http：//www. mynewsdesk. com/uk/northumbria - university/images/fresnel - mirror - solar - collector - by - elianto - solar - concentrating - power - italy - 783856）

发电系统（图 2.20）、塔式太阳能热发电系统（图 2.21）及碟式斯特林太阳能热发电系统（图 2.22）四种。具体如下：

1）槽式抛物面热发电系统又称太阳能槽式抛物面反射镜热发电系统，是将多个槽型抛物面聚光集热器经过串并联排列，聚焦太阳直射光，加热真空集热管里面的工质，产生高温高压的蒸汽，驱动汽轮机发电机组发电的系统。

2）线性菲涅尔热发电系统工作原理与槽式光热发电类似，聚光器采用菲涅尔结构的聚光平面镜来替代抛面镜，静态设备成本相对较低，但效率也相应降低。

3）塔式太阳能热发电系统采用多个定日镜追踪、反射并汇聚太阳光，接收器安装于塔顶，以熔融盐为传热介质，高温熔融盐通过热交换的方式将热量传递给水，产生的水蒸气驱动蒸汽轮机，并进一步带动发电机产生电能。

4）碟式斯特林热发电系统采用单点聚焦式原理汇聚太阳能，自动跟随太阳旋转并将太阳光聚到焦点上，通过驱动位于焦点处的斯特林发动机进行发电。

在四种热发电系统中，前三种系统是利用太阳能产生高温蒸汽，然后利用蒸汽轮机驱动发电机产生电能，而第四种发电系统采用一种外燃式发动机——斯特林机（图

图 2.21　塔式太阳能热发电系统

图 2.22 碟式斯特林太阳能热发电系统

2.23）进行能量转换，具有热转换效率高，不需要冷却水的优点；前两种为典型线聚焦热发电系统，后两种为典型点聚焦热发电系统。

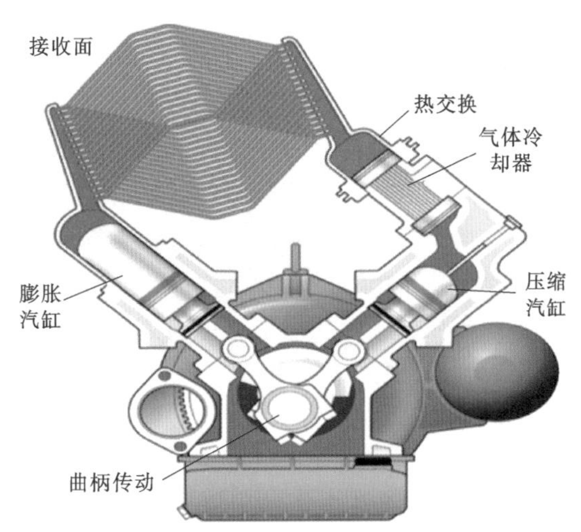

图 2.23 斯特林机结构示意图

上述四种热发电方式中，前三种已经实现了商业化，而第四种尚处于示范阶段。综合比较来看，槽式热发电技术起步较早，技术经验成熟，应用较多，约占 CSP 总装机容量的 80%；线性菲涅尔式热发电技术造价最低，适应性强，但是聚光比较小，效率低；碟式斯特林热发电技术聚光比大，效率高，寿命长，系统可大可小，既可以单台使用，也可以多台并联发电，但是成本较高，较难形成大规模应用；塔式热发电技术聚光比高，单机功率大，适用于大型光热发电系统建设，是光热发电最有发展前途的系统。该系统结合熔盐储热技术可实现 24h 连续发电。当前，世界上最大的太阳能热发电系统装机容量已达 150MW，我国首个百兆瓦级大型商业化光热电站于 2018 年 12 月 28 日在甘肃省敦煌市正式并网发电，该项目总投资超 30 亿元，占地近 $8km^2$，年发电量可达 3.9 亿 kWh。塔式熔融盐储能太阳能热发电系统组成如图 2.24 所示。图 2.24 中的数字代表能量流动的节点和顺序。

3. 其他光热转换利用方式

收集的太阳能不仅可以转换为热量直接使用，还可以通过转换为其他能量形式来满足人们生活及生产需要，例如太阳能制冷、太阳能光纤照明及太阳能热压通风等。

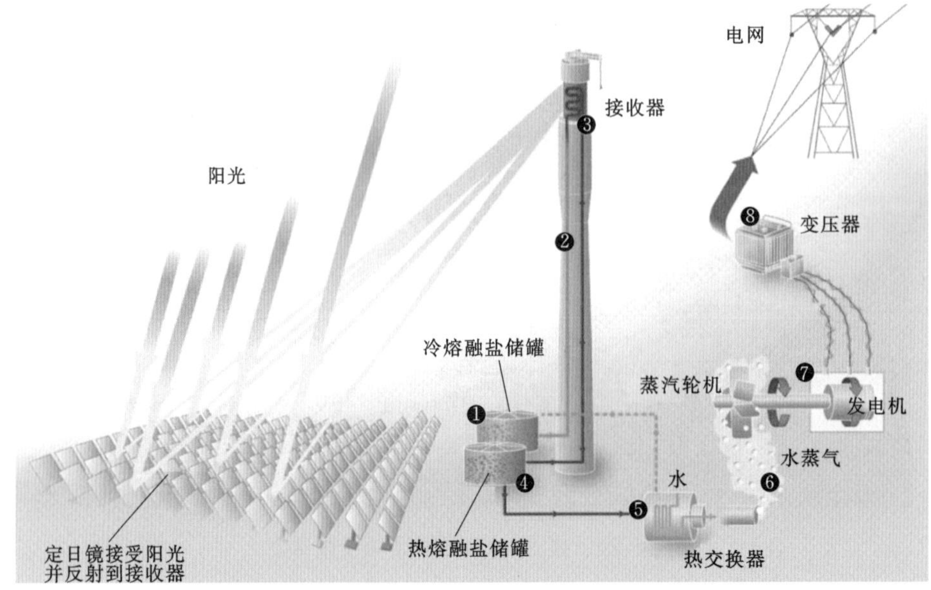

图 2.24 塔式熔融盐储能太阳能热发电系统组成

太阳能制冷主要有光伏驱动的制冷和光热驱动的制冷。光热驱动制冷方式主要有吸收式制冷及吸附式制冷，其中太阳能吸收式制冷已经进入商业应用阶段，吸附式制冷尚处于实验研究阶段。太阳能吸收式制冷的工作原理如图 2.25 所示。

光纤是一种利用光在玻璃或塑料制成的纤维中的全反射原理制成的光传导工具，利用光经由高折射率的介质，以高于临界角的角度进入低折射率介质会产生全反射的原理，让光在这个介质里能够维持光波形的特性并进行传输。

2.3.2.2 太阳能光伏发电

1. 光伏效应

光伏发电技术

光伏发电是利用光生伏特效应，即光伏效应将太阳能转换为电能。光伏效应是材料接受电磁辐射产生电压的现象，最早由法国物理学家贝克勒尔于 1839 年提出。目前基于光伏效应制造的太阳电池，主要是利用 P 型半导体和 N 型半导体结合形成的 P－N 结来获得电压，其工作原理示意如图 2.26 所示。当太阳光照射到太阳电池上时，穿透进入的光子会在半导体内部激发形成电子–空穴对（统称为少数载流子），由于 P－N 结具有由 N 区指向 P 区的内建电场，在内建电场的作用下电子由 P 区穿越 P－N 结到达 N 区，而空穴由 N 区穿越 P－N 结到达 P 区，结果是 P 区空穴过剩，N 区电子过剩，从而对外呈现电压。在 P 区和 N 区外侧分别接上起到搜集少数载流子作用的金属电极，当将其导通连接成回路后，电子将从 N 区流出，经过负载，由外电路返回到 P 区外侧，并与 P 区的空穴复合，形成源源不断的电流，同时对负载输出电功。

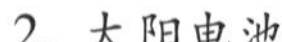

2. 太阳电池

太阳电池可用多种基体材料制成，据此可将其大致分为晶体硅太阳电池、非晶硅薄膜太阳电池、非硅基薄膜太阳电池、有机材料太阳电池等。

其中，晶体硅太阳电池因其有着相对成熟的制备技术，以及相对高效率、低成本

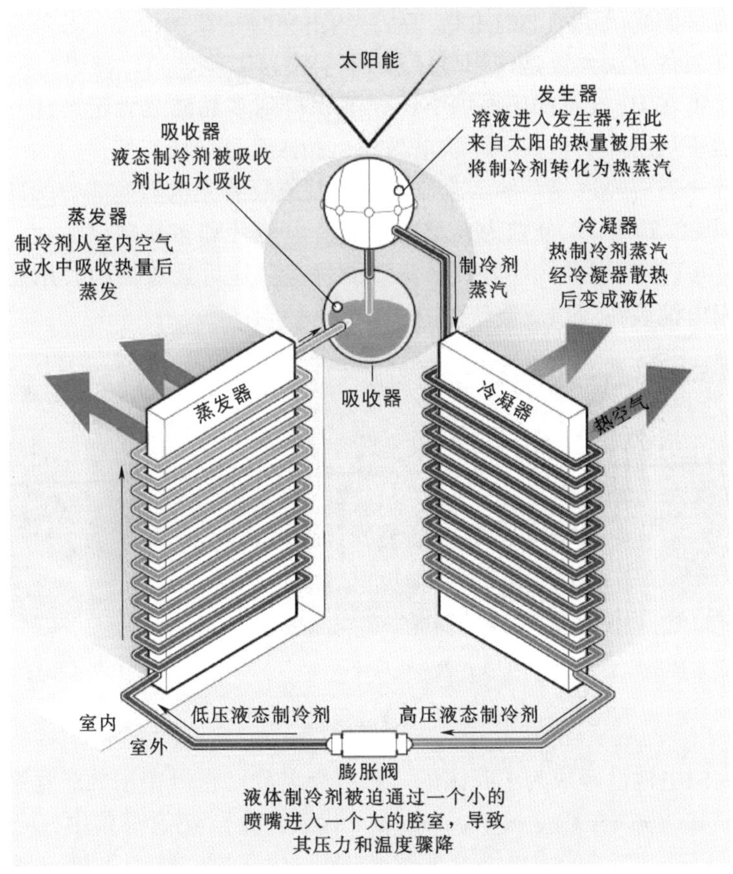

图2.25　太阳能吸收式制冷工作原理

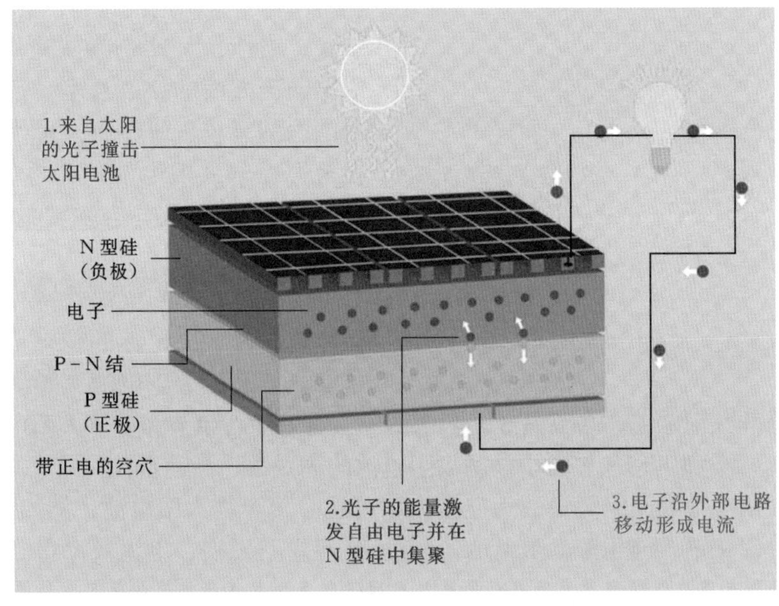

图2.26　太阳电池工作原理示意图

的优势，成为目前光伏市场上的主导产品，约占90%的市场份额。晶体硅包括单晶硅和多晶硅，其制备方法大致是先用碳还原 SiO_2 成为工业硅粉，硅料与 HCl 反应，加工成 $SiHCl_3$，再在 H_2 气氛的还原炉中还原沉积得到多晶硅或无定形硅，然后用直拉法或悬浮区熔法从熔体中生长出棒状单晶硅，晶棒经过切块、切片后加工成200nm 左右的薄片，硅片需要经过复杂的工艺流程才能制成具有光电转换能力的硅电池片，图2.27（a）和图2.27（b）分别为典型的单晶硅电池片和多晶硅电池片。薄膜太阳电池［图2.27（c）］具有柔韧性好、易集成的优势。这可显著拓展其用途，比如可以制成瓦状太阳电池装在屋顶或玻璃中。

（a）单晶硅电池片

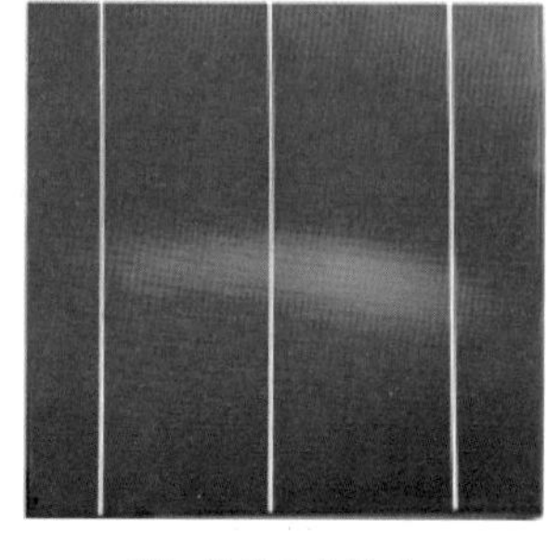
（b）多晶硅电池片

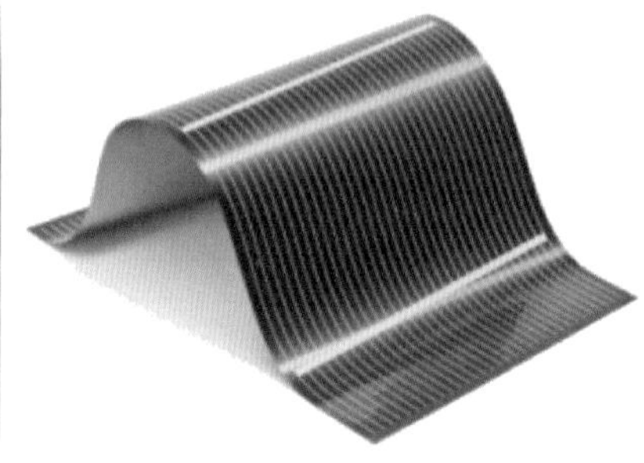
（c）薄膜太阳电池

图2.27　工业应用的太阳电池

目前，太阳电池已经成为了我国的一张闪亮名片，在《中国共产党第十九次全国代表大会》纪念邮票中，光伏技术与高铁、大飞机、航天飞机、高速公路等国家名片并列，如图2.28所示。现在我国基本掌握了太阳电池材料、器件、工艺、装备、组件、大型/分散式光伏电站、智能电网等方面的核心技术。目前全世界范围内的高校、研究所、光伏企业等都在努力提升太阳电池的光电转换效率，这也是当前太阳电池领域的主要科学难题。

图2.28《中国共产党第十九次全国代表大会》纪念邮票

为了提升太阳电池效率，科研人员在传统晶硅太阳电池的基础上，研发出了聚光型晶硅太阳电池、异质结晶硅太阳电池、黑硅太阳电池、多节晶硅太阳电池等，有效地将单节和多节太阳电池效率分别提升至26.7%和47.1%。由于硅基太阳电池的高效率、高稳定性和低成本，使得目前商用的太阳电池产品绝大多数为硅基太阳电池。化合物太阳电池，例如铜铟镓硒、铜铟锡硫、碲化镉、砷化镓太阳电池，经过40年左右发展，电池效率得到了长足的发展。目前砷化镓太阳电池最高效率可以达到30.5%。由于成本较高，化合物太阳电池通常在建筑、航天器、便携式装备中得到应用。

近年来，新型太阳电池如同雨后春笋般不断涌现，从有机太阳电池、染料敏化太阳电池，发展到钙钛矿太阳电池、量子点太阳电池、叠层太阳电池等。其中钙钛矿太阳电池因其制备工艺简单、成本低、效率高，被全球科研人员广泛关注，目前成为太阳电池领域的研究热点。单晶硅太阳电池效率从13%提升至26.7%用了45年时间，然而钙钛矿太阳电池的效率从3.8%提升至25.2%只用了10年时间，并且电池效率每年都有大幅度的提升。新型太阳电池的效率提升为太阳电池的未来点亮了一盏盏指路明灯。

3. 光伏发电系统

通过太阳电池将辐射能转化为电能并供给负载使用的发电系统称为太阳能光伏发电系统，尽管光伏发电系统应用形式多种多样，规模大小不等，但其组成结构和工作原理基本相同，主要由太阳电池组件、光伏控制器、逆变器、蓄电池及其他附属设备组成。根据太阳能光伏系统的应用形式、应用规模和负载的类型等可以将光伏系统分为并网式光伏发电系统、独立（离网）式光伏发电系统、分布式光伏发电系统及混合式光伏发电系统。并网式光伏发电系统通过逆变器及升压设备将光伏产生的电能接入公共电网，一般是兆瓦级以上的大型发电系统，根据规模需求升压至10kV、35kV、110kV、220kV甚至更高的800kV等级向外输送能量。

产生的电能不经过公共电网直接输送至负载的系统称为独立式光伏发电系统，该系统可以直接供给直流电，也可以通过离网光伏逆变器供给交流电，同时根据用户需要灵活设置蓄电池进行储能，系统规模通常较小，以满足负载需求为设计目标。

分布式光伏发电系统特指在用户场地附近建设，以用户自发自用、余量上网，且兼具平衡调节配电系统为特征的光伏发电系统。倡导就近发电、就近并网、就近转换、就近使用的原则，可以有效缓解部分区域的用电紧张问题，并有效解决了电力在升压及长途运输中的损耗问题，可以应用于工业厂区、商业建筑、家庭住宅、农业设施、边远农牧区及海岛等。目前较为普遍的应用形式是布置在城市建筑屋顶及周围，应用光伏发电与建筑的结合如图2.29所示。能源自给自足的太阳能示范屋如图2.30所示。

混合式光伏系统本质上是一种多能源互补形式的发电系统。充分利用各种能源的特点，因地制宜，选取合适的能源形式，相互配合，从而建立更加稳定可靠、经济合理的能源供给系统。现有风光互补、风光柴互补、水光多能互补等多种形式，混合式系统降低了资源限制的门槛，能促进新能源更健康地发展。

未来，按照光伏发电系统特性及能源需求变化，光伏电站一方面会朝着布置更为灵活的分布式系统、微电网等方向发展，形成更为智能化、多元化、网络化的能源供给体系；另一方面，将朝着更加大型化的方向迈进，形成区域化、全球化的新能源体系，未来将会在沙漠、戈壁甚至太空出现吉瓦级乃至更大的光伏电站，图2.31为设想中的光伏发电系统。

4. 太阳电池其他用途

太阳电池用途广泛，除了可用于建设各种光伏电站，还可直接用于各种交通工具，图2.32是利用太阳电池的飞机、轮船、汽车、自行车等交通工具。此外，太阳

图 2.29 太阳电池与建筑的结合
（引自：http：//www.archdaily.cn/cn/614443/hemlock - semiconductor - building - slash - bauer - askew - architecture）

图 2.30 能源自给自足的太阳能示范屋
（引自：http：//www.archdaily.cn/cn/877902/mei - ge - jiao - du - du - ying - jie - tai - yang - de - bao - shai - endesa - pavilion - institute - for - advanced - architecture - of - catalonia - iaac）

电池还可为小型的制冷装置提供电能，这对疫苗等需要低温保护药品在偏远地区的运输具有非常重要的意义，图 2.33 中骆驼驮运的正是满足该需要的低温保存箱。

图 2.31　设想中的光伏发电系统

图 2.32　太阳电池在各种交通工具上的应用

2.3.2.3　太阳能光化学转化

光激发可以引发许多化学反应，并由此将光能转化和储存到化学键中。太阳能光化学转化包括光合作用、光电化学作用及光敏化学作用。其中光敏作用亦称光动力作用或光力学作用，是蛋白质、酶与核酸等基质在氧和光的作用下产生的特定氧化作用，一般用于医学定向治疗如癌症等，目前此类技术主要应用于医学范畴。

光化学转化技术

植物的光合作用就是自然界最典型的光化学转化过程。人类很早就希望能够模仿植物的光合作用，直接生产出氢气、甲醇等燃料。利用非生物的光化学反应解决人类能源需求的想法，最早由印度化学家贾科莫·恰米钱提出。在 1912 年纽约第八届国际应用化学大会上，恰米钱教授通过以“光化学的未来”为题的报告，全面阐述了光化学在未来可能起到的重要作用。在报告中，他预测：“通过选取适当的催化剂可以完成以水和二氧化碳为原料产出氧气和甲烷”。该报告随后被国际顶级学术期刊《科学》（*Science*）发表。今天看来，恰米钱的这番预言确实已经成为了人工光合作用研究的目标。1910 年贾科莫·恰米钱在实验室屋顶布置的用于光照实验的烧瓶如图 2.34 所示。

图 2.33　太阳电池供电的低温箱

图 2.34　贾科莫·恰米钱在实验室屋顶布置的用于光照实验的烧瓶

近年来，人工光合作用领域的研究已经取得了重大进展，最引人注目的突破来自劳伦斯伯克利国家实验室杨培东教授领衔的研究团队，他们创造性地开发出了“细菌/无机半导体混合人工光合作用系统”，如图 2.35 所示。该系统由半导体纳米导线和细菌组成混合催化体系，半导体纳米导线吸收光之后，就把电子传给催化剂也就是细菌，细菌吸收 CO_2 后利用水来合成甲烷、乙酸，一直到丁醇。在该体系中，生物体系可以确保发挥光合作用的高选择性、低成本、自修复的优点，人工的半导体材料则可以确保高效捕获光能的作用。

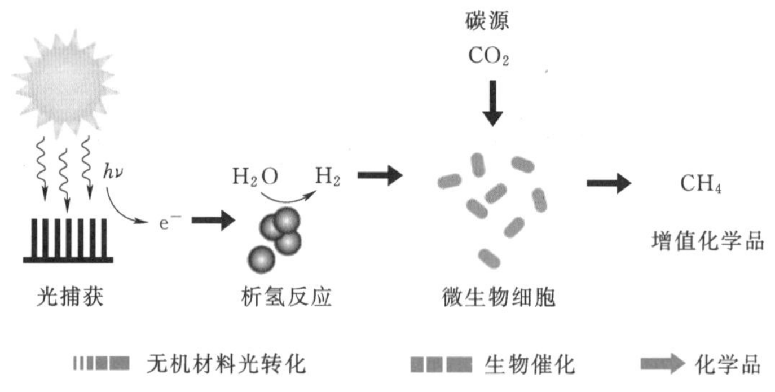

图 2.35　细菌/无机半导体混合人工光合作用系统

人工光合作用，不仅可以产生氢气、甲烷、甲醇等生物燃料，还可用于生产药品、精细化学品和肥料等化学品，以及电能，如图 2.36 所示。

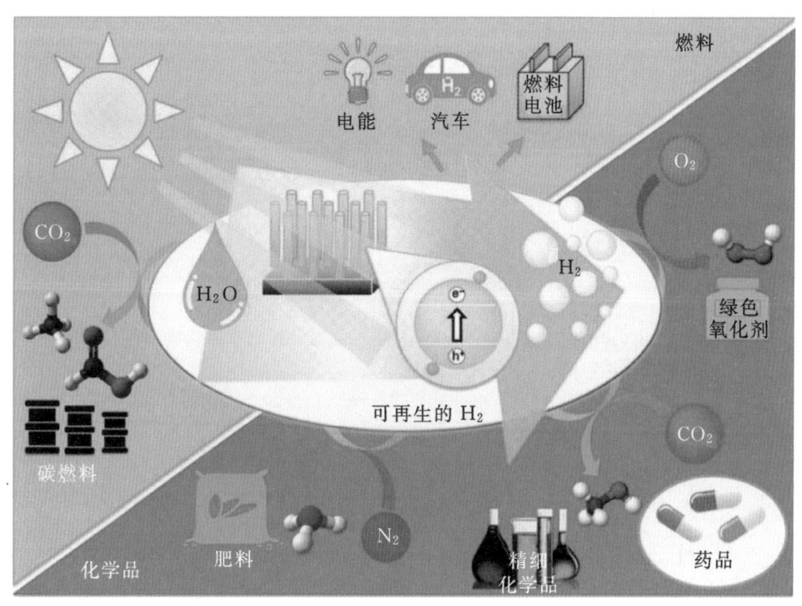

图 2.36 人工光合作用及其可以形成的产物

2018 年，剑桥大学的艾文教授在国际顶级学术期刊《自然-能源》报道了一种将生物、有机成分与无机半导体材料结合的人工光合作用装置，人工光合作用装置的工作原理及其采用的核心材料的扫描电子显微镜图如图 2.37 所示，其实现了太阳能驱使水分解形成氢和氧，开启了研制太阳能量转换系统的一个新方向。2020 年，美国劳伦斯伯克利国家实验室的亨氏教授，采用约 0.5μm 宽的 $Co_3O_4/SiO_2/TiO_2$ 人工合成反应空心管结构将太阳能传递到 Co_3O_4，使水分解，产生游离的质子和氧气。这些质子很容易流到外层，在此过程中，它们与 CO_2 结合形成 CO。未来将进一步制备出甲

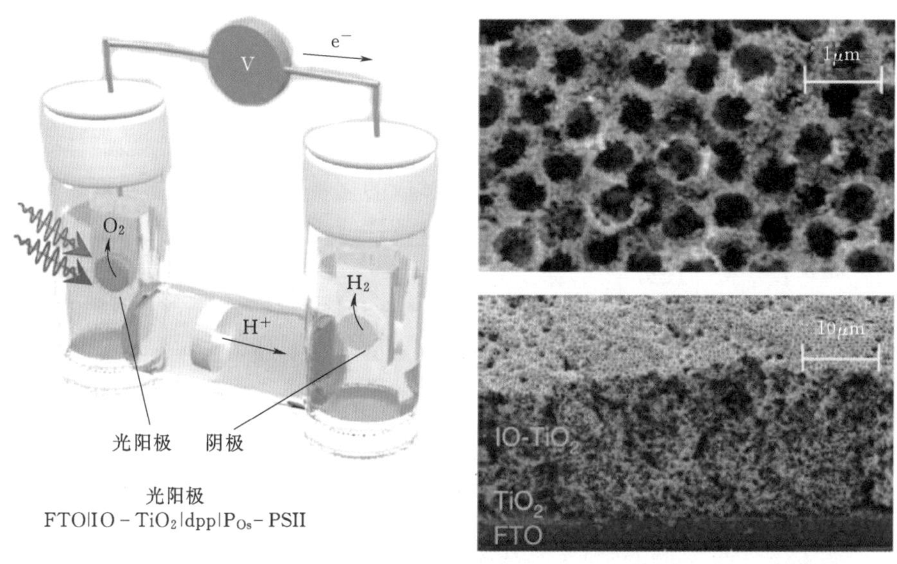

图 2.37 人工光合作用装置的工作原理及其采用的核心材料的扫描电子显微镜图

醇，这一过程会由 TiO_2 层支撑的催化剂实现。空心管结构和人工光合作用装置的工作原理如图 2.38 所示。

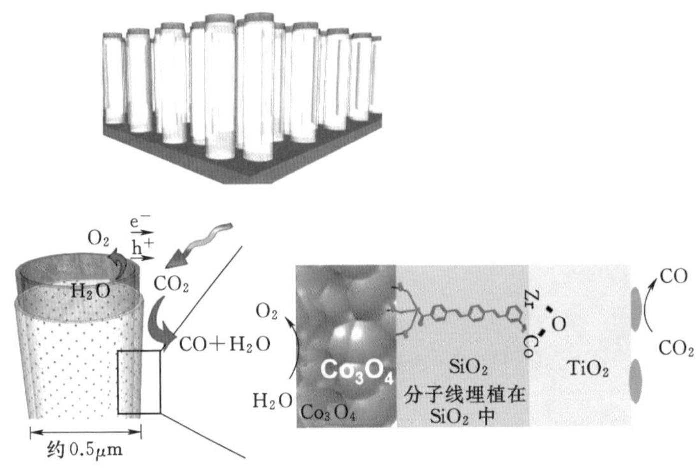

图 2.38　空心管结构图和人工光合作用装置的工作原理图

太阳能高效利用领域的科学问题还有很多，有的还处于起步阶段，需要大量科研人员数十年如一日地投入其中，也需要新能源专业的学子加入到研究行列中，为开创人类的未来能源新格局贡献智慧。

2.4　生物质能

2.4.1　生物质能资源

生物质能资源

生物质是以植物光合作用为基础直接或间接产生的有机体，包括所有植物、动物和微生物自身以及由这些生命体派生、排泄或代谢产生的各种有机质。由此，可以将生物质能定义为太阳能以化学能形式储存在生物质内部而形成的一种载能体资源。生物质能的本质是绿色植物通过光合作用转化形成的化学能，这是生物质能与风能、太阳能和海洋能等物理态能量的主要区别，这一特性使生物质能在供应的稳定性和储存方便性方面具有独特的优势。

生物质能资源分布广泛，遍布于地球的各个角落，而且种类众多。根据来源不同，可以分为林业生物质、农业生物质及有机垃圾与剩余物等，生物质来源分类如图 2.39 所示。由于各类有机垃圾都可转化为能源加以利用，因此发展生物质能还具有消纳有机废弃物的重要功能。

生物质资源丰富，长期以来生物质能是仅次于煤、石油和天然气位列第四位的能源，1971—2014 年全球一次能源供应量如图 2.40 所示。从资源总量角度分析，地球每年产生的生物质完全可以满足人类的能源需求。全球每年来自农业、林业、城市垃

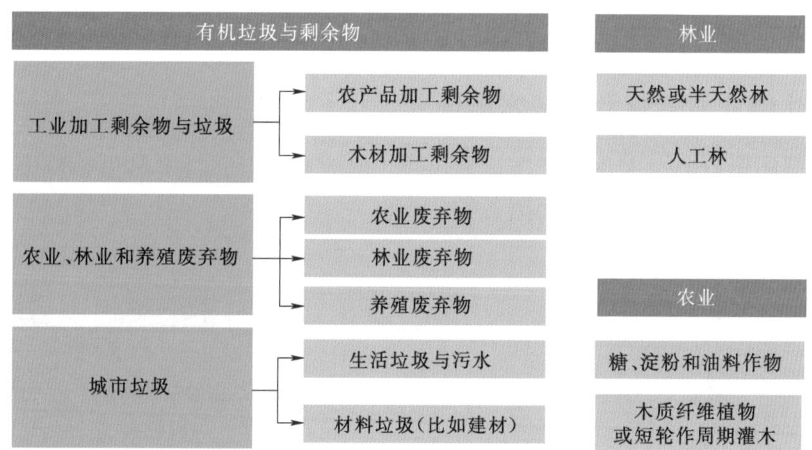

图 2.39　生物质来源分类

圾及其他工业废料的生物质如果转化为能源，其生产潜力到 2050 年约为 1100~1500EJ❶。而根据 IEA 的研究，到 2050 年全球能源消费总量可望超过 1000EJ。这意味着，从理论角度分析，到 21 世纪中期，生物质能的供应潜力与全世界能源需求相当。

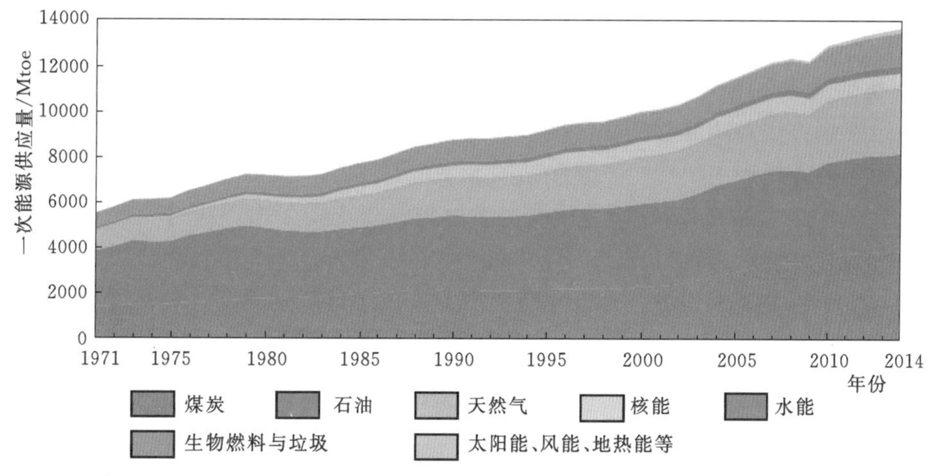

图 2.40　1971—2014 年全球一次能源供应量（来源于 IEA）

我国生物质资源丰富，2012 年可能源化利用的生物质能资源可获得量达 3.3 亿 t 标准煤，未来将达到每年约 6 亿 t 标准煤，其中农林剩余物类资源将保持现有的水平，有机废弃物类资源将有所增长，而专门种植的能源作物/植物类资源将是未来资源增量的主要来源。

尽管生物质资源总量巨大，但是由于其主要的功能是满足人类食品的需求，再加

❶ $1EJ=10^{18}J$。

之其在饲料、肥料和材料方面的消耗，可用作能源的资源就受到显著影响，因此资源问题是影响生物质能发展的主要因素。

2.4.2 生物质能转化利用技术途径

生物质能可以通过多条途径转化为热能、电能和燃料，其中热化学转化和生物化学转化是两条最主要的途径，如图 2.41 所示。

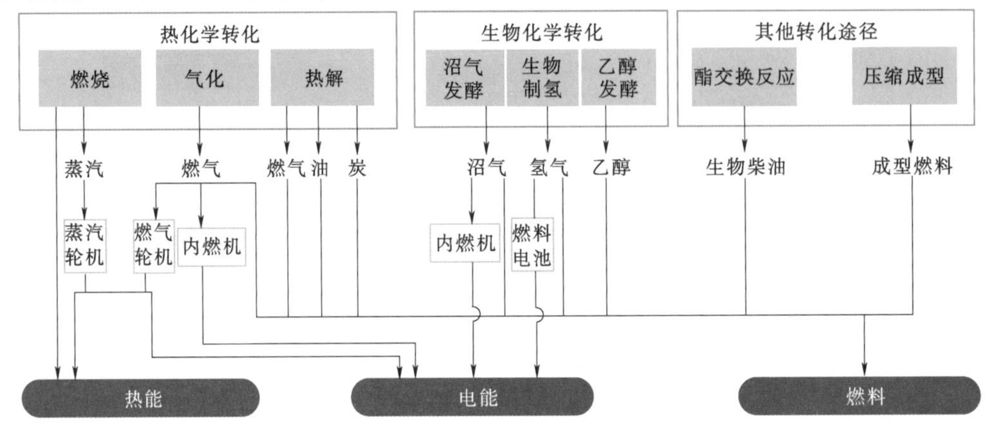

图 2.41　生物质主要转化技术途径

2.4.2.1 生物质能热化学转化

1. 生物质直接燃烧

生物质热化学转化技术

通过燃烧将生物质储存的化学能转化为热能是生物质能最古老的利用方式，也是生物质发电的常规和主要途径。生物质直燃发电系统主要由上料、燃烧、发电和除尘4 个子系统组成（图 2.42）。生物质直燃发电与燃煤火力发电系统非常相似，但由于生物质与煤炭在燃料属性及燃烧特性方面存在显著差异，因此生物质直燃发电又有其自身特点。生物质直燃发电技术与常规火力发电技术的区别主要体现在两方面：一是

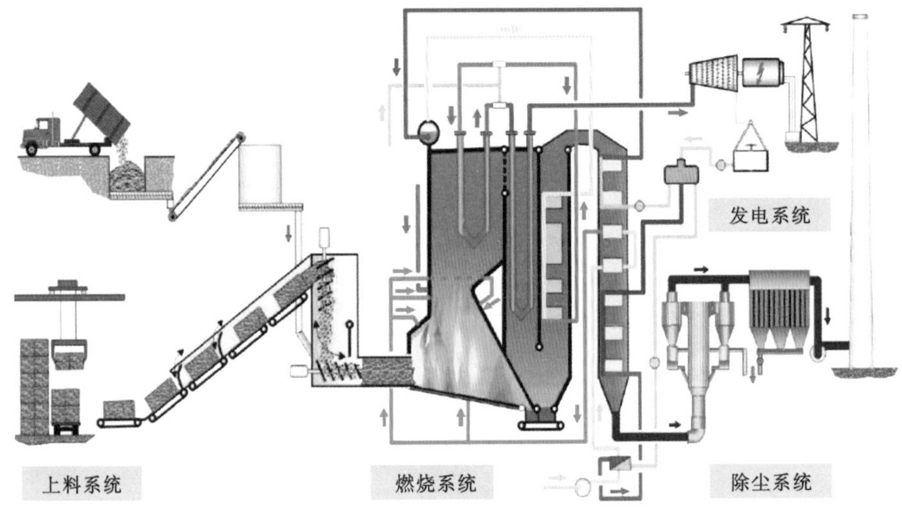

图 2.42　生物质直燃发电系统组成

上料系统；二是燃烧设备。这也是生物质直燃发电的两大技术难点。秸秆类生物质的堆积密度通常只有80~100kg/m^3，这使得其进料系统比燃煤锅炉的进料系统庞大。生物质燃烧过程与煤炭相比，也有较为显著的差异，这种差异一方面源于生物质挥发分含量高，另一方面则由于其钾、钠和氯离子含量高，前者导致生物质燃烧过程非常不稳定，后者则是造成生物质在锅炉中燃烧时产生严重结渣和沉积腐蚀问题的根源。

沉积是由生物质中的碱金属在高温下挥发进入气相后与烟气、飞灰一起在对流换热器、再热器、省煤器、空气预热器等受热面上凝结、黏附或者沉降的现象。秸秆燃料在锅炉过热器及炉墙表面形成的沉积如图2.43所示。沉积形成后产生的危害包括阻碍受热面传热，降低锅炉出力和效率，以及进一步引起金属腐蚀，造成受热面的损伤等。

图2.43　秸秆燃烧时在锅炉过热器及炉墙表面形成的沉积

2. 生物质热解

生物质热解通常是指在无氧或低氧环境下，生物质被加热升温引起分子分解产生焦炭、液体和气体产物的过程，生物质热解产物如图2.44所示。根据反应温度和加热速率的不同，可将生物质热解工艺分成慢速、常规、快速等工艺。利用不同的热解工艺，可实现对气、固、液三类产物得率的调控，例如，当采用超高加热速率、超短产物停留时间及适中的热解温度时，生物质中的有机高聚物分子就会迅速断裂为短链分子，此时可最大限度地获得液体产物。

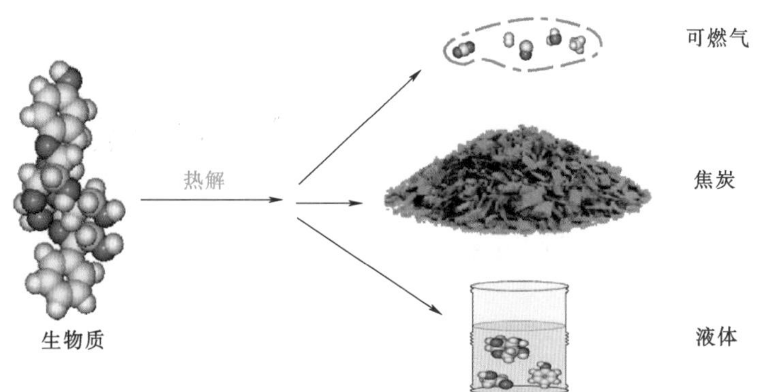

图2.44　生物质热解产物

生物质还可以通过选择性催化热解工艺生产甲醇、乙酸、糠醛等大宗化工品，其中，乙酸是食品行业基础原料，广泛用作酸度调节剂、酸化剂、腌渍剂、增味剂、香料，而糠醛则是重要的有机化工中间体。此外，还可以通过选择性催化热解制取左旋葡萄糖酮等一些具有高附加值的化学品，左旋葡萄糖酮可用于药物、基因抑制剂等的生产。

基于生物质热解技术，还可实现碳捕获和储存（carbon dioxide capture and sequestration，CCS），由生物质热裂解出发可构建的碳循环利用链如图 2.45 所示。植物通过光合作用从大气中吸收 CO_2 转化为生物质，通过热解可以将生物质转化为生物质炭和生物燃料，这些产物可以进一步转化为“碳酸氢铵—炭”和“尿素—炭”等生物质炭基肥料。生物质炭基肥料既可以在土壤中存储碳，还可以减少化肥成分（例如 NO_3^-）的流失，从而使土壤肥力增加。而土壤肥力的增加，可以促进植物生长吸收更多的 CO_2。由此可以创造一个“生物质炭和能源储存库”，可为控制全球气候变化发挥积极作用。

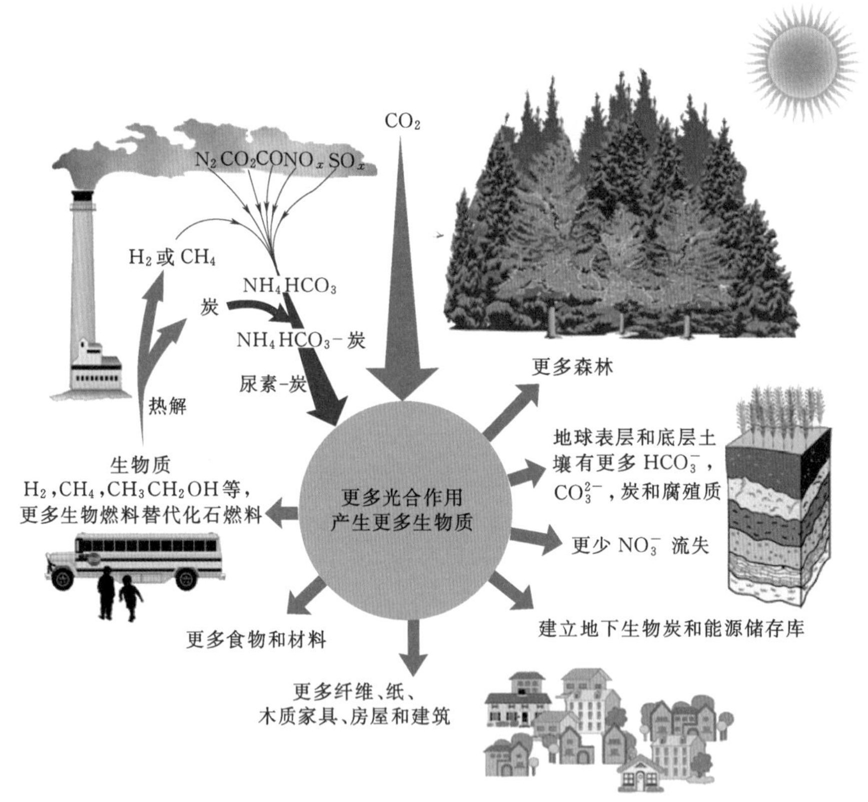

图 2.45　由生物质热裂解出发可构建的碳循环利用链

3. 生物质气化

生物质气化是指在气化剂的作用下将固态或液态碳基材料，通过热化学反应转化成可燃气体的过程，气化剂可以是空气、氧气或者水蒸气。气化过程通常由干燥、热解、氧化和还原 4 个阶段组成，如图 2.46 所示。气化产生的可燃气主要成分为 CO、H_2 和 CH_4 等，通过气化得到的燃气被称为气化气或生物质煤气。在生物质气化过程中，所用的气化剂不同，得到的气体燃料成分也不相同。气化得到的气化气需要通过净化脱除其所含的杂质性组分，然后可以直接供居民作为炊事燃料，还可以用作锅炉燃料进行供热或发电等，生物质气化及气化气燃烧系统如图 2.47 所示。

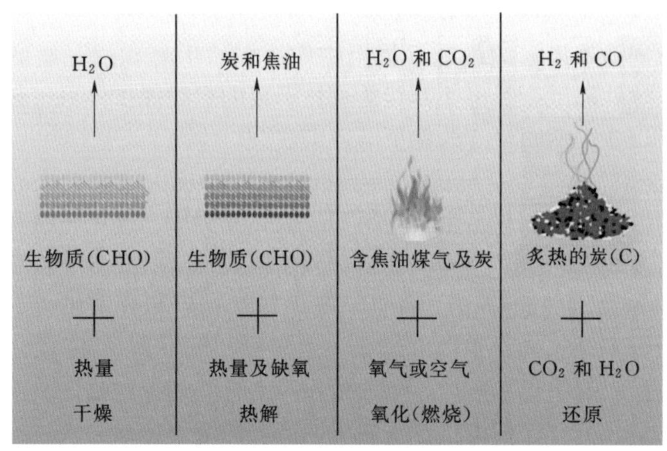

图 2.46 生物质气化的 4 个阶段

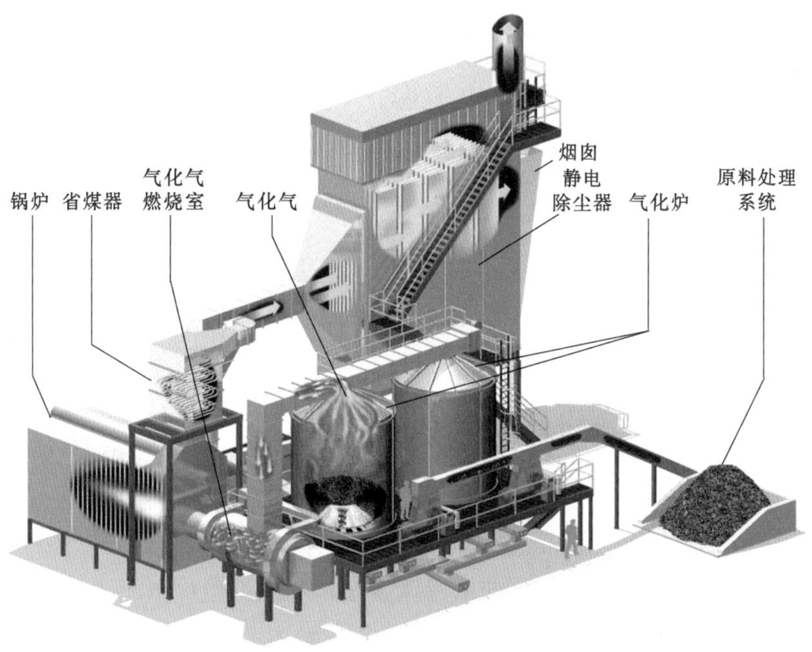

图 2.47 生物质气化及气化气燃烧系统

此外，气化气还可以进一步加工成合成气，合成气是指以 CO 和 H_2 为主要组分供化学合成用的一种原料气。合成气进一步通过费托合成（Fischer - Tropsch synthesis）转化为液体燃料以及化工产品等。合成气的生产和应用在化学工业中具有极为重要的地位。

2.4.2.2 生物质生物化学转化

1. 生物质抗生物降解屏障

生物质生物化学转化技术

“抗生物降解屏障”是木质纤维素类生物质生物化学转化面临的最大障碍，而利用木质纤维素类生物质原料是生物燃料发展的重要方向，因此本节首先对其做简要介绍。

抗生物降解屏障是指木质纤维素类生物质抵抗微生物和酶降解的一切特性的统称，是植物为抵抗外部侵袭经过亿万年的进化形成的自我保护体系。该体系总体上由分子、细胞和组织 3 个不同尺度的保护屏障组成。

（1）分子层面的障碍包括纤维素的结晶结构，以及木质素的大分子结构。纤维素是生产乙醇的主要组分，它是由葡萄糖形成的直链分子，这些直链分子通过氢键结合在一起形成高度规则的结晶结构，植物细胞壁组成及纤维素分子与超分子结构如图 2.48 所示。这种结晶态的超分子结构使得催化其降解的酶分子难以进入其内部，从而严重阻碍了酶分子对它的降解。纤维素酶水解模拟图如图 2.49 所示。木质纤维素生物降解面临的最大障碍是木质素，木质素作为大自然创造的唯一具有苯环结构的天然高分子化合物，承担着保护植物免受微生物侵袭的重要使命，这决定了其极难被微生物降解的特性。

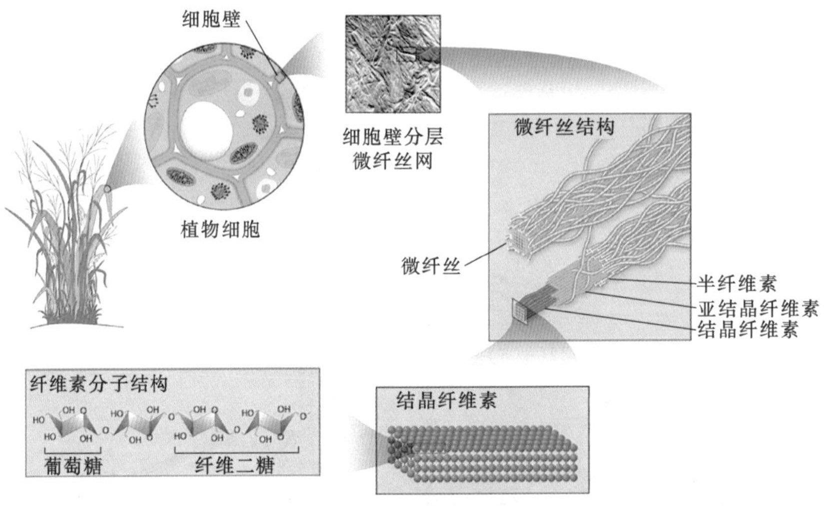

图 2.48　植物细胞壁组成及纤维素分子与超分子结构

（2）从细胞层面分析，最难降解的木质素在植物的细胞壁上呈不均匀分布状态，且在细胞壁外层和细胞与细胞之间的部位分布浓度最大。木质素在植物细胞壁上的分布如图 2.50 所示，橙红色荧光显示部位为木质素。

（3）组织层面，在植物能与外界接触的维管束组织的导管部位木质素分布也很多，一种海滩植物互花米草导管中的环形增厚层如图 2.51 所示，其中高度规则的圆环状增厚层是高度木质化的结构。因此，木质素构成了最大的生物降解屏障。

图 2.49　纤维素酶水解模拟图

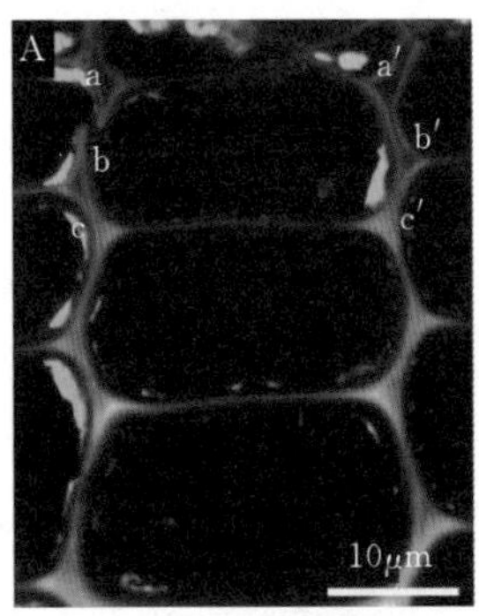

(a) 横切面

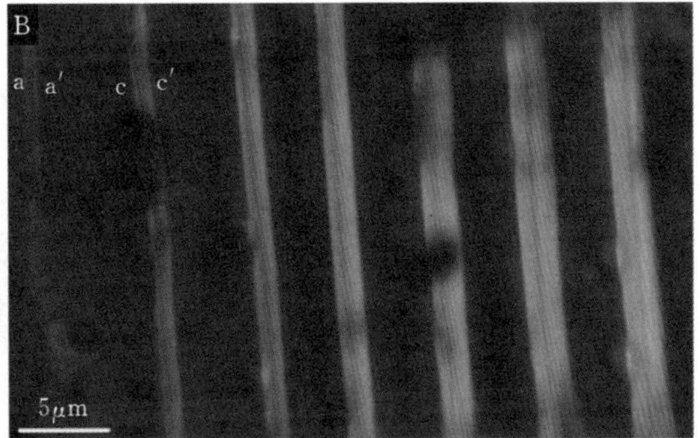

(b) 纵切面

图 2.50　木质素在植物细胞壁上的分布

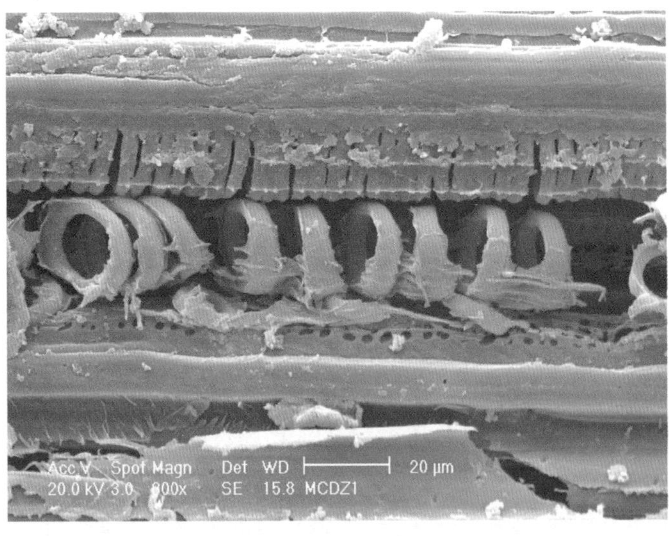

图 2.51　互花米草导管中的环形增厚层

如何打破该屏障，是生物质生物化学转化技术领域的一个世纪难题，这道由大自然出的难题仍待重大科技突破，以实现最终破解。

2. 木质纤维素原料制燃料乙醇

通过生物化学途径将木质纤维素转化为燃料乙醇通常需要经历3个关键步骤，如图2.52所示。预处理的作用主要是破解抗生物降解屏障；水解的目的是将纤维素和半纤维素转化为单糖，以便能够被酵母菌发酵为乙醇，纤维素和半纤维素转化为乙醇的途径如图2.53所示。如何突破纤维素的结晶结构产生的限制是该步骤的重点和难点；发酵是完成乙醇生产的最终步骤，主要是通过酵母菌复杂的代谢途径将葡萄糖和木糖转化为乙醇；这一步存在的困难是酵母菌自身不具备降解木糖等五碳糖的能力。

图2.52 木质纤维素原料生产燃料乙醇的关键步骤

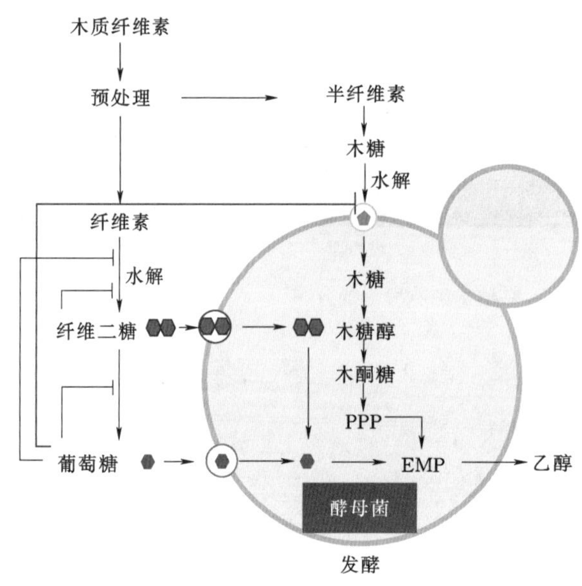

图2.53 纤维素和半纤维素转化为乙醇的途径

上述问题的存在制约着纤维乙醇技术的应用和发展。尽管如此，科学家和工程科技人员对该途径的探索一直在继续，并不断取得进展。2013年，全球首个使用秸秆等农业废弃物为原料的纤维素乙醇生产厂，在意大利北部城市克莱森蒂诺市竣工投产，基本情况如图2.54所示，这标志着纤维燃料乙醇技术已经开始迈入商业化生产阶段。

3. 沼气及生物天然气

通过生物化学转化可以将各种有机废弃物转化为沼气和生物天然气等气体生物燃料。养殖粪便、餐厨垃圾、有机工业废水等废弃物均是保护环境需要处理的对象，利用自然界一群主要由产酸发酵细菌和产甲烷菌组成的微生物，则可以将这些有机废弃物转化为沼气（主要成分是CH_4和CO_2），进一步去除CO_2和其他杂质性组分便得到高纯度CH_4，由此得到的甲烷气被称为生物天然气。通过沼气发酵不仅能产出洁净燃料，而且还能解决废弃物的环境污染问题，另外，发酵产生的渣和液富含N、P、K等植物营养元素，可回归农田。因此，该转化过程具有能源、环境和生态等多重价值，沼气发酵及综合利用如图2.55所示。

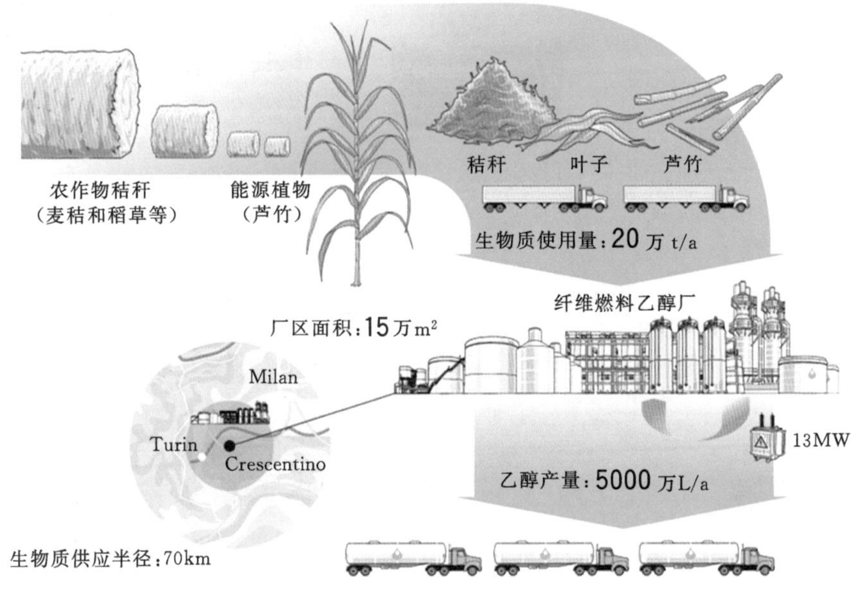

图 2.54　意大利建成的纤维燃料乙醇厂基本情况

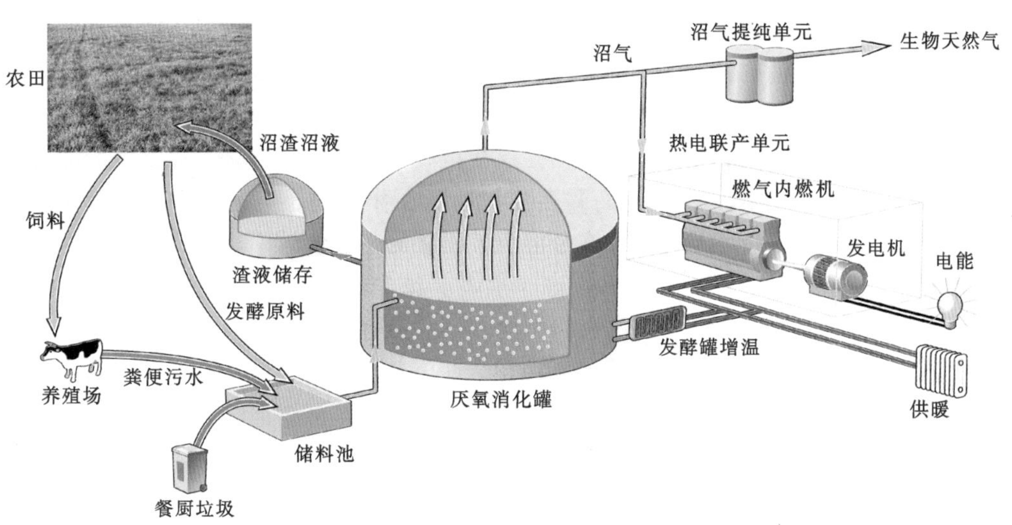

图 2.55　沼气发酵及综合利用

相较于沼气，生物天然气的优势在于其可以直接替代石化天然气，这意味着目前天然气的输配系统和各种燃烧设备都可被生物天然气直接利用。这种对传统能源设施的兼容性，最大限度地降低了生物天然气替代石化天然气的门槛。瑞典在生物天然气利用方面堪称典范，其所使用的天然气有 50%以上来自生物天然气，瑞典的生物天然气生产和利用模式如图 2.56 所示。

生物质其他转化技术

2.4.2.3　生物质其他转化利用途径

1. 生物柴油

天然油脂可以直接作为燃料应用，但是在不经过处理或改变其分子结构的情况

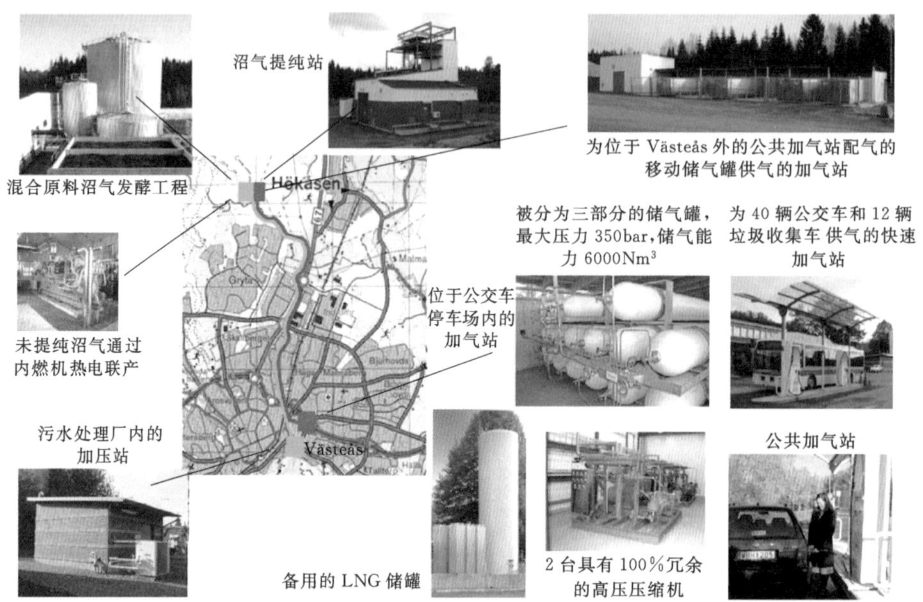

图2.56　瑞典的生物天然气生产和利用模式

下，这些油脂很难在柴油机上使用，这是因为现有的柴油机是基于石化柴油的特性而设计的，而石化柴油与植物油和动物油在分子结构，以及理化特性方面均存在较明显的差异。从燃料角度分析，最主要的差异体现在两个方面：一是黏度；二是挥发性。生物油脂的分子量超出石化柴油约2倍，这使得其黏度远高于石化柴油，植物油的黏度往往是石化柴油的10~20倍。高黏度使得油脂在作为内燃机燃料过程中流动性和雾化特性差，从而导致不能与空气充分混合，显著影响燃烧效率。天然油脂的挥发性低于石化柴油，从而导致前者的闪点高于后者。柴油的闪点一般在60℃左右，而植物油的闪点却高达234~293℃。这使得植物油不易点燃，存在点火困难的现象。

基于上述原因，虽然植物油可以直接在柴油机上燃烧，但是如果长期使用将会使活塞、燃烧室等部位产生积炭，导致柴油机损坏。同时，植物油的不饱和脂肪酸在高温燃烧时容易聚合使润滑油变厚、凝结，降低润滑性能。因此，为了能将天然油脂用于柴油机，需要降低其黏度并提高其挥发性。这主要通过酯交换法将天然油脂转化为脂肪酸甲酯或脂肪酸乙酯来实现。酯交换反应如图2.57所示。

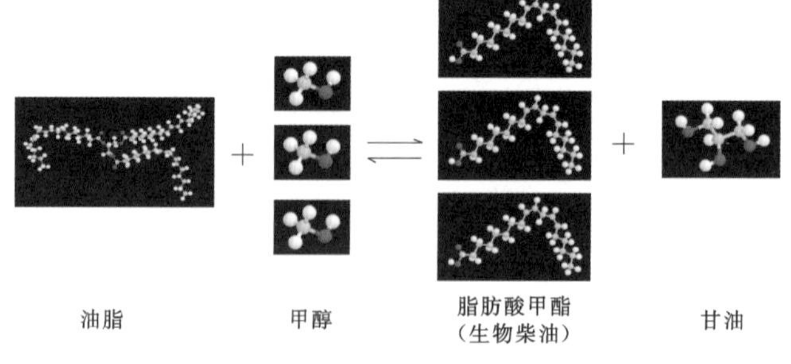

图2.57　酯交换反应

可用于生产生物柴油的油脂来源非常广泛，大致可分为植物油脂、动物油脂、微生物油脂、废弃油脂4类，其中：①植物油脂，包括农作物和木本植物所产油脂等，部分油脂原料及其生产的生物柴油如图2.58所示；②动物油脂，如猪、牛、羊等加工的各种油脂；③微生物油脂，由酵母、工程微藻等产生的油脂；④废弃油脂，如地沟油，各种油脂加工产生的下脚料、酸化油等。

图2.58　部分油脂原料及其所生产的生物柴油

2. 生物质成型燃料

能量密度低是制约生物质规模化利用的主要瓶颈，通过压缩将其加工成生物质成型燃料是解决该问题最简单的途径。生物质成型燃料（图2.59）是生物质原料经干燥、粉碎等预处理后，在成型设备中被加工成的具有一定形状和密度的固体燃料。通常生物质压缩成型后密度可达到0.8~1.2g/cm^3，因此，压缩成型后，生物质的体积能量密度会显著提升。生物质成型燃料多用在供暖和供热领域。

松散的生物质被加工为成型燃料主要有两种方式：一种是通过外加黏结剂使生物质颗粒黏结在一起；另一种是依靠原料自身所含黏性组分，以及由压力导致的颗粒间机械镶嵌

图2.59　各种形状的生物质成型燃料

等作用将生物质颗粒结合成一个整体。这是生产上主要采用的成型方式。将生物质加工为成型燃料的设备称为成型机，成型机通常可分为螺旋挤压、活塞冲压和模压等类型，其中模压成型又包括平模和环模两大类，生物质成型方式如图2.60所示。

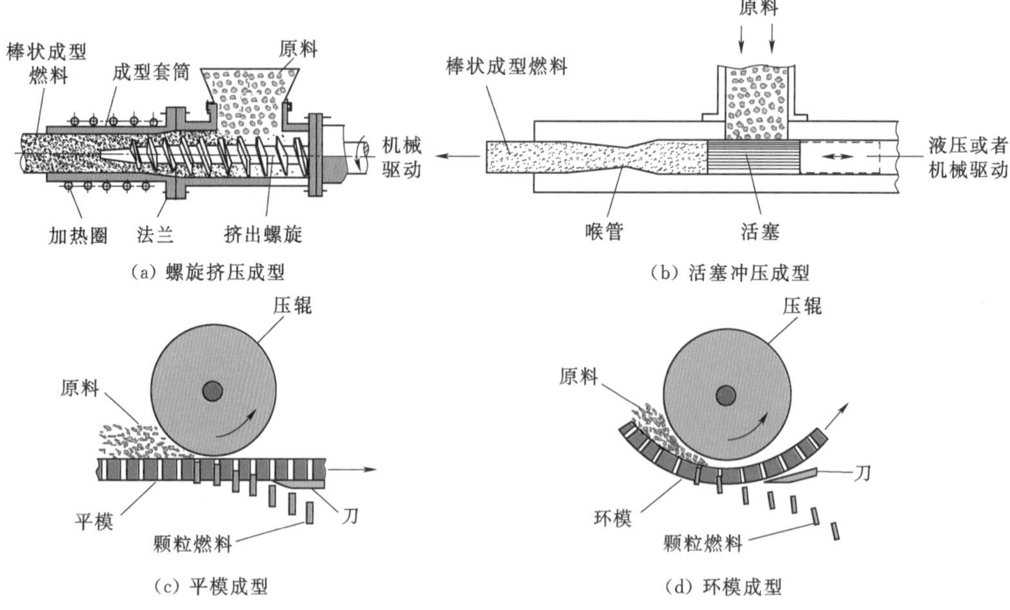

图2.60　生物质成型方式

2.4.2.4 生物炼制

生物炼制是指以生物质为原料，经过生物、化学、物理方法或这几种方法的集成，生产化学品、材料与能源的新型工业模式。生物炼制也可被定义为利用生物质生产食品、化学品、材料、燃料、电力、热能等产物和能量的一套设施体系。

美国国家可再生能源实验室（National Renewable Energy Laboratory，NREL）提出的基于双平台的生物炼制概念模型如图2.61所示。根据这一模型，生物炼制主要通过两个平台产出燃料、化学品、材料、电能与热能，其中：

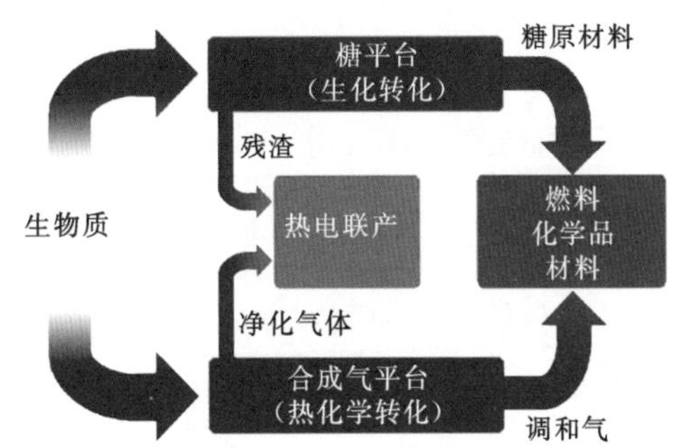

图2.61 基于双平台的生物炼制概念模型

（1）糖平台。生物质通过生化转化形成以葡萄糖为主的单糖，单糖再被微生物进一步转化为燃料、化学品或者材料。

（2）合成气平台。生物质通过热化学转化形成以CO和H_2为主要可利用成分的合成气，合成气再通过化学催化等转化为燃料、化学品或者材料。

生物炼制与石化炼制很相似，两者对比如图2.62所示。石化炼制是将原油、天然气等石化资源通过化学催化转化为能源、化学品和材料；生物炼制则是将生物质的复杂组分分离并通过生物催化或化学催化转化为能源、化学品、材料，以及食品和饲料。通过多类产品的产出，生物炼制实现了生物质不同组分及其中间产物的充分利用。这不仅提高了生物质利用的附加值，同时由于不产生或少产生废弃物，因此具有环境友好性。

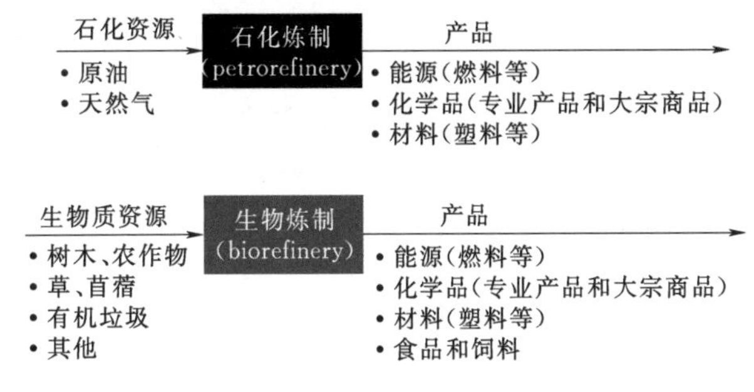

图2.62 生物炼制与石化炼制的对比

随着石化资源的逐步枯竭，为满足对石化产品的替代，人类对生物炼制的依赖将会不断增强。通过生物学家、化学家和工程师的共同努力，生物炼制技术的经济性将会追平甚至超越石化炼制，从而奠定其在社会发展中的重要地位。

2.5 风能

2.5.1 风能资源

风能转换利用技术

风是地球上常见的一种自然现象，由不均匀太阳辐射和地球运动等共同作用导致的空气运动而产生。太阳光照射到地球表面上，使得地表受热不均。有的地表温度升高，地表的空气受热膨胀而往上升，地表形成低气压带；有的地方地表温度较低，空气下沉，地表压力增大，形成高气压带。在高气压带地区和低气压带地区之间气压差的作用下，空气从冷区域吹向热区域，从而形成了风。地球上的风与水源有很大关系，夏天风由大海吹向陆地，冬天由陆地吹向大海。

5km×5km 分辨率全球风能资源分布情况

据估计，通过大气层到达地球表面的太阳能只有约2%能转化为风能。但其总能量仍然非常丰富。不同的研究者对全球风能资源的估算值为$1\times10^{16}\sim1\times10^{17}$MW，即便按$1\times10^{16}$MW估算，全球可利用的风能资源仍超过可利用水能资源的10倍。但是，全球风能资源分布并不均匀，受地形影响较大，多集中在沿海和开阔大陆的收缩地带。

我国风能资源十分丰富。中国气象局风能太阳能资源评估中心所开展的全国风能详查和评价结果显示，我国陆上50m高度层年平均风功率密度不小于300W/m^{2}的风能资源理论储量约73亿kW。在年平均风功率密度达到300W/m^{2}的风能资源覆盖区域内，考虑自然地理和国家基本政策对风电开发的制约因素，并剔除装机容量小于1.5MW/km^{2}的区域后，我国陆上50m、70m和100m高度层，年平均风功率密度不小于300W/m^{2}的风能资源技术开发量分别为20亿kW、26亿kW和34亿kW。

我国东南沿海及其附近岛屿是风能资源丰富地区，有效风能密度大于或等于200W/m^{2}的等值线平行于海岸线；沿海岛屿有效风能密度在300W/m^{2}以上，全年风速大于或等于3m/s的时间为7000~8000h，大于或等于6m/s的时间为4000h。新疆维吾尔自治区北部、内蒙古自治区、甘肃省北部也是我国风能资源丰富地区，有效风能密度为200~300W/m^2，全年风速大于或等于3m/s的时间为5000h以上，全年风速大于或等于6m/s的时间为3000h以上。黑龙江省、吉林省东部、河北省北部及辽东半岛的风能资源也较好，有效风能密度在200W/m^{2}以上，全年风速大于和等于3m/s的时间为5000h，全年风速大于和等于6m/s的时间为3000h。青藏高原北部有效风能密度为150~200W/m^2，全年风速大于和等于3m/s的时间为4000~5000h，全年风速大于和等于6m/s的时间为3000h；但青藏高原海拔高、空气密度小，因此有效风能密度也较低。云南省、贵州省、四川省、甘肃省、陕西省南部、河南省、湖南省西部、福建省、广东省、广西壮族自治区的山区及新疆维吾尔自治区的塔里木盆地和西藏自治区的雅鲁藏布江，为风能资源贫乏地区，有效风能密度在50W/m^{2}以下，全年风速大于和等于3m/s的时间在2000h以下，全年风速大于和等于6m/s的时间在150h以下，风能潜力很低。

风电场风况可分为三类：年平均风速6m/s以上为较好；7m/s以上为好；8m/s以上为很好。我国风速在6m/s以上的地区，仅限于较少数几个地带。就内陆而言，大约仅占全国总面积的1/100，主要分布在长江到南澳岛之间的东南沿海及其岛屿，这些地区是我国最大的风能资源区以及风能资源丰富区，包括山东、辽东半岛、黄海之滨，南澳岛以西的南海沿海、海南岛和南海诸岛，内蒙古自治区从阴山山脉以北到大兴安岭以北，新疆维吾尔自治区达坂城，阿拉山口，河西走廊，松花江下游，张家口市北部等地区以及分布在各地的高山山口和山顶。

2.5.2 风能转换利用技术途径

人类早期对风能的利用方式主要有助航和提水。我国是世界上最早利用风能的国家之一，公元前数世纪就开始利用风力提水、灌溉、磨面、舂米，用风帆推动船舶等。埃及尼罗河上的风帆船、我国的木帆船，都有两三千年的历史。现代，风能最主要的利用方式是发电，此外风能还可以用来产生热能，以及直接利用其所含的机械能。风能的转换利用及直接利用方式如图 2.63 所示。

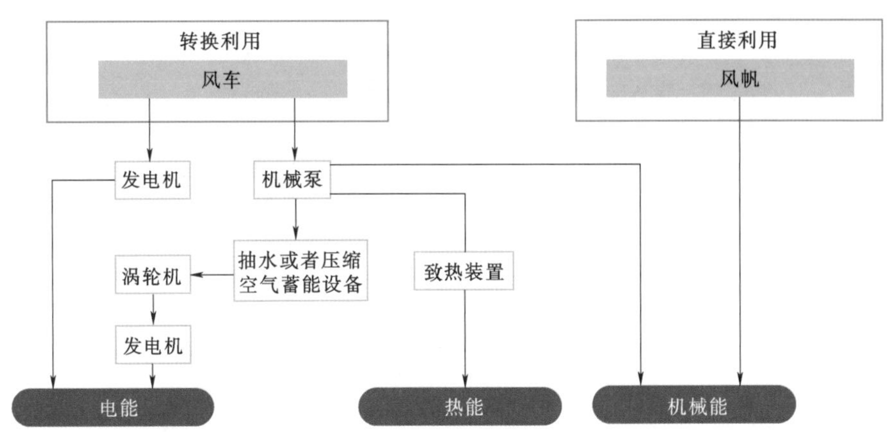

图 2.63 风能的转换利用与直接利用方式

2.5.2.1 风力发电

目前，风力发电已成为风能利用的最主要形式，也是我国目前最重要的发电形式之一。风电机组从风中捕获风能，并通过风轮、传动系统以及发电机将捕获的能量转换成电能。这里的风能是指风流动所具有的动能，其与空气密度和风的速度的立方成正比。常温下，空气密度只有 1.225kg/m^3，约为水密度的 1/1000，这样单位面积在单位时间通过的风能很小，因此风轮的叶片做得很长，为的是增大扫掠面积，来增加捕获的风能。

与传统风电机组相比，现代大型风电机组已变得十分复杂，一台风电机组有多达 8000 种不同的组件，双馈式大型风电机组结构图如图 2.64 所示。风电机组的主要部件及功能简介见表 2.2。

表 2.2 风电机组的主要部件及功能简介

序号	部件名称	主要功能
1	叶片	将风能转化成机械能的核心部件
2	轮毂	将叶片和叶片组固定到转轴上的装置，与叶片一起组成风力机的风轮
3	齿轮箱	将风轮在风力作用下所产生的动力传递给发电机，并使其得到相应的转速
4	低速轴	支承轮毂及叶片，传递扭矩到增速器
5	桨距调节系统	通过改变风力机的桨叶角度来调节风力机的功率以适应随时变化的风速。此外，当风速超过安全风速时或因故障停机时，旋转桨叶到安全位置，保护风电机组，实现安全停车
6	控制系统	在正常运行状态下，通过对运行过程模拟量和开关量的采集、传输、分析，来控制风电机组的转速和功率；如发生故障或其他异常情况能自动地监测并分析确定原因，自动调整排除故障或进入保护状态

续表

序号	部件名称	主要功能
7	偏航系统	根据风向标测量的风向调整风轮方向，使其始终保持正面迎着来风方向，以获得最大风能吸收率
8	制动系统	使风电机组停止运转
9	塔架	支撑位于空中的风力发电系统，承受风力发电系统运行引起的各种载荷，同时传递这些载荷到基础，使整个风电机组能稳定可靠地运行

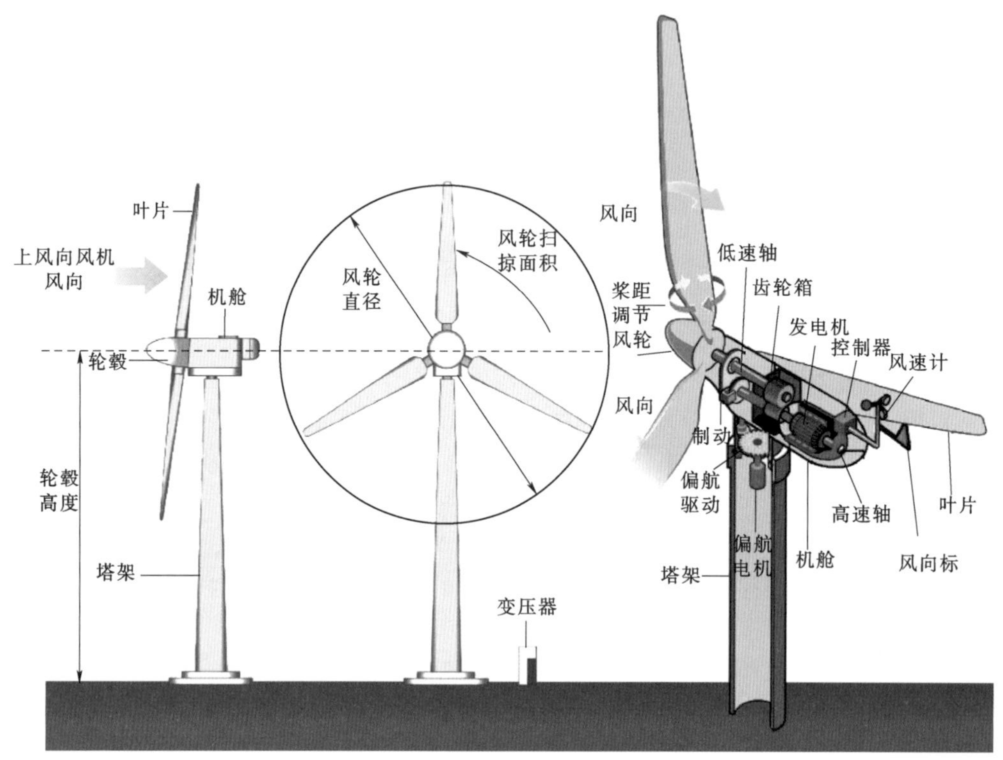

图 2.64 双馈式大型风电机组结构图

风力机总体上分为水平轴风力机和垂直轴风力机。水平轴风力机转动轴与地面平行，叶轮需随风向变化而调整位置。垂直轴风力机转动轴与地面垂直，设计较简单，叶轮不必随风向改变而调整方向。

水平轴风力机采用翼型设计，依靠翼型产生的升力来做功。按照桨叶数量可分为“单叶片”“双叶片”“三叶片”和“多叶片”型风力机。目前 3 叶片风力机是主流。

按照功率传递的机械连接方式不同，风力机可分为有齿轮箱型双馈机组和无齿轮的直驱机组，两种不同型式的风电机组如图 2.65 所示。有齿轮箱型风力机的桨叶通过齿轮箱及其高速轴，以及万能弹性联轴节将转矩传递到发电机的传动轴。直驱型风力机则另辟蹊径，采用了多项先进技术，将桨叶的转矩直接传递到发电机的传动轴。这样的设计简化了装置的结构，减少了故障概率，优点很多，现多用于大型机组上。

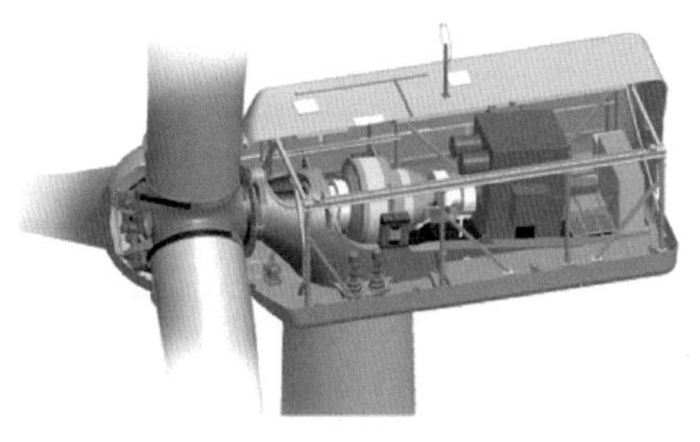

(a) 有齿轮箱的双馈机组

(b) 无齿轮的直驱机组

图 2.65　两种不同型式的风电机组

根据风电机组的额定功率划分，一般可分为：10kW 以下微型机，10~100kW 小型机，100kW~1MW 中型机，1MW 以上大型机。当前典型的商业化陆上风电机组的单机容量约为 1.5~3MW，更大一些的能达到 5~6MW，其叶轮直径高达 126m，美国国家可再生能源实验室对典型商业化风电机组发展趋势的预测如图 2.66 所示。

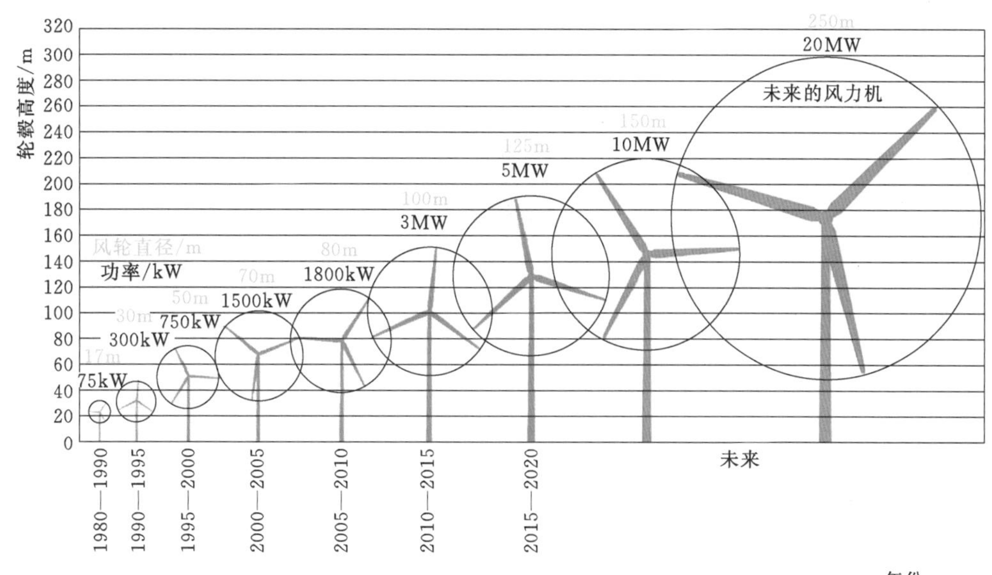

图 2.66　典型商业化风电机组未来发展趋势

垂直轴风力机按照叶片受力方式，可分成升力型风机和阻力型风机。阻力型垂直轴风力机最常见的为 Savonius 风力机。几种不同形式的阻力型垂直轴风力机如图 2.67 所示。当风吹过叶片时，叶片对风产生阻力，从而产生旋转力矩，带动风力机旋转。

升力型垂直轴风力机由法国工程师 Darrieus 于 1931 年设计发明，因此，此类风力机都可称为 Darrieus 风力机。Darrieus 风力机叶片也采用翼型结构设计，叶片旋转过程中产生升力，因此其理论上具有与水平轴风力机相当的风能利用系数。Darrieus 风力机经过多种变革发展，出现了多种结构型式，如ϕ型，扭转型和 H 型，如图 2.68 所示。

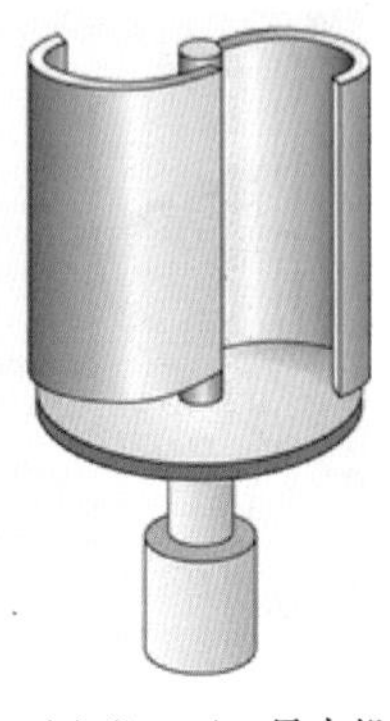

(a) Savonius 风力机

(b) 外扩型的阻力型风轮

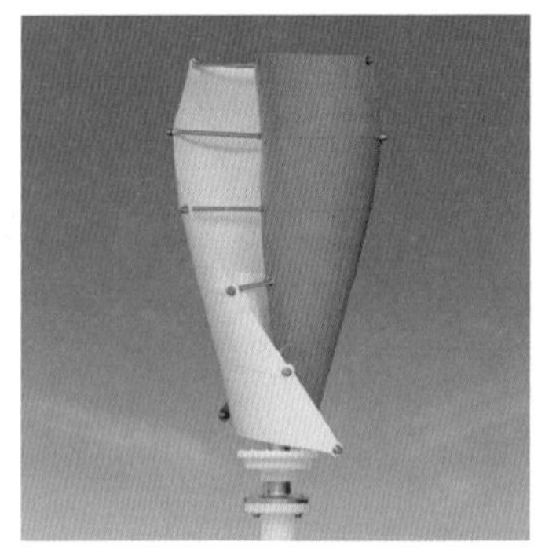

(c) 扭曲结构的 S 形风力机

图 2.67　不同形式的阻力型垂直轴风力机

(a) ϕ型　　(b) 扭转型　　(c) H 型

图 2.68　不同形式的升力型垂直轴风力机

相对于水平轴风力机而言，垂直轴风力机具有以下优点：无须偏航装置（无需对风），较低廉的造价且维护方便，对强湍流或交错风有较低的敏感性，运行噪声和机械噪声较小，质量较小（适用于建筑楼顶）。但垂直轴风力机也存在以下不足：叶片攻角随方位角周期性变化，导致叶片载荷波动，引起结构振动，严重时会损坏风力机结构；风能利用系数较低；自启动困难。这些不足造成垂直轴风力机应用不广泛，研发落后，不受大型风力机企业青睐。

目前，我国陆上风电发展迅猛，总装机容量的快速增长不仅引起陆上风能利用逐渐饱和，且导致陆地资源减少、噪声污染增大等问题。海上风电不仅能避免陆上风电引起的问题而且具有低湍流度、小切变、高风速、大储量的优点。海上风电场根据海床面高程和水位的关系，可以分为潮间带和潮下带滩涂风电场、近海风电场和深海风电场。海上风电场分类如图 2.69 所示。

海上风电机组与陆上风电机组相比最大的差异是基础型式不同。海上风电机组的不同基础型式如图 2.70 所示。重力基础结构是海上风电机组采用的主要基础型式，主要靠体积庞大的混凝土块的重力来固定风电机组；单桩基础结构将桩基安装在海底

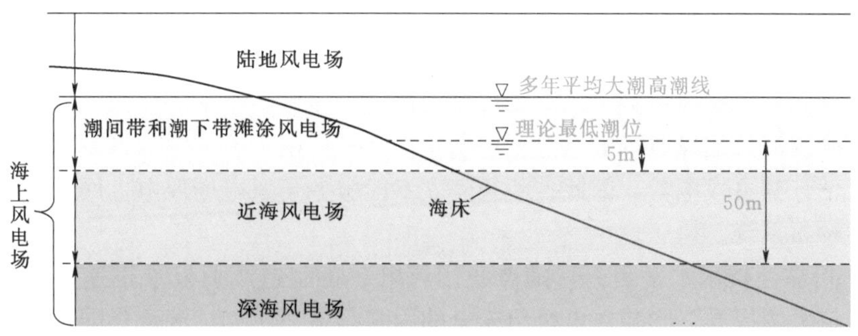

图 2.69　海上风电场分类

泥面以下一定的深度，适用于小于 30m 的中水域；导管架基础结构适用于 30~60m 的中水域；浮式基础适用于大于 60m 的深水域，由于其不稳定，仅能应用于海浪较低的情况；随着技术不断发展，近海风电机组出现了负压筒基础，通过重力和桶内抽真空而产生的负压力将风电机组固定在海床上。

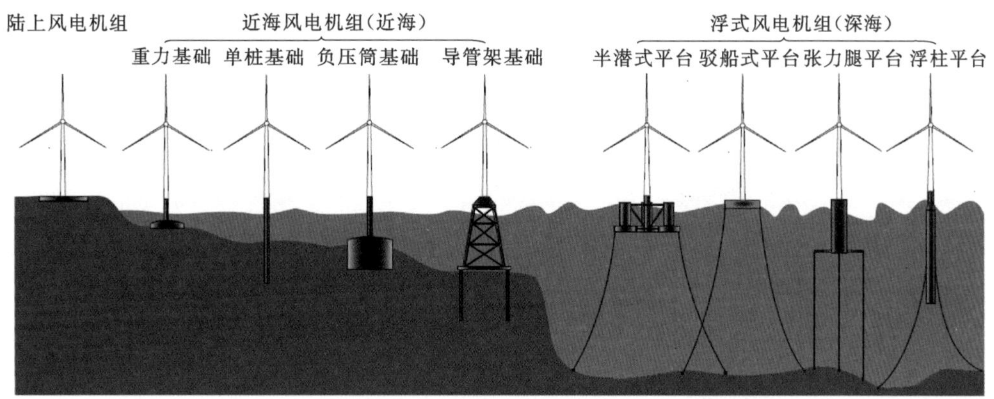

图 2.70　海上风电机组的不同基础型式

经过 20 多年的发展，我国风电行业已经积累了相当丰富的经验，但仍然存在一些方面有待提升。

（1）风能资源精细化评估模型建立。过去，我国风能资源评估主要采用气象台站 10m 高度上的常规测风资料和少量测风塔资料，尚不能准确地给出风电机组轮毂高度的风能资源总储量。此外，要在风能资源宏观丰富区内科学指导风电场的微观选址，还需建立适合于我国季风气候特征和地形特点的风电场微观选址模型，才能实现风能资源的精细化评估。总之，必须建立一套有效的风能资源评估理论和方法，形成适合于我国气候和地形特点的风能资源精细化评估模型。

（2）极端气候对风能开发的影响。风电机组一年旋转 2500h 以上，运行时间长，运行环境恶劣。因此强沙尘暴、台风、覆冰、雷击等极端天气对风轮造成的影响不可忽略。目前，我们对大气边界层中风电机组高度范围内的热带气旋风特性仍缺乏深入的了解，不能为沿岸和近海风电场设计提供可靠的空气动力学参数，风电场规划和建设缺乏气候风险分析依据。因此，如何科学评估不同地区风电场建设的气候风险是目前风能开发中的重要科学问题。

（3）风功率预测。目前，越来越多的风电企业需要准确的预报服务。现在的天气和气候模式大多都还不能对风电场尺度的风速分布做出精准的预报。要大规模建设风电场必须提高已建风电场的风电量短期预报水平。由于电网电力调度的需要，风电上网需要估计其可发电量。因此，亟须建立专门服务于风电场风电上网调配的风能资源监测、预报系统。

（4）可靠性技术水平提升。随着我国风电装备制造产业发展迅速，可靠性技术水平仍有待大幅提升。影响风电机组安全的因素很多，例如，湍流影响、基础质量隐患、覆冰、化学腐蚀、风力机消防隐患等。此外，随着风电机组单机容量增大，设备尺寸不断增加。海上风电的不断发展也使设备尺寸不断增大。在恶劣风环境下，对超大风电机组的结构可靠性要求越来越高。

（5）核心技术水平薄弱。经过十多年的探索和发展，我国基本掌握了大容量风电机组的制造技术，风轮叶片、齿轮箱、发电机等部件均已实现国产化，同时具备一定的自主研发能力。但是，在核心技术方面，如主控系统、叶片翼型设计等仍然依赖国外生产厂家，基础研发能力依然薄弱。整机设计、关键零部件设计等仍是风电产业发展的最大瓶颈。

2.5.2.2 风力提水

风力提水技术一般分为传统的风力直接提水（图 2.71）和现代的风力发电提水两大类。根据扬程和流量的不同又可分为高扬程小流量型、中扬程大流量型和低扬程大流量型三类。风力发电提水技术又有两种基本形式：一种为风力发电—储能—逆变—电泵提水；另一种是风电机组在有效风速范围内发电，由控制器来调节电泵的工作状态并驱动电泵提水。后者较前者省去了蓄电池和逆变系统，减少了中间环节，降低了提水系统的设备费用，可谓是真正意义上的风力发电提水技术。风力发电提水和风力直接提水相比所具有的优势，一是适用范围广，二是能量转换效率较高，三是安装、维修方便且制造成本低。

图 2.71　传统风力提水机

2.5.2.3 风力助航

传统的帆船是以风能作为船舶的推进动力，风力助航如图 2.72 所示。但由于受风帆使用及自身的一些限制，风力助航存在稳定性差、操作烦琐、方向不易控制等缺陷，碰到恶劣天气，会给船舶的安全性带来严重隐患，同时存在货物装卸不便，以及相对大型船只功率不够等方面的限制。现代船舶很少再用风帆作为动力来源，柴油机等热机取代了风力作为现代船舶的主推进动力。但是风能作为一种辅助动力，可以替代一定比例的化石燃料，这对于节能减排具有一定的意义。

图 2.72　风力助航

2.5.2.4　风力致热

风能可以通过一些技术途径转换为热能，风力致热主要有固体摩擦致热、搅拌液体致热、液压阻尼致热、涡电流致热、压缩空气致热和组合式致热 6 种方式。风力致热对风质要求不高，适应风域较宽，且系统结构相对简单，造价较低。当最终目的是供给热能时，风力致热技术可提高供热的经济性。在有供暖需求的北方地区，可探索利用其丰富的风能资源，发展风力致热供暖。风力致热供暖比风力发电再供暖的转换效率高，中小型风电系统供暖效率为 15%~20%，而风力致热系统效率一般可达 40%，最高可达 60%。

目前，风力致热技术已经进入应用阶段，主要用于提供低品位热能，例如浴池热水、建筑采暖、水产养殖、池水保温、农副产品加工和野外作业防冻等。

2.6　地热能

2.6.1　地热资源

地热能转换利用技术

地热能是蕴藏于地球内部岩土体、流体和岩浆体中，能够为人类开发和利用的热能。

地球由地壳、地幔以及地核三部分构成，如图 2.73 所示。其中地壳由土层和坚硬的岩石构成，成分为硅铝和硅镁盐，地幔由岩浆构成，地核则由铁、镍等金属构成。地球内部蕴含着巨大的能量，温度极高，地球正中心温度甚至可以高达 6000℃，足以让岩石熔化成液体。由于地球的外壳厚厚的岩石构成的绝缘体，生活在地球上的

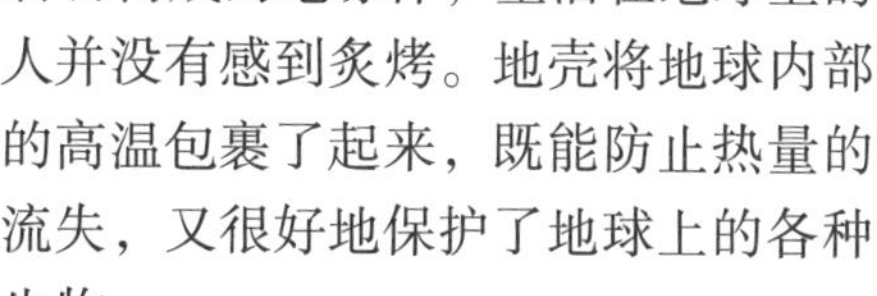

人并没有感到炙烤。地壳将地球内部的高温包裹了起来，既能防止热量的流失，又很好地保护了地球上的各种生物。

图 2.73　地球内部构成

地壳平均厚度约 17km，大陆部分平均厚度约 33km，高山、平原（如青藏高原）地壳厚度可达 60~70km。地壳上部的温度分布主要受两大热源的影响：一是太阳的辐射；二是地球内部的热源。总体来讲，地壳绝大部分地区自上而下的平均增温率

为每 100m 增加 3℃。地壳的增温率延伸到一定深度之后，其增温幅度逐渐变小。到目前为止，实测地温的深度仅达 10km 左右，一般对地热的利用也仅限于此深度。

地球内部蕴藏着无穷无尽的热量，对于地热的来源目前普遍认为是放射性同位素的蜕变。放射性同位素，尤其是其原子核，很不稳定，会不间断地、自发地放射出射线，直至变成另一种稳定同位素，在此过程中释放热量。

按照分布位置和赋存状态，地热资源可以分为四大类型，具体如下：

（1）浅层地热能。地下 200m 埋深以内的岩土体中赋存的是温度小于 25℃的地热能。浅层地热能品位较低，一般需要利用换热器提取能量。基于恒温带以下含水层不受季节周期性变化影响的特性，可以采用热泵技术对能量提取或释放，从而实现建筑物的夏季制冷和冬季制热。同时，浅层地源热泵也可作为地热能梯级利用的重要环节，用于提高中低温热源的能源品位，从而进一步降低地热尾水的温度，提高热提取效率。常年运行引发的温度失衡会显著影响热泵系统的运行效率。

（2）深层水热型地热能。一般指埋深大于 200m，且为 3km 以内的以地热流体为载体的地热资源，温度为 25~150℃，主要包括砂岩地层和岩溶型地层。深层水热型地热能受到热流运移的影响，温度基本恒定，且分布广泛。不同地区地热能密度分布具有差异，品位高的地热资源可进行发电。据世界能源理事会 2007 年的研究报告，新能源发电中地热发电具有最高的发电利用效率，每年可利用的时长占比高于 73%。相同装机容量情况下，地热能的发电量是太阳能的 5 倍，是风能的 3.5 倍。品位较低的地热资源可以实现直接利用（房屋供暖、水产养殖、温泉洗浴等）。

（3）干热岩型地热能（深度范围为 3~10km）。不含或仅含有少量流体，温度高于 150℃，在当前技术经济条件下可以利用其热能的岩体即为干热岩（hot dry rock，HDR）型地热能。HDR 地热能具有储量丰富和开发潜力巨大等特点。由于其存在低孔、低渗特点，且缺少地热流体，这种地热资源开发主要利用增强型地热系统（enhanced geothermal system，EGS）来提取其内部热量，EGS 是利用水力压裂等工程手段，在 HDR 中形成人工地热储层，从而采出热能的人工地热系统。但目前 HDR 型地热能开发利用成本高、技术欠成熟、投资风险高。

（4）岩浆型地热能。一般指赋存于未固结岩浆中的热量，主要分布在现代火山区，巨大的热量赋存于侵入地壳浅部的岩浆体和正在冷却的火山物质等热源体中，温度可达数百至 1000℃以上。在当前的技术经济条件下直接开发利用岩浆型地热能十分困难。

世界地热资源主要集中在四个地热带，覆盖国家众多，包括：

1）环太平洋地热带：世界许多著名的地热田，如美国的盖瑟尔斯、长谷、罗斯福；墨西哥的塞罗、普列托；新西兰的怀腊开；中国的台湾马槽；日本的松川、大岳等均在这一带。

2）地中海—喜马拉雅地热带：世界第一座地热发电站意大利的拉德瑞罗地热田就位于这个地热带中；中国的西藏羊八井及云南腾冲地热田也在这个地热带中。

3）大西洋中脊地热带：冰岛的克拉弗拉、纳马菲亚尔和亚速尔群岛等一些地热田就位于这个地热带。

4）红海-亚丁湾-东非裂谷地热带：包括吉布提、埃塞俄比亚、肯尼亚等国的地热田。全球地热分布地图如图 2.74 所示。

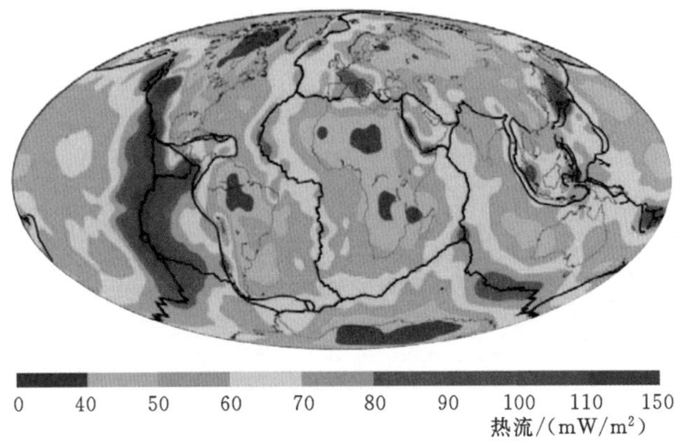

图 2.74　全球地热分布地图

国际能源署、中国科学院和中国工程院等机构的研究报告显示，世界地热能基础资源量为 1.25×10^{27}J（折合 4.27×10^{8} 亿 t 标准煤），其中埋深在 5000m 以内的地热能基础资源量为 1.45×10^{26}J（折合 4.95×10^{7} 亿 t 标准煤）。

由于地热能依赖于地球内部热量的持续流动，因此不需要依赖燃料供应基础设施就可以开发。与化石燃料发电相比，地热能发电可以减少 90%以上的温室气体排放，甚至可以完全消除温室气体的排放。

地热能具有利用方式灵活多样的特点，可以用于不同目的。作为可持续的绿色能源，地热可以让电源结构更加合理、灵活，在未来能源体系中扮演着不可或缺的角色。

世界需要各种形式的电力来源，这需要结合国情和资源因地制宜。例如，地热在冰岛的意义重大，在美国亚利桑那州意义却不大；太阳能在美国亚利桑那州十分重要，在冰岛却没有开发价值。因此，绿色能源取得成功的标志就是结合特定地区特定资源选取最有意义的方式进行规划开发。因地制宜，灵活开发，正是地热能源存在并发展的意义所在。

2.6.2　地热能利用方式

出于地热能开发利用的目的，可以根据地热流体的温度将其分为三类，分别为低温（<90℃）、中温（90~150℃）和高温（>150℃）地热资源，中、低温地热资源通常用于建筑物供暖/制冷、温泉疗养、农业养殖等地热利用方面，如福建省漳州盆地的漳州中低温对流型地热系统、渤海湾盆地的牛驼镇中低温传导型地热系统，高温地热系统通常用于地热发电，如西藏自治区当雄盆地的羊八井高温对流型地热系统。

目前，我国地热资源的开发利用主要以中、低温水热型地热资源的直接利用为主，利用方式包括供暖、制冷、养殖、旅游和医疗等，但是存在深层地热资源开发利用不足，以及热电联产利用缺乏的问题。地热能利用方式如图 2.75 所示。

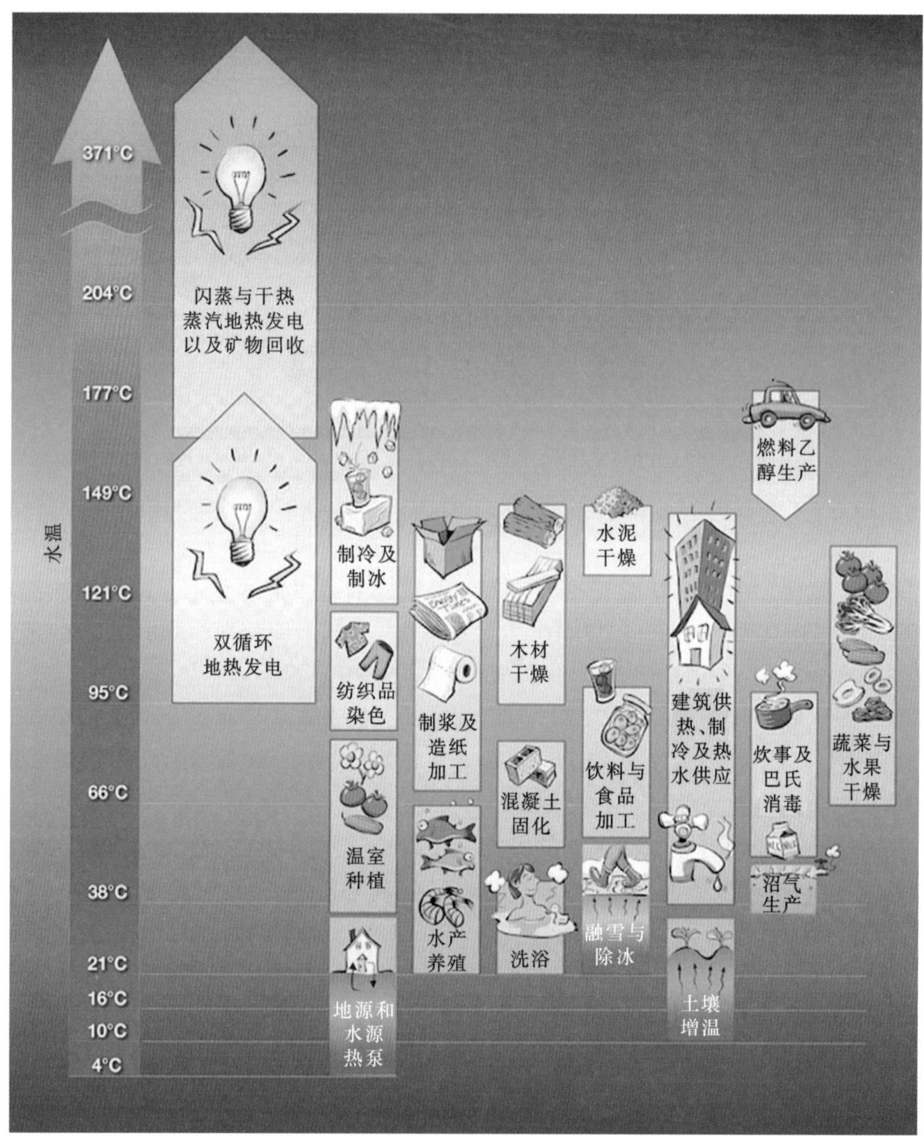

图 2.75　地热能利用方式

2.6.2.1　地热供暖利用

地热水直接利用是目前我国常规地热开发利用中常见的方式之一。地热供暖一般是通过抽取地下热水，直接使用或通过热交换以后使用，两种地热供暖系统如图 2.76 所示。地热采暖的成本只相当于煤或油锅炉的 1/4，尤其在我国的高寒山区和西北、东北、华北等地区，地热用于供暖，是十分理想的绿色能源。我国地热供暖的省市目前主要有北京、天津以及陕西、云南、辽宁等。

除了直接取水供暖外，还可通过热泵技术间接利用地热。热泵是一种能从自然界的空气、水或土壤中获取低位热能，经过电能做功，提供高位热能的装置，其工作原理如图 2.77 所示。它实质上是一种热量提升装置，它能从环境介质中提取数倍于其

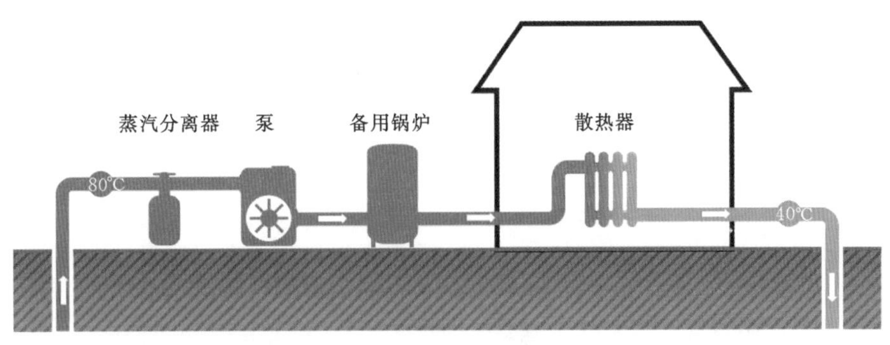

(a) 直接换热供暖

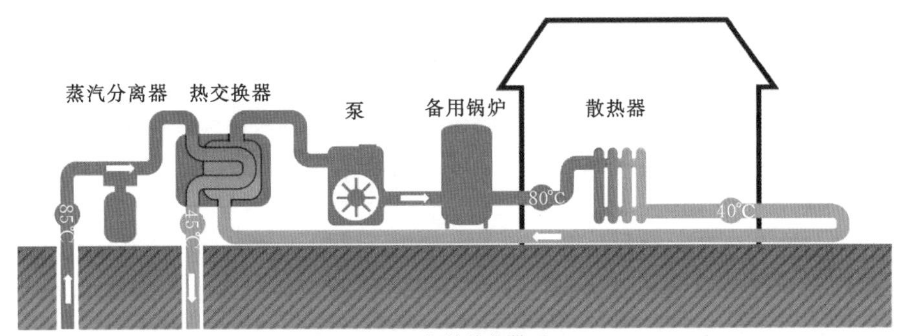

(b) 间接换热供暖

图 2.76　两种地热供暖系统

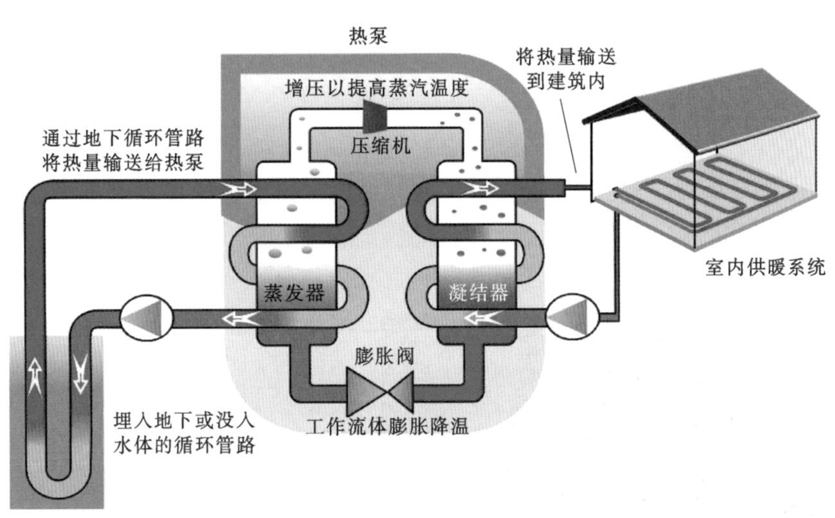

图 2.77　热泵工作原理

自身所耗电能的热能。

根据热源的不同，热泵可分为水源热泵、地源热泵和空气源热泵。热泵不仅能够制热，还能制冷，以水源热泵为例，在冬季，通过水源热泵机组，从水源中“提取”热能，送到建筑物中采暖，而在夏季，则是将建筑物中的热量“取”出来，释放到水体中去，由于水源温度低，因此可以高效地带走热量，以达到夏季给建筑物内制冷的目的。

目前，我国的地热采暖面积居全球首位，我国是一个以中低温地热资源为主的国家，而且有一半以上的地域冬季需要采暖，因此地热供暖今后将会在我国持续稳步地发展。

2.6.2.2　地热温泉

泡温泉养生治病已有悠久的历史，我们的祖先很早就发现了温泉的医疗价值。据古书记载，我国劳动人民用温泉治病已有数千年的历史。古书典籍中就有“神农尝百草之滋味、水泉的甘苦，令民知所避就”。印度人认为温泉除了可以治疗麻风、痛风、风湿和皮肤病以外，还可以治疗甲状腺肿瘤、白斑病、代谢失调、神经炎和泌尿系统感染等病。美洲的印第安人利用温泉来治疗瘫痪、风湿、糖尿病、神经痛、汞中毒、嗜酒以及肝病、肾病等顽症。

当代人对于温泉养生也很重视。泡温泉已经成为很多人选择外出游玩的休闲方式之一。在今后的生活中，泡温泉会成为更多人的医疗养生选择。

2.6.2.3　地热农业利用

地热的农业利用有地热灌溉和地热温室等形式。温泉灌溉具有悠久的历史。我国唐代诗人王建在其《宫前早春》诗中，就吟得“内园分得温汤水，二月中旬已进瓜”的佳句。温泉一方面可以作为水资源利用，为干旱地区水源不足提供补充，扩大种植面积；另一方面，温泉水灌溉还有肥效和增产功效。

温泉水大面积地用于农副业生产，仅仅是近半个世纪的事。尤其是近 20 多年来，利用温泉水培育农作物品种的科学试验，已经取得了可喜成果。在横断山区，凡是用温泉水灌溉的农田，作物不但早熟，而且高产。甚至有的地区一年一熟的水稻，由于温泉水灌溉，变成了一年两熟。

借助地热发展温室已在很多国家和地区得到了推广应用。比如，在海拔 4300.00m、年平均气温仅 2.5℃的西藏羊八井地区，过去牧民根本吃不上蔬菜，利用地热建造了近万平方米的温室后，当地牧民四季均可吃上新鲜的蔬菜和水果。再比如，在气候寒冷的国家冰岛，由于其可耕地面积仅占其国土总面积的 1%，因此粮食、蔬菜、水果曾严重依赖进口，为解决该问题，1924 年，冰岛开始尝试建设地热温室并获得成功。2002 年，其全国温室总面积达 19.5 万 m^2，生产的西红柿、黄瓜可满足国内 70%的市场需求，冰岛地热温室中种植的西红柿如图 2.78 所示。

图 2.78　冰岛地热温室中种植的西红柿

2.6.2.4　地热发电

地热发电分为两大类，即地热蒸汽发电和地热水发电。前者主要采用干蒸汽发电，后者则采用闪蒸发电或双循环发电，地热发电的主要类型如图 2.79 所示。

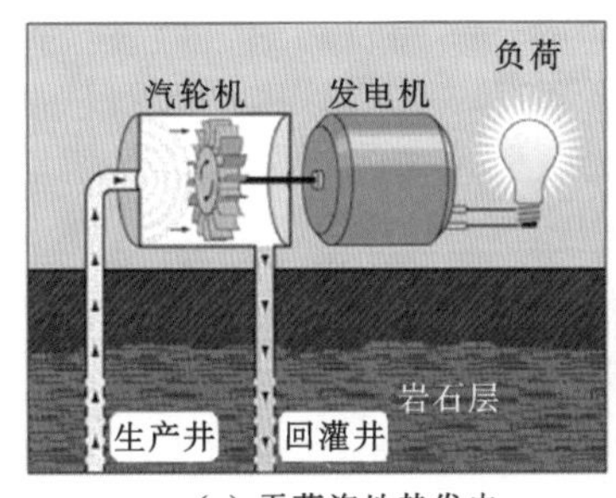

(a) 干蒸汽地热发电

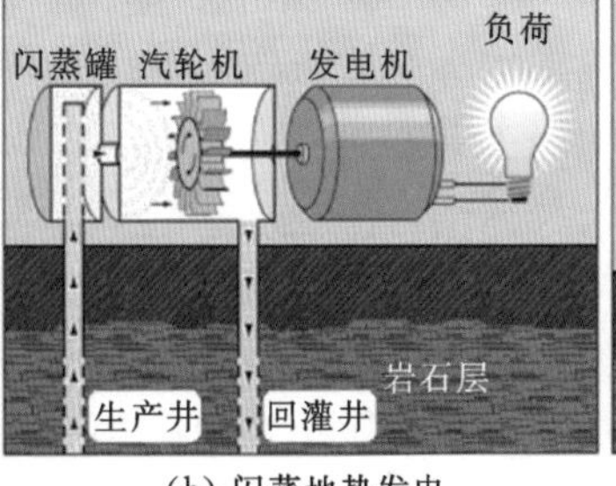

(b) 闪蒸地热发电

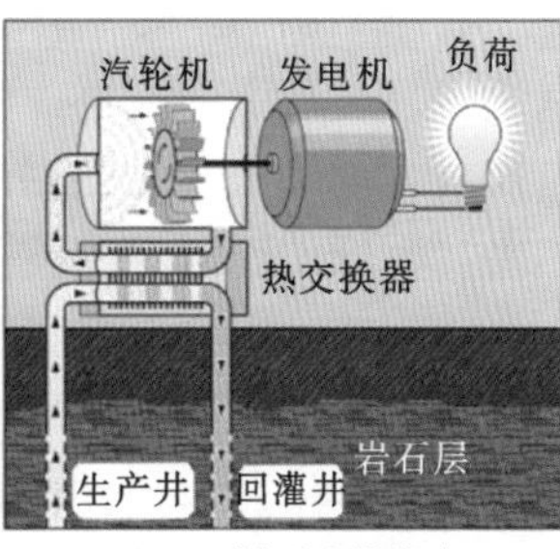

(c) 双循环地热发电

图 2.79　地热发电的主要类型

地热蒸汽发电有一次蒸汽法和二次蒸汽法两种。一次蒸汽法直接利用地下的干饱和蒸汽，即干蒸汽发电的方法。二次蒸汽法是不直接利用比较脏的天然蒸汽（一次蒸汽），而是让它通过换热器将水汽化成洁净蒸汽（二次蒸汽）发电，这样可以避免天然蒸汽造成的汽轮机腐蚀和结垢，以及地热流体对环境的污染。一次蒸汽法发电方式的历史可追溯到 1904 年，当年意大利人在拉德瑞罗一处从地表自发向外喷发蒸汽的地方，建立起了世界上第一个地热发电站，如图 2.80 所示。其构成非常简单，基本上是在地面上插一根导管，蒸汽沿导管急速上升，然后将导管接上发电必需的硬件设备。

现代化拉德瑞罗地热电站要比其复杂得多，意大利拉德瑞罗地热电站如图 2.81 所示。截至 2013 年 11 月，拉德瑞罗地热电站已发电运行 100 周年，实现了可再生地热能的可持续开发。拉德瑞罗地热电站取得的经验包括发电系统设备更新换代、发电废汽回收实行冷凝水回灌以及扩大地热田勘探以扩展资源，这些经验也是对世界地热资源开发利用的重要贡献。

图 2.80　世界上首台地热发电装置

图 2.81　意大利拉德瑞罗地热电站

意大利地热发电的世界霸主地位持续了 60 多年，直至 20 世纪 70 年代被美国超越，虽然后来全球地热领域风起云涌，许多国家都争先恐后，而美国的地位保持至今。美国拥有全球最大的盖瑟尔斯地热电站，现有 25 台机组运行，总装机容量 1584MW。盖瑟尔斯地热田在 $100km^2$ 范围内钻了 424 口生产井，43 口回灌井，拥有世界最大的地热回灌管线工程。

利用地热水发电不像利用地热蒸汽那么方便，因为用蒸汽发电时，蒸汽本身既是载热体，又是工作流体。但地热水不能直接送入汽轮机去做功。此时，可采取闪蒸发电技术。闪蒸法是把低温地热水引入密封容器中，通过抽气降低容器内的气压，使地热水在较低的温度下沸腾生产蒸汽，蒸汽推动汽轮机发电机。

除闪蒸法外还有一种地热水发电系统是利用低沸点物质，如氯乙烷、正丁烷、异丁烷和氨水等作为发电的中间工质。地下热水通过换热器加热低沸点工质，使其迅速汽化，利用所产生的气体推动发电机做功。做功后的工质从汽轮机排入凝汽器，重新凝结成液态工质后再循环使用。地热水则从热交换器回注入地层。这就是“双循环发电”。这种系统特别适合于含盐量大、腐蚀性强和不凝结气体含量高的地热资源。这种发电方式安全性较差，如果发电系统稍有泄漏，工质逸出后很容易发生事故。

以色列奥玛特公司把上述地热蒸汽发电和地热水发电两种系统合二为一，设计出一个新的系统，被命名为联合循环地热发电系统，工艺流程如图2.82所示。这种联合循环地热发电系统的最大优点是，可以适用于大于150℃的高温地热流体发电。经过一次发电后的流体，在不低于120℃的工况下，再进入双工质发电系统，进行二次做功。这个发电系统充分利用了地热流体的热能，既提高了发电效率，又能将以往经过一次发电后的排放尾水进行再利用，大大节约了资源。

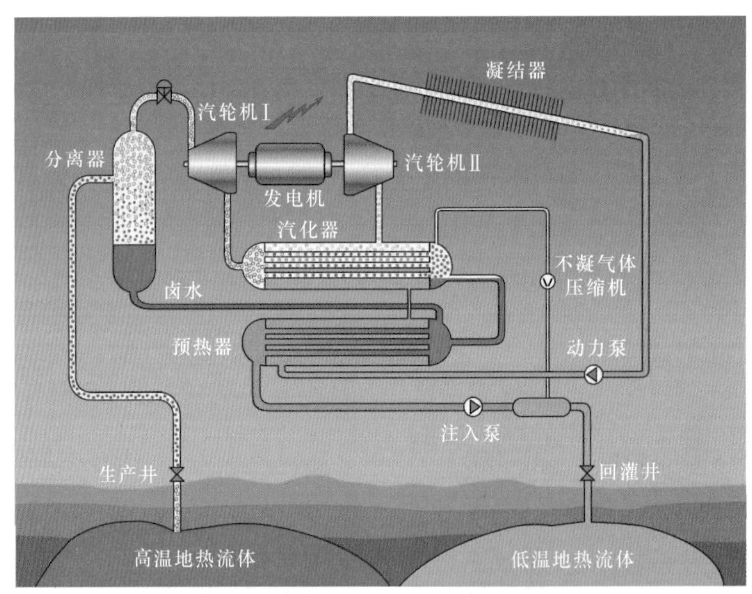

图2.82　以色列奥玛特联合循环地热发电工艺流程

地热从生产井到发电再回灌，整个过程是在全封闭系统中运行的。因此，即使是矿化度很高的热卤水也照常可用来发电，不存在对生态环境的污染。

由于发电后的流体全部回灌到热储层，无疑又起到了节约资源、延长地热田寿命的作用，达到可持续利用的目的，因此它又属节能型地热电站。

目前阻碍地热发电大规模推广利用的重大技术难题是地热田的回灌、腐蚀和结垢。地热回灌是把经过利用的地热流体或其他水源，通过地热回灌井重新注回热储层的过程。但回灌技术要求复杂，且成本高，至今未能大范围推广使用。腐蚀问题则由地热流体所含许多化学物质引起，腐蚀介质有溶解氧、氢离子、氯离子、硫化氢、二氧化碳、氨和硫酸根离子，这些物质会导致金属表面产生不同程度的腐蚀。结垢则是地热水中矿物质析出的结果。在富含矿物质的地热水被抽至地面做功的过程中，温度和压力均会发生很大的变化，进而影响到各种矿物质的溶解度，结果导致矿物质从水中析出并沉淀，从而形成垢。

2.6.2.5 干热岩与增强型地热系统

EGS是开发干热岩型地热资源的有效手段，其通过水力压裂等储层刺激手段将地下深部低孔、低渗岩体改造成具有较高渗透性的人工地热储层，并从中长期经济地采出相当数量的热能并加以利用，EGS开发示意图如图2.83所示。保守估计，地壳中HDR所蕴含的能量相当于全球所有石油、天然气和煤炭所蕴藏能量的30倍。中国地质科学院水文地质环境地质研究所2012年的调查结果显示：我国大陆范围内，仅在深度为3.5~7.5km，温度在150~250℃的范围内，可采出利用的地热能就相当于我国2010年一次能源消耗总量的5300倍。

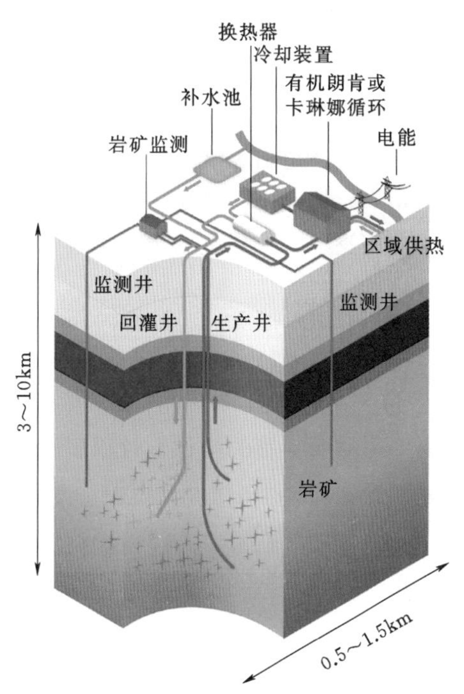

图2.83 EGS开发示意图

随着研究的不断深入，EGS的概念也不仅仅局限于干热岩内，一些传统的地热储层（如温度较高的富水岩层）也可以经过适当的改造形成EGS而加以利用。可以预见，未来EGS和干热岩资源开发将对我国节能减排和新一轮能源结构调整做出重大贡献。

目前干热岩资源开发利用正处于试验探索阶段，美国、法国、德国、中国等国家陆续开展了一系列前沿研究计划。1987年法国启动了苏尔茨（Soultz）干热岩项目，于2009年建成首个商业级EGS电站。2013年，欧盟委员会启动了“地平线2020”计划（Horizon 2020），该计划资助的地热相关项目共11项，总预算达1.34亿欧元，旨在推动欧洲更为全面的地热资源开发利用。2015年，美国能源部启动“FORGE计划”（FORGE：Frontier Observatory for Research in Geothermal Energy），累计投入将超过2亿美元，旨在促进和鼓励全球地热研究团体对EGS的革命性研究，最终为地热行业提供一系列可复制的EGS技术解决方案及产业化路径。2017年9月，中国地质调查局联合青海省自然资源部门在青海省共和盆地地下3705m深度钻获236℃的高温干热岩体，探测分布面积达3000km^2，实现了我国干热岩资源勘查的重大突破，为我国干热岩开发利用示范基地的建设和干热岩能量获取与利用奠定了坚实基础。

截至 2018 年年底，国外累计建设 EGS 示范工程 30 余项，干热岩资源的优越性和开发可行性逐渐得到国际认可。但 EGS 产业化仍然面临一些巨大的科学技术挑战，主要包括高温硬岩快速钻完井技术、优化可控的大规模干热岩储层建造技术、压裂网络的精细刻画与微震控制技术、井下高效换热与能量提取技术等。

2.6.2.6 超临界地热流体

在非常规地热方面，冰岛依然走在研究前沿。根据欧盟地平线 2020 计划资助的 EGS 业务部署，将非常规地热资源定义为温度最高为 550℃、深度超过 3km 的超深地热资源。

2017 年早些时候，位于冰岛的雷克雅内斯半岛项目在 4.66km 的深度完成钻探，记录的温度为 427℃。该项目从 2016 年 8 月启动钻探，创造了有史以来最深的火山钻孔。地质学家和工程师们的目标是寻找所谓的“超临界流体”，即一种位于地下深层的、既不是液体也不是气体的物质状态，以探寻是否可以用于高效的能源生产。一直以来，超临界地热流体都被关注着。这样的流体有可能使地热井提高几倍的输出产能，从而使发电量大幅度增长而不增加设施对环境的影响。

2.7 海洋能

2.7.1 海洋能资源

全球潮汐能分布情况

海洋蕴藏着丰富的能量，且以多种形式存在，具体可分为潮汐能（包括潮差能和潮流能）、波浪能、海流能、温差能和盐差能等。海洋能的种类及能量来源见表 2.3。

全球波浪能分布情况

表 2.3 海洋能的种类及能量来源

类型	能量类型	能 量 来 源	全球技术开发潜力估值/(TWh/a)[①]
潮汐能	动能和势能	地球旋转和月球、太阳引力	1200
波浪能	动能和势能	海面上风的动能	29500
海流能	动能	风的动能及海水的温度和盐度差驱动的全球洋流	—
温差能	热能	太阳能导致的海面温水与深层（通常 1000m 以下）冷水之间的温差	44000
盐差能	化学能	河口水域淡水与海水之间的盐度差	5177

① 数据引自：Magagna，D.，Ocean Energy Technology Market Report 2018，EUR 29924 EN，European Commission，Luxemburg，2019.

全球海流能分布情况

我国海洋能源十分丰富，据估算，各种能源的资源量约为：潮汐能 1.9 亿 kW，波浪能 1.3 亿 kW，海流能 0.5 亿 kW，温差能 1.5 亿 kW，盐差能 1.1 亿 kW。

2.7.2 海洋能转换利用技术

全球温差能分布情况

海洋能主要用于发电。目前只有潮差能发电进入了成熟应用阶段。每一种海洋能的转换利用都有许多技术选择，除了潮差坝之外，还没有出现技术趋同的情况。海洋能有望直接受益于海上石油和天然气等海洋工业在材料、建筑、防腐蚀、海底电缆和通信等方面取得的显著进步。

2.7.2.1 潮汐发电

影响海洋潮汐的主要因素是月球和太阳的引力以及地球的自转。如果站在海边，可能会看到海水一天涨落两次，或者更确切地说，每 24h50min28s 涨落两次。这种潮汐被称为半日潮。在海岸的一个给定位置，每个月潮汐变化幅度取决于太阳、月亮和地球的相对位置。当太阳和月球与地球在一条线上时，它们的引力作用合在一起，潮差最大，形成大潮。当太阳和地球连线与月球与地球连线成直角关系时，则形成小潮。在大多数地区，潮差的主导周期变化每月重复两次。潮汐的规律性变化使潮汐发电有较高的可预测性。太阳、月亮和地球的相对位置变化引起大潮和小潮如图 2.84 所示。

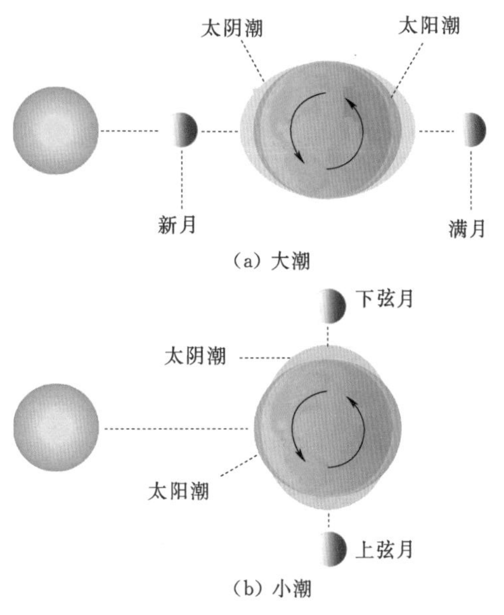

图 2.84 太阳、月亮和地球的相对位置变化引起大潮和小潮

利用潮汐能进行发电，主要通过河口、海湾等特殊地形，建立水坝，围成水库，同时在坝旁或坝中建水力发电厂房，利用潮汐涨落时的海水驱动水轮发电机组发电。加拿大安纳波利斯潮汐发电站如图 2.85 所示。按运行方式潮汐电站分为单库单向型、单库双向型和双库单向型三种形式。其中：单库单向型仅在涨潮（或落潮）时发电；单库双向型涨潮与落潮时均可发电，平潮时不发电；双库单向型用两个相邻的水库，一个水库在涨潮时进水，另一个水库在落潮时放水，水轮发电机组建在两水库之间的隔坝内，两水库始终

图 2.85 加拿大安纳波利斯潮汐发电站

保持着水位差，故水轮发电机可全日发电。潮汐发电关键技术包括电站的运行控制、水轮机组设计制造、电站设备在海水中的防腐、电站与海洋环境的相互作用等。

截至 2017 年年底，我国潮汐能电站总装机容量达 4.35MW，累计发电量约 22540 万 kWh，其中，2017 年发电量约 754 万 kWh。1975 年建成的位于浙江省玉环县的海山潮汐电站，装机容量 2×125kW，采用双库单向发电的工作方式。该电站是我国仍在运行的最早的潮汐电站，在潮汐发电、全湖蓄能发电和库区水产养殖综合开发等多方面具有一定的优势，2011 年该电站入选浙江省重点文物保护单位。

潮汐发电存在海水腐蚀及海生物附着等对电站及水轮机的影响，且建造拦水坝对当地海域生态环境也会产生一定影响，这使得各国建设潮汐电站都较为谨慎。环境友好型潮汐能技术成为新的研究方向。潮汐潟湖发电、动态潮汐能、海湾内外相位差发电等环境友好型潮汐能利用技术已成为国际潮汐能技术新的研究方向。

根据欧盟联合研究中心（European Commission Joint Research Centre，JRC）预测，预计到 2050 年，海洋能总容量为 28000～46000MW。预计到 2030 年，潮汐能将具有成本竞争力，并占到海洋能装机容量 28GW 的大部分份额。

2.7.2.2 潮流发电

潮流和洋流发电都是将海水所具有的动能转换为电能，具有相似性。潮流和洋流涡轮机的区别在于，洋流的流动是单向的，而潮流在涨潮和落潮周期之间是反向流动的。因此，潮流涡轮机被设计成在两个方向上做功。潮流能的发电原理和风力发电类似，都是将流体的动能转化为机械能，进而将机械能转化为电能。潮流能发电装置按获能装置的工作原理，可分为水平轴叶轮式、垂直轴叶轮式、振荡式（图 2.86）。按

(a) 水平轴叶轮式

(b) 垂直轴叶轮式

(c) 振荡式

图 2.86 潮流能发电类型

照支撑载体固定形式的不同，可分为桩基式、坐底式、悬浮式和漂浮式。目前，潮流能技术已基本成熟，单台机组最大功率已超过1MW，1MW潮流能发电机如图2.87所示。根据《2014年欧盟联合研究中心海洋能现状报告》的初步统计，全球主要潮流能装置76%为水平轴，12%为垂直轴，4%为振荡水翼，8%为其他类型。

图2.87　1MW潮流能发电机

因为海水的密度相当于空气密度的1000倍，且发电装置必须放在水下，所以潮流发电存在安装维护、防腐、海洋环境中的载荷与安全性能、电力输送等一系列关键技术难题。

我国潮流能发电近年来已进入应用示范阶段。浙江大学自2009年以来，先后研发了30kW、60kW、120kW、300kW和650kW半直驱水平轴潮流能发电机组样机，并在浙江舟山摘箬山海域成功开展了海试。2018年，由浙江大学提供技术支撑，国电联合动力技术有限公司研制的300kW半直驱水平轴变桨机组在浙江大学摘箬山岛潮流能发电试验基地入海并成功发电，实现270°变桨和并网运行，如图2.88所示。

图2.88　舟山摘箬山岛潮流能发电平台

潮流能发电装置发展至今已有数十种形式，技术多样。但大部分机组采用了成熟度较高的水平轴式技术。漂浮式技术成为未来发展方向之一。从载体结构型式分析，目前无论是水平轴式装置还是垂直轴式装置，大都采用固定安装方式。随着技术的进步，欧洲国家开始向潮流能资源丰富的较深水域发展，固定安装方式不再适用，潮流能装置研发机构开始研制漂浮式涡轮机，但目前尚未达到固定式涡轮机的稳定性，还需要开展全尺度装置样机海试。同时，大型潮流能发电机组与小型潮流能发电机组得到同等重视。

2.7.2.3 波浪能发电

波浪具有的动能和势能即为波浪能。波浪能发电包括三级能量转换：①捕获能量机构直接与波浪相互作用的一级能量转换，把波浪能转换成水的位能、装置的动能或者是中间介质如空气的动能与压能等；②将一级转换所得能量转换成机械的动能是二级能量转换，例如液压马达、空气透平等；③将机械的动能通过发电机转换成电能的是三级能量转换。波浪能利用中的关键技术有波浪的聚集与相位控制技术、波浪能装置建造与施工中的海洋工程技术、往复流动中的透平研究、波能装置的波浪载荷及在海洋环境中的生存技术、不规则波浪中的波能装置设计与运行优化等。

直接与波浪相互作用的一级能量转换设备是波浪能发电的关键。一系列基于不同工作原理的波浪能技术已经被设计出来，并在许多情况下得到验证。波浪能的收集主要采用聚波或共振的方式。一个物体在波浪中吸收能量的能力取决于它的水动力设计。总的设计思想可以归结为一句话：一个好的吸波者必须是一个好的造波者。

波浪能发电方式众多，几种波浪能转换方式如图 2.89 所示。根据波浪能收集原理的不同，可以分为振荡水柱式、振荡体式和收缩坡道式三大类。

振荡水柱式是利用波的运动来诱导空气在充气室往复流动。高速空气通过与发电机耦合的空气涡轮排出，发电机将动能转化为电能。振荡水柱设备可以是位于波浪之上的固定结构，安装在悬崖上或设计为防波堤的一部分，也可以安装在海岸附近的水中，还可以是一个停泊在深水中的浮动系统。

振荡体波能量转换装置是利用入射波的运动来诱导两个物体之间的振荡运动，然后这些运动被用来驱动动力输出系统。图 2.89 中的点吸收、衰减器、倒立摆都属于这一类。振荡体可以是浮在水面的设备，也可以是完全浸入水中的装置。

收缩波道是通过收集涌浪到自由水面以上的蓄水池中，将波能转换为势能。水库通过一个传统的低水头水轮机向下排水。这类系统可以是海上浮动装置，也可以安装在海岸线或人工防波堤上。

英国海洋动力传递公司研究开发的“海蛇”是一种衰减型波浪能发电装置，如图 2.90 所示。这种装置漂浮在水面上，由许多管段通过万向节连接起来。每个部分都包含自己的能量转换设备。它特别适合于从长距离的海浪中提取能量，当波浪通过时，它在两个轴上的运动受到液压油缸的阻力，这些油缸通过与发电机相连的液压马达来泵出高压油。海蛇机器的照片往往掩盖了它们令人印象深刻的物理尺寸。P2 型号的“海蛇”长 180m，直径 4m，由 5 个管段组成，总重量 1350t。图 2.91 展示了一台接近完成的机器。P2 波浪能发电装置内部结构如图 2.92 所示。其中包括液压油缸、蓄能器和动力转换设备等。

我国在波浪能开发利用方面也进行了研究探索。例如，2015 年 11 月起，我国研制的“万山号”波浪能发电装置开始海试（图 2.93），并于 2017 年在珠海市大万山岛并网供电，实现了我国首次利用波浪能为海岛居民供电。2017 年年底，“万山号”

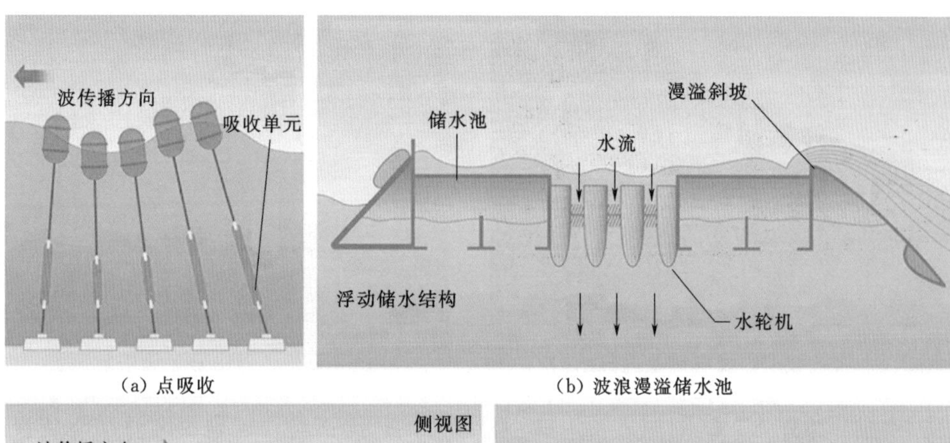

(a) 点吸收

(b) 波浪漫溢储水池

(c) 衰减器

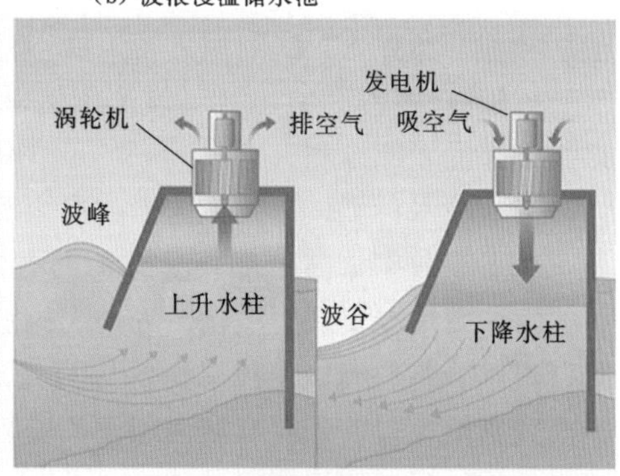

(d) 振荡水柱

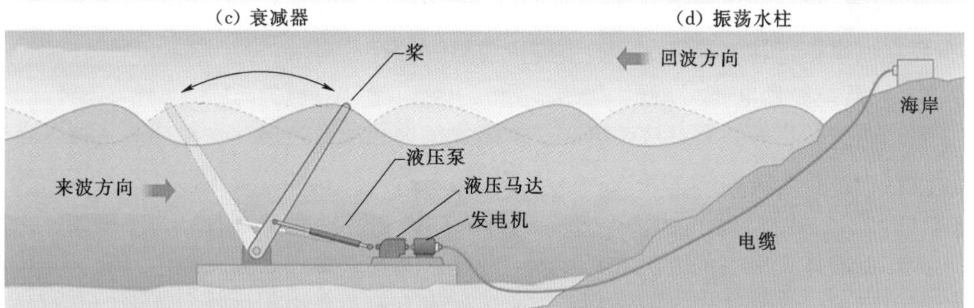

(e) 倒立摆

图 2.89　几种波浪能转换方式

图 2.90　“海蛇”波浪能发电装置
(引自：https：//e360. yale. edu/assets/site/Winter-testing_ two-Pelamis-machines_ 16x9. jpg)

图 2.91　接近完工的 P2 波浪能发电装置

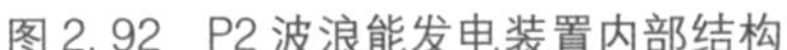
图 2.92　P2 波浪能发电装置内部结构

图 2.93　“万山号”波浪能装置

波浪能装置开始在永兴岛海域进行为期 4 个多月的远海试验，这是我国海洋能装置第一次开展远海试验。“万山号”波浪能发电装置已取得中国、美国、英国、澳大利亚等多个国家的发明专利。

波浪能技术种类较多，兆瓦级波浪能发电装置正在加紧研发。总体上看，波浪能技术正朝着高效率、高可靠、易维护的方向发展，发电装置稳定性和生存性稳步提高。波浪能发电要实现规模化，阵列式的发电设备机组比单一装置更有效，并且有利于降低成本。布放海域由近岸向深远海发展是一种发展趋势。2013 年欧盟联合研究中心研究指出，目前还没有波浪能设备安装在离岸 6km 以外、50m 深度以上的海域。而离岸越远的海域波浪能资源越好，可以捕获的能量就越大，下一代波浪能装置预计会布放在离岸更远、水深更深、波浪能资源更好的开放海域。

2.7.2.4　温差能发电

海洋热能转换方式有开放式循环、封闭式循环和混合式循环。在开放式循环系统运行过程中，首先将温海水导入真空状态的蒸发器，使其部分蒸发，其蒸汽压力约为 3kPa（25℃）。水蒸气在低压涡轮机内进行绝热膨胀，做完功之后引入冷凝器，由冷海水冷却成液体。冷凝的方法有两种：一种是水蒸气直接混入冷海水中，称为直接接触冷凝；另外一种是使用表面冷凝器，水蒸气不直接与冷海水接触。后者即是附带制备淡水的方法。虽然开放式系统的能源转换效率高于封闭式系统，但因低压涡轮机的效率不确定，以及水蒸气的密度与压力均较低，故发电装置容量较小，不太适合大容量发电。

封闭式循环提供了更有效的热工性能，从海洋表面抽取的温海水通过热交换器蒸发低沸点的工作液体（如氨、丙烷等），产生高压蒸汽驱动汽轮机。蒸汽随后被海水冷却，使其返回液相，封闭式循环海洋能温差发电如图 2.94 所示。封闭式循环所用汽轮机可能比开放式循环更小，因为汽轮机可在更高的压力下工作。

混合式循环结合了开放式循环和封闭式循环，利用闪蒸产生的蒸汽作为热源，使用氨或其他工作流体进行封闭循环。

虽然温差能发电技术已跨过试验阶段，但在真空维护、换热器生物污染和腐蚀等方面却存在问题。由于存在大量潜在的副产品，包括氢、锂和其他稀有元素，使得这项技术的经济可行性得以增强。

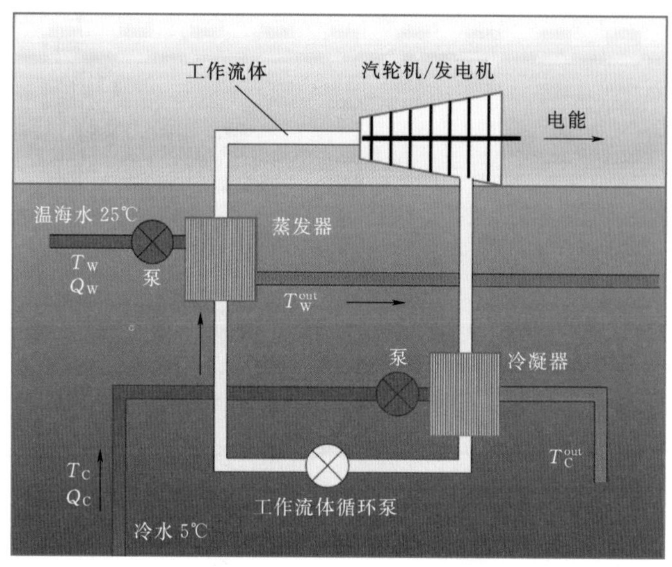

图 2.94 封闭式循环海洋能温差发电

随着大口径冷海水管制造、海上浮式工程等关键技术的不断突破，温差能发电技术正在向大型化方向发展。美国、法国等都已准备启动 10MW 级示范电站建设。温差能发展的另一个趋势是综合利用。除了用于发电外，其在海水淡化、制氢、空调制冷、深水养殖等方面有着广泛的综合应用前景。

2.7.2.5 盐差能发电

淡水和海水的混合，如河流淡水流入海洋盐水，能释放出能量，导致混合点水温有一个非常小的升高。将这种能量转化为电能主要有反向电渗析（reversed electro dialysis，RED）法和压力延迟渗透（pressure - retarded osmosis，PRO）法，如图 2.95 和图 2.96 所示。第一个 5kW 的 PRO 试点电厂于 2009 年在挪威投产。

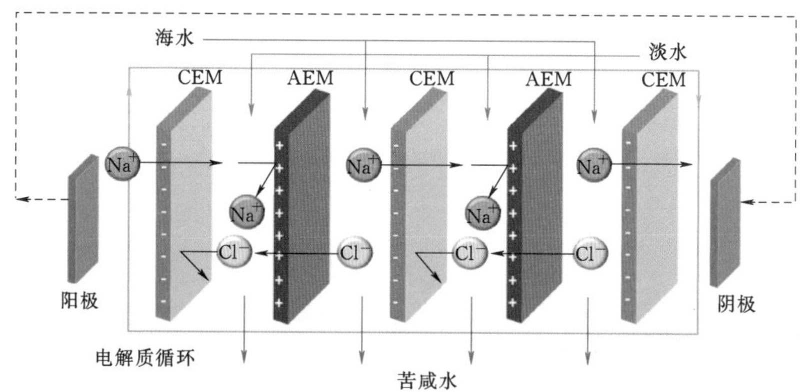

图 2.95 反向电渗析法盐差能发电

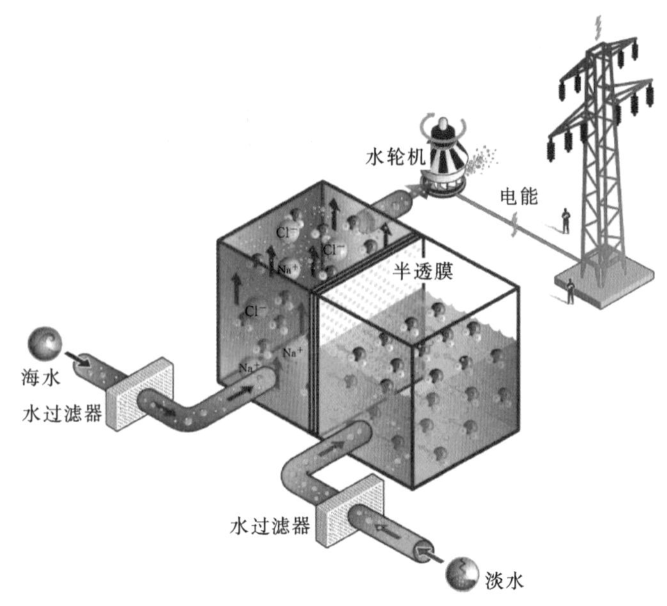

图 2.96　压力延迟渗透法盐差能发电

RED 过程利用了两种水溶液之间的化学势差。浓盐水和淡水通过一系列交替的阴离子和阳离子交换膜（AEM 和 CEM）接触，化学电位差在每一层膜上产生电压，系统的总电势是膜的电位差之和。

盐差能技术目前仍处于关键技术突破期，渗透膜、压力交换器等关键技术和部件研发仍有待突破。PRO 是把不同盐浓度海水间的化学电位差转换成水的势能，再利用水轮机发电。在不同盐度的两种水之间放一层半透膜，通过膜会形成压力梯度，盐度低的一侧的水会通过膜向盐度高的一侧流动。通过水泵将海水泵入水压塔，利用渗透压，淡水从半透膜渗透到水压塔内，使塔内水位增高，达到一定高度后，水从塔顶溢出并冲击水轮机旋转，带动发电机发电。

膜技术和膜与海水界面间的流体交换技术是盐差能发电的关键。尤其是渗透膜技术，其成本占到了盐差能发电装置总成本的 50%～80%，因此，实现低成本专用膜的规模化生产是盐差能技术的发展重点。

2.8　氢能

氢能是指在以氢及其同位素为主体的反应中或氢的状态变化过程中所释放的能量，主要包括氢化学能和氢核能，狭义的氢能仅指氢化学能。氢是宇宙中普遍存在的元素，在宇宙诞生之际，氢元素便存在，其他所有更重、更复杂的元素都源于它。根据宇宙大爆炸理论，在大爆炸之后不久，宇宙就变成了一个由光子、电子和夸克组成的炽热、稠密的等离子体。在大爆炸之后 10^{-6}s 的时候，宇宙已经足够膨胀和冷却，从而形成了质子。随着宇宙继续膨胀，它也在冷却。最终，宇宙的冷却达到了中性氢的形成被大力支持的程度，自由电子和质子的比例与中性氢相比下降到万分之几。

人类对氢的研究有悠久的历史。16世纪早期，瑞士的哲学家和炼金术士帕拉塞尔苏斯（Paracelsus）注意到，当铁屑加入硫酸时所释放的气泡是可燃的。1671年，罗伯特·博伊尔（Robert Boyle）也做了同样的观察。但是他们都没有将研究继续下去，因此荣誉被英国物理学家和化学家亨利·卡文迪许（Henry Cavendish）获得。1766年，他使用多种金属重复了帕拉塞尔苏斯的实验，收集了这些气泡，发现它们与其他气体不同。他后来证明，当氢气燃烧时会形成水，从而否定了水是元素的观点。这种气体被安托万·拉瓦锡（Antoine Lavoisier）命名为氢，意思是水的形成者。1931年，美国哥伦比亚大学的哈罗德·尤里（Harold Urey）和他的同事发现了第二种更为罕见的氢元素，它的质量是普通氢的两倍，被命名为氘。氢的另一同位素是氚。

由于氢很容易与大多数非金属元素形成共价化合物，因此地球上大多数氢以水或有机化合物的形式存在，氢气也由此被认为是一种载能体。在自然界，氢气可以在火山气体和一些天然气中找到，同时也有科学家认为，陆地之下蕴含着大量的可以开采的氢气。但目前来看，采用其他能源制取氢气仍是获取氢能资源的主要途径。

2.8.1 制氢

化石燃料、可再生能源和核能都可被用来制氢。制氢途径如图2.97所示。制氢途径总体上可分为化学法和生物法两大类。化学法制氢主要包括化石燃料制氢、电解水制氢、生物质气化制氢、太阳能光催化制氢等形式，其中，化石燃料制氢和电解水制氢是目前氢能生产的主要形式，而电解水则是获取高纯氢的主要途径。生物法制氢

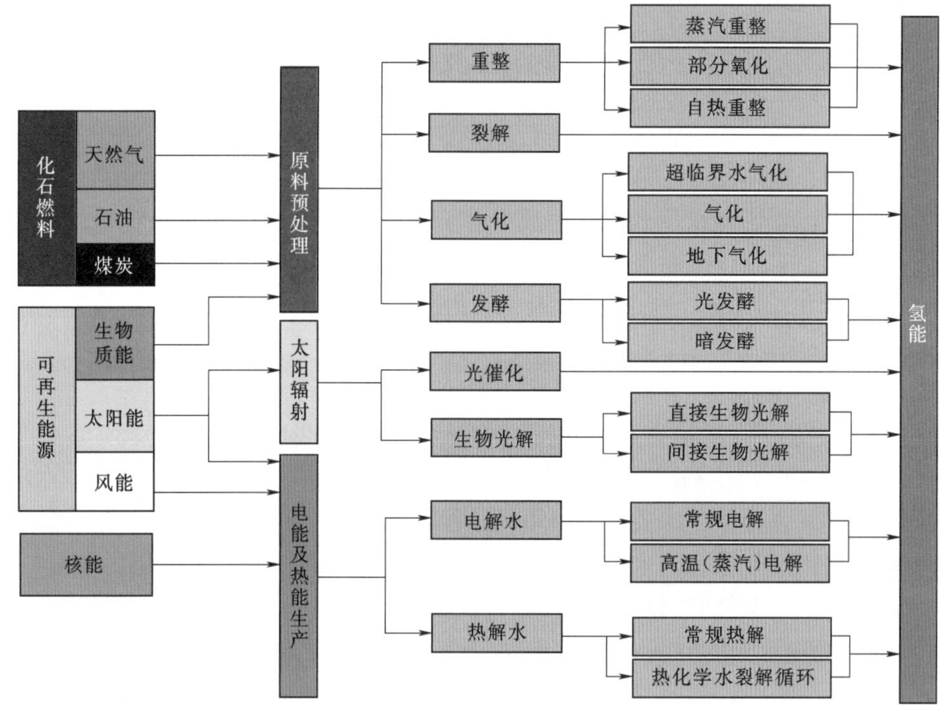

图2.97 制氢途径

是通过产氢微生物的代谢作用将水或有机质转化为氢。

确保制氢过程的低碳和清洁至关重要。根据制氢过程环保特性的不同，氢有了灰色氢、蓝色氢和绿色氢之分。直接利用化石燃料制取的氢被称为灰色氢；以化石燃料为基础并与碳捕获、利用和储存相结合制取的氢被称为蓝色氢；而来自可再生能源的氢则被称为绿色氢。随着光伏发电和风力发电成本的快速下降，利用可再生电力生产的绿色氢，预计将会迅速增长。

2.8.1.1 天然气制氢

利用天然气制氢主要有3条途径，即蒸汽重整、部分氧化和自热重整。天然气蒸汽重整制氢通常包含4个步骤，即天然气脱硫、甲烷蒸汽重整、水煤气变换反应和氢提纯，如图2.98所示。

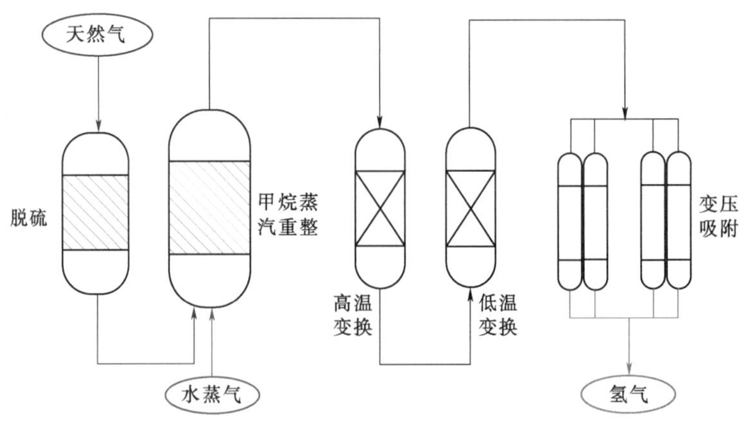

图2.98 天然气蒸汽重整反应工艺流程

第一步是对天然气脱硫，这是由于天然气中的含硫化合物会在接下来的重整反应中毒害催化剂，损坏设备。第二步是甲烷重整反应，以甲烷为主的脱硫天然气，在加装催化剂的反应器内与水蒸气反应生成H_2、CO、CO_2，这些组分与未转化的CH_4形成气体混合物。第三步，水煤气的主要成分CO在催化剂的存在下与水蒸气进一步反应生成CO_2和更多的H_2。第四步，为了获得高纯度H_2，通常采用变压吸附法脱除CO、CO_2和未转化的CH_4。

2.8.1.2 电解水制氢

1800年，英国科学家威廉·尼科尔森（William Nicholson）和安东尼·卡莱尔（Anthony Carlisle）首次进行了电解水实验，他们由此开创了电化学科学。水电解是利用电解槽将水分子分解成氢分子和氧分子的过程。

电解槽由阳极和阴极两个电极组成，电极浸没在电解质中，电解质可以是酸性、碱性或盐溶液。最常见的两种电解槽是碱性电解槽（使用氢氧化钾或氢氧化钠作电解质）和质子交换膜（proton exchange membrane，PEM）电解槽，电解槽工作原理图如图2.99所示。电解反应的产品是纯氧和纯氢。

从图2.99可以看出，在两个电极之间放置了一个隔膜（通常是多孔的、电解质浸渍的材料），以避免 H_2 和 O_2 自发地返回到水中。在间隙电解槽结构中，两个巨大的电极面对面放置，允许在电极和隔膜之间形成一个几毫米厚的电解液间隙，H_2 和 O_2 在那里形成。随着电流密度的增加，气泡会在两个电极表面形成连续的、高阻性的薄膜，因此，需要控制工作电流密度。在更有效的零间隙电解槽结构中，两个电极是多孔的，并压在隔膜上。因此，极间距离较小，气体在电极的后面形成，可采用较高的电流密度。

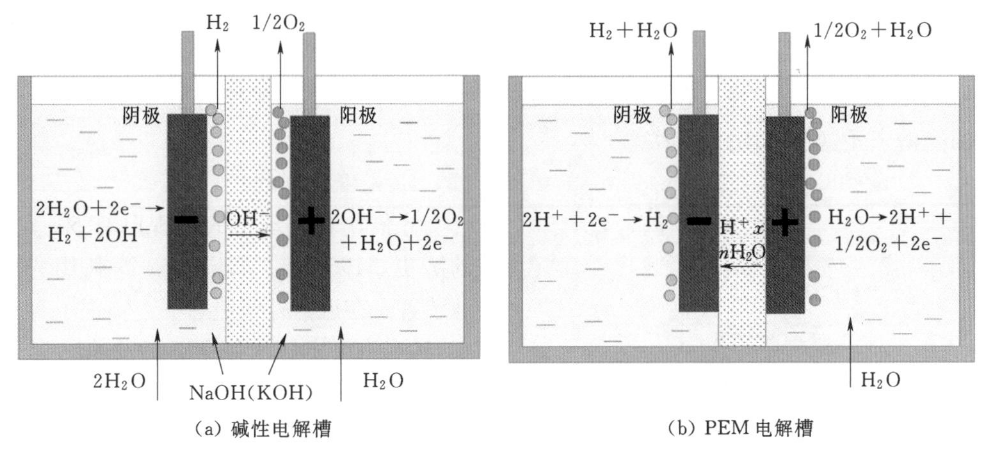

图 2.99　电解槽工作原理图

PEM 电解槽的两个电极被压在质子导电聚合物电解质上，从而形成所谓的膜电极组件（membrane electrode assembly，MEA），MEA 浸在纯水中，可移动的质子仍然被限制在聚合物膜内。虽然质子仍留在膜内，但酸性非常高，相当于 1mol/L 硫酸溶液。因此，无论在阳极还是阴极，都需要能够承受这种酸性的贵金属催化剂。PEM 电解槽被认为是利用水生产氢气最安全、最有效的技术。

兆瓦级碱性和 PEM 电解槽已经实现了很好的应用。商用 PEM 电解槽如图 2.100 所示，其氢气产能可以达到 4000Nm³/h。任何来源的电力都可用于电解水产氢，包括电网电力、光伏发电、风力发电、水力发电或核能等。

图 2.100　商用 PEM 电解槽

电解水制氢可避免化石燃料制氢产生的 CO_2 排放问题，但电解水还存在两个大的挑战：一是催化剂的活性和稳定性相对比较低；二是能量效率低。依据法拉第定律，制取 $1Nm^3$ H_2 理论上将消耗 2.94kWh 的电能，考虑到电解液电阻和其他电阻以及生产过程中的能量损失，实际用电要远远高于理论耗电量，标准状态下电解水制氢的能耗达到 $4\sim5kWh/m^3$。以目前的技术水平计算，电解水制氢的能源转换效率不到 70%，因此在商业制氢领域电解水制氢在经济上缺乏竞争力。

2.8.1.3 可再生能源制氢

利用可再生能源制氢有多种途径，但由于可再生能源发电制氢本质上是电解水制氢，因此，重点介绍光催化制氢和生物制氢。光催化制氢可将太阳能直接转化为化学燃料 H_2，这为基于阳光、氢和电力的未来能源基础设施提供了美好的前景，未来可能的能源三角如图 2.101 所示。

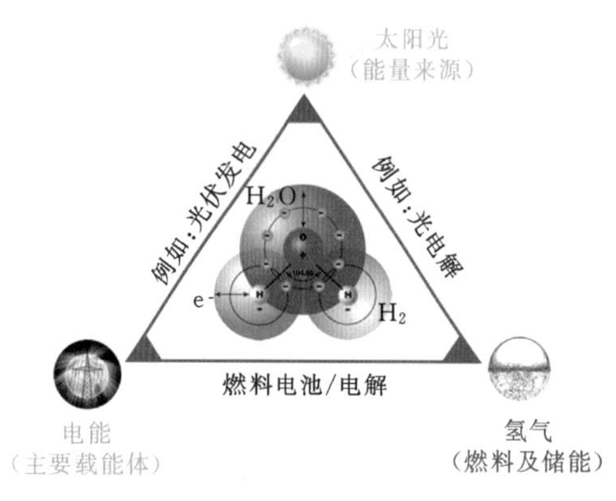

图 2.101 未来可能的能源三角

1. 光催化制氢

光催化制氢现象的发现已有 50 多年的历史。1969 年，Fujishima 等利用光电池装置，在近紫外线照射下，实现了 N 型半导体 TiO_2 光解水制氢，1972 年，他们将相关实验结果发表在了《Nature》（自然）杂志上。这一发现使得将太阳能转化为化学能的研究迅速成为极具吸引力的研究方向，由此半导体光催化制氢受到了越来越多的关注。

光催化制氢如图 2.102 所示。第一步是光子的吸收。半导体具有价带（VB）和导带（CB），它们被禁带（E_g）隔开［图 2.102（c）］，在基态中，所有的电子都存在于价带中，在能量等于或大于禁带宽度的光子照射下，一些电子从价带被激发到导带，这样就在价带中留下空穴。第二步是电荷的分离和迁移，如图 2.102（b）所示。由第一步产生的光生电子和空穴可以在半导体内部或表面复合，没有复合的电子和空穴到达半导体的表面。最后，到达表面的电子和空穴分别通过还

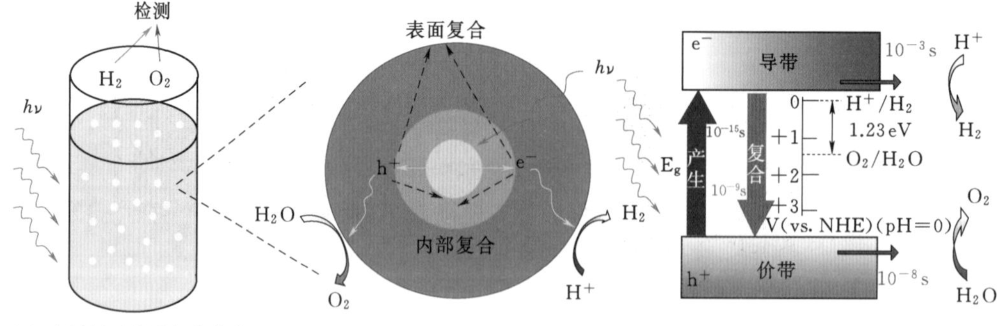

(a) 光照射下悬浮在水中的光催化剂粉末　(b) 光催化剂粉末分解水过程　(c) 半导体光催化分解水的原理和能量图

图 2.102 光催化制氢

原反应产生 H_2 和氧化反应产生 O_2。分解水的理论最小禁带宽度是 1.23eV，考虑到光催化过程中各个步骤的热力学损失，为了保证合理的反应速率，过电位是必要的，有效的光催化剂的禁带宽度大于 2eV。

图 2.102 的光催化制氢系统被称为光化学催化制氢，产氢过程是将催化剂粉末分散在水中实现的，因此从反应器释放的气体是 H_2 和 O_2 的混合气，后续还需要将两者进行分离。光电化学制氢则可以解决这一问题。光电化学电池制氢工作原理图如图 2.103 所示。这是由两个电极组成的简单结构：一个光电半导体电极和一个金属对电极，两者都浸在允许离子物质运输的电解质溶液中。光电半导体电极可以是 N 型或 P 型半导体，若光阳极为 N 型半导体，水在半导体/电解质界面氧化为 O_2，若光阴极为 P 型半导体则析出 H_2。

与上述光化学制氢相似，在光照条件下，半导体吸收能量高于其禁带宽度的光子，将电子由价带激发到导带，从而产生电子和空穴。被激发的电子从半导体电极的背面流过，通过外部电路到对电极，在那里将质子还原为氢气。

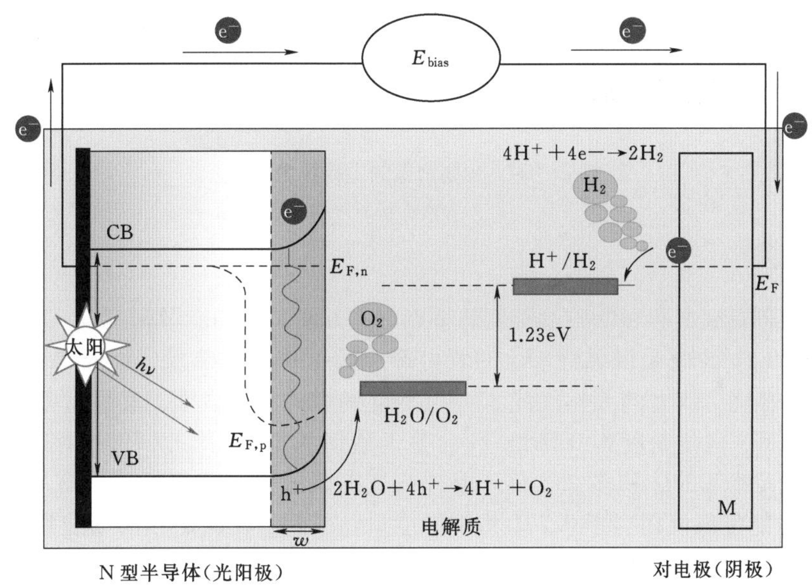

图 2.103　光电化学电池制氢工作原理图

虽然光催化制氢技术已走过了半个世纪，但目前光催化制氢的效率依然很低，与期望的 10%的目标还有很大的差距。导致这一问题的主要因素包括半导体的光吸收性能、电解质和助催化剂。理想的光电极能同时完成光吸收、电荷分离、电荷传输和表面 H_2 和 O_2 的形成等任务。此外，它需要在水溶液中保持稳定，并且具有以低成本制造的潜力。而目前还没有发现任何一种半导体材料能够满足这些相互矛盾的需求。因此，高效、稳定和低成本的光催化材料的研究是光催化制氢的关键。

2. 生物制氢

生物制氢是指通过微生物自身的代谢将水或者有机质转化为氢气，多数情况下生物制氢都可认为是微生物自身非正常能量的一种释放过程。根据产氢过程中所利用底物的不同，可分为发酵制氢和光解制氢，前者将有机质中的氢元素转化为氢气，后者则利用水产氢；根据发酵过程是否需要光，可以分为光发酵制氢、光解水制氢和暗发酵制氢。此外，暗发酵制氢后排出的富含有机质的液体还可以继续被加以利用，进一步产出氢气或其他产品，生物产氢的主要技术路线如图 2.104 所示。

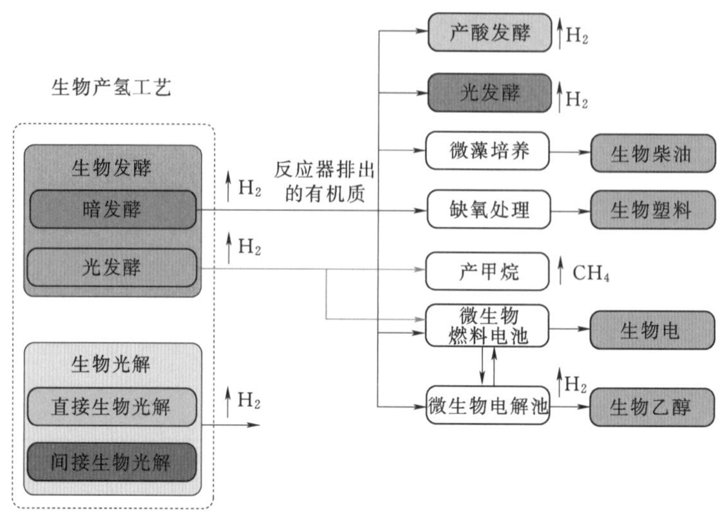

图 2.104　生物产氢的主要技术路线

2.8.2　储氢

氢具有高能量密度和低质量密度的特点。一方面，氢的能量密度高，其低位热值为 119.9MJ/kg，也就是说燃烧 1kg 的氢可释放约 120MJ 的热量，而要得到相同的热量，则需要燃烧 2.5kg 的天然气或 3.7~4.5kg 的煤；另一方面，其质量密度却很低，在标准条件下，氢的密度为 0.09kg/m^3，是天然气的 1/9。因此，产生相同热量所需氢的体积比天然气的体积多 2.5 倍。此外，液态氢的密度也很低，仅有 70.8kg/m^3，1L 液态氢的能量仅仅相当于 0.27L 汽油的能量。因此，在满足相同用能需求条件下，需要储氢装置有更大的容积。

基于上述原因，储氢技术成为了推动氢燃料电池技术在固定电源、移动电源和交通运输等领域发展的关键技术。如何高效、经济、安全地储存氢气，是使氢成为经济的能源来源所面临的挑战之一。氢储存的主要方法如图 2.105 所示。

在图 2.105 中，MOF－5 是指以 Zn^{2+}和对苯二甲酸（H_2BDC）分别为中心金属离子和有机配体，它们之间通过八面体形式连接而成的具有微孔结构的三维立体骨架；BN－methyl cyclopentane 是硼氮-甲基环戊烷。

从能源效率、经济效益、环境和安全问题等角度对各种储氢技术进行对比可以得出以下结论：目前，高压气体压缩技术以其能源效率高、成本低等优点受到人们的青睐；而液化由于使氢具有高的体积能量密度，在航天航空领域得到了应用，而能源效率低、成本高等问题使得其短期内很难应用在民用领域；金属氢化物储存技术因其体积效率高，是很有前途的储氢技术，有望在未来的氢经济中发挥关键作用。几种储氢方法的储存能力对比如图 2.106 所示。图 2.106 展示了两种氢化物、液氢和压缩氢气（压力为 20MPa）储氢所需体积的对比情况，对比的基础是储存可使汽车行驶 400km 的 4kg 氢。

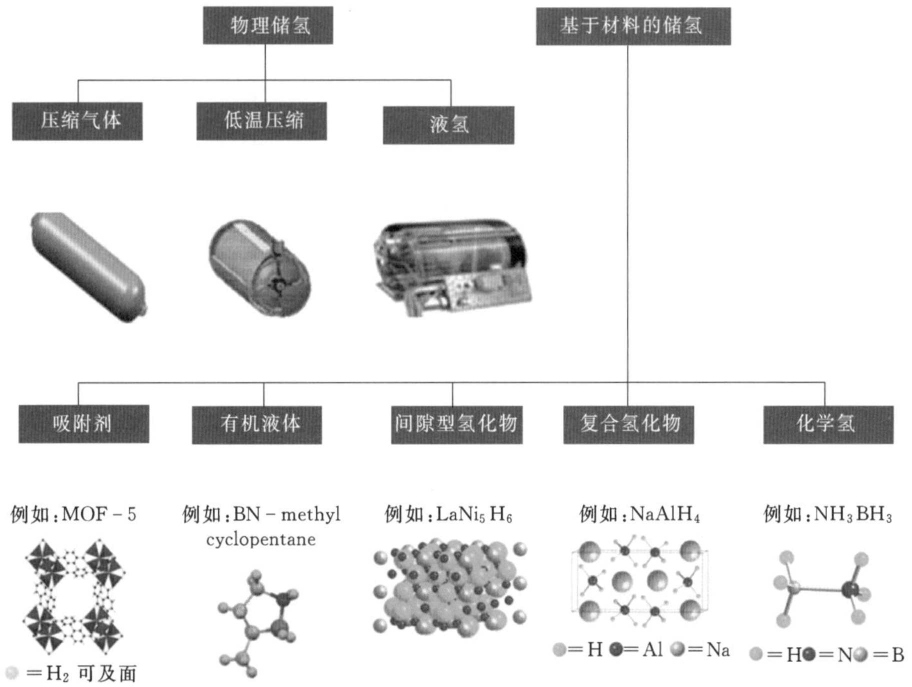

图 2.105　氢储存的主要方法

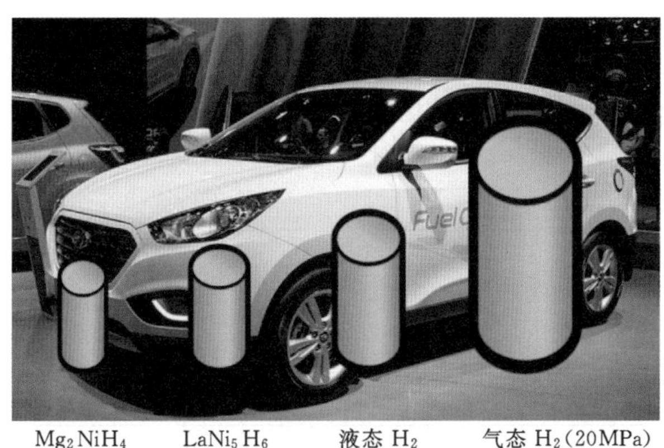

图 2.106　几种储氢方法的储存能力对比

2.8.3　燃料电池

燃料电池是将燃料的化学能直接转换为电能的装置，利用燃料电池发电是将氢气转换为电能的主要途径。为认识燃料电池的工作原理，先来认识 H_2 和 O_2 混合时会发

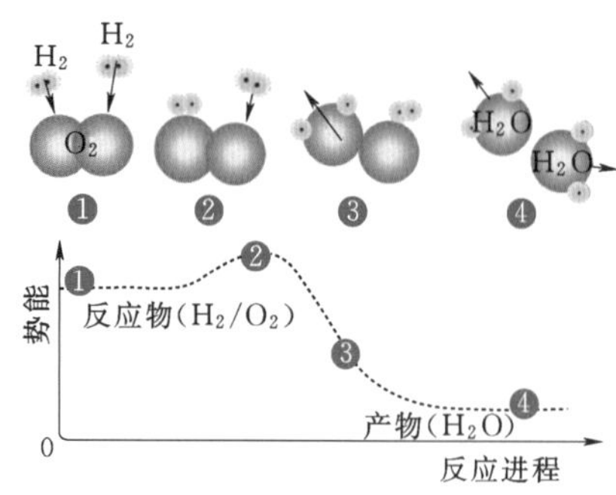

图 2.107　氢氧反应过程示意图

生什么变化。在分子尺度上，H_2 和 O_2 碰撞会发生反应，最终形成 H_2O。具体来说，在原子尺度上和在皮秒的时间内，氢氢键和氧氧键断裂，氢氧键形成，在此过程中释放出热量。氢氧反应过程示意图如图 2.107 所示。氢氢键的断裂和氢氧键的形成是通过电子在分子间的转移实现的。那如何从两者的反应中直接产出电能呢？答案是延长电子转移的路径，要做到这一点就需要将 H_2 和 O_2 在空间上分开，使得电子需要按照规定的方向并通过长距离转移才能完成成键重组。在燃料电池中，空间分离是依靠电解质来实现的。因为电解质只允许离子在其中流动而不允许电子流动，电子则通过外电路从燃料端转移到氧化剂端，从而形成电流。

组成燃料电池的基本部件和材料包括电极、电解质和催化剂。根据电解质的不同，燃料电池分为酸性燃料电池和碱性燃料电池，两类燃料电池的工作原理如图 2.108 所示。在酸性燃料电池的阳极，H_2 被氧化从而释放电子并产生 H^+，这是一个放热反应。在阴极 O_2 与来自阳极的电子和穿过电解质的 H^+ 发生反应形成水。为了使两个电极反应连续进行，在阳极产生的电子必须通过一个外电路到达阴极。此外，H^+ 必须通过电解质溶液，酸作为一种带有游离氢离子的液体，很好地满足了这一要求。在碱性燃料电池中，虽然 H_2 氧化的总反应与酸性燃料电池相同，但在两个电极上的反应却是不同的，而且在碱性电解质中可移动的是 OH^-，在阳极这些离子与 H_2 发生反应产生水，同时释放电子和热量。

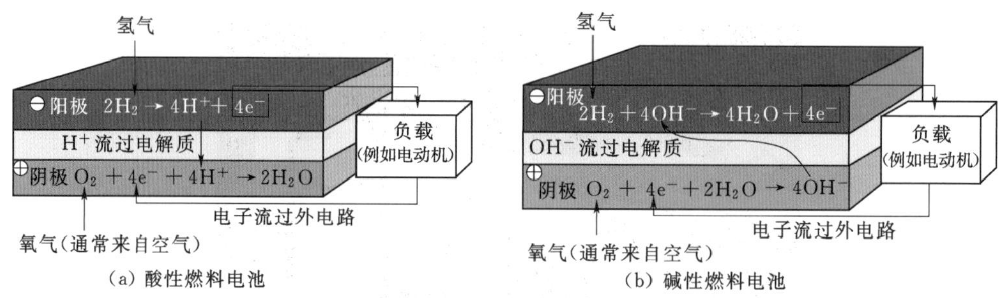

图 2.108　两类燃料电池的工作原理

燃料电池有多种类型，主要有碱性燃料电池（alkaline fuel cell，AFC）、磷酸燃料电池（phosphoric acid fuel cell，PAFC）、质子交换膜燃料电池（proton exchange membrane fuel cell，PEMFC）、熔融碳酸盐燃料电池（molten carbonate fuel cell，MCFC）和固体氧化物燃料电池（solid oxide fuel cell，SOFC）等。其中，碱性燃料电池具有技术成熟、能量转化效率高、室温下启动快速等优点。但是，当采用空气作氧化剂时，空气中的 CO_2 会与电解质中的 OH^- 反应形成碳酸根，从而影响电池的使用寿命和效率，因此，输入燃料电池的氢气或空气中不能含有 CO_2，即这种燃料电池对反应气体的纯度要求很高。这种类型的燃料电池最初是为航天工业开发的。各种燃料电池的比较见表 2.4。

表 2.4　　各种燃料电池的比较

电池类型	AFC	PAFC	PEMFC	MCFC	SOFC
电解质	氢氧化钾	磷酸溶液	质子交换膜	碳酸钾	氧化锆
工作温度/℃	25～250	150～210	25～100	600～700	600～1100
能量转化效率/%	65	40～60	55	48	50～65
功率密度/(W/kg)	35～105	120～180	340～3000	30～40	15～20
启动时间/s	>60	>60	<5	>600	>600
寿命/万 h	5	8～15	6~8	2	2~9
应用领域	航空航天	中小型发电站	交通运输、便携电源	大型发电站	大型发电站

燃料电池通常是由电极、电解质和密封垫片组成的单电池组件。燃料电池的关键部件如图 2.109 所示。单电池通常使用“双极板”互连。双极板是一种导电板，它与一个电池的阳极和下一个电池的阴极表面接触，因此称为双极板。它的主要作用有：提供机械强度和阻气作用；分隔燃料和氧化剂；收集传递电流；通过良好的流场将气体均匀分配到电极的反应层；排出反应产生的热量以保持温度场均匀。双极板将多个单电池组件串联起来就组装成了电堆。图 2.110 中显示的是由 96 个单电池组成的燃料电池电堆，功率为 8.4kW，重量为 1.4kg。

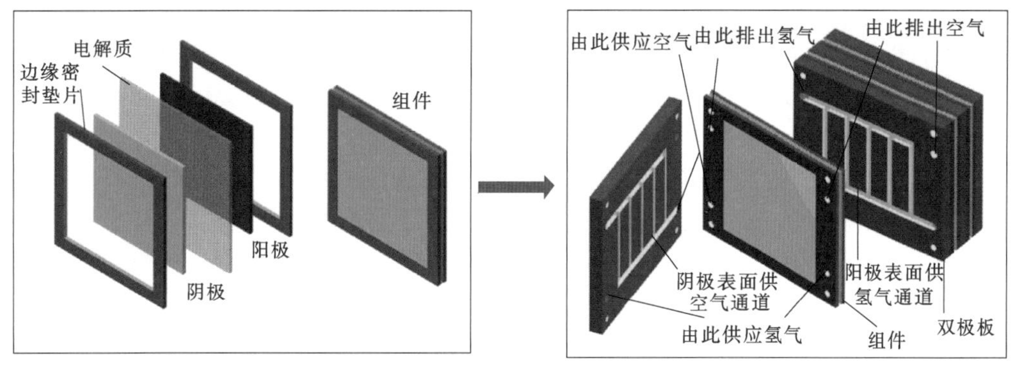

图 2.109　燃料电池的关键部件

燃料电池与太阳电池和普通电池相比有其自身优势，尽管它们都是通过将化学能（燃料电池、普通电池）或太阳能（太阳电池）转换成直流电来产生电能。燃料电池与太阳电池和普通电池性能的对比如图 2.111 所示。图 2.111 以水桶做比喻对这三种电池的关键特性进行了对比。在这三种装置中，电力输出功率是由工作电压（桶内水的高度）和电流密度（桶底水龙头流出的水量）决定的。燃料电池和太阳电池可以看作是开放系统，换句话说，只要不断地为燃料电池供应燃料，为太阳电池供应光子，它们的工作电压就会基本保持恒定。相比之下，大多数普通电池是封闭的系

图 2. 110　由 96 个单电池组成的质子交换膜燃料电池电堆

统，其内部的反应物供应是有限的，当这些反应物耗尽时，电池就失去供电能力。此外，燃料电池的电流密度通常比太阳电池或普通电池高出很多。

就应用而言，燃料电池要完全实现商业化还面临很多困难，这源于其工作原理的复杂性，涉及原子水平的多种化学和物理相互作用。甚至有研究者认为，也许当今市场上没有任何先进技术（包括飞机、计算机，甚至核反应堆，所需的科学、物理和工程知识等）的规模、量级和范围能超过燃料电池。因此，在投入了大量研发资金的今天，燃料电池除了在几个高价值的利基市场，似乎仍没有完全通过示范阶段。鉴于燃料电池系统极其复杂，因此需要来自许多学科的科学家、工程师和技术人员协同攻关。

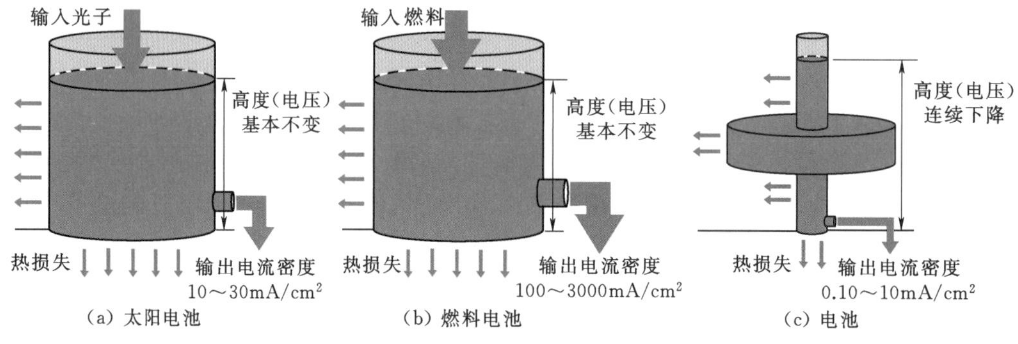

图 2. 111　燃料电池与太阳电池和普通电池性能的对比

氢作为一种最为清洁的燃料，可以帮助人类解决各种重大的能源挑战。它为许多行业提供了脱碳的方法，包括重载和长途运输、化工、钢铁等，事实证明，不改变能源结构，这些行业很难真正减少排放。它还有助于改善空气质量和加强能源安全。此外，它还增加了电力系统的灵活性。通过将电能转化为氢能作为可再生能源的一种储存方式，有望成为在几天、几周甚至几个月内储存大量电力的最经济的储能方案。由于氢能可以通过燃料电池直接将化学能转化为电能，因此这种发电装置体积可以做到很小，能够直接安装到汽车等交通工具上。一旦生物制氢能够实现商业化应用，氢燃料电池汽车将会带来一场能源革命，因为当汽车停驶时，每辆汽车就是一个独立的分布式发电装置，这些发电装置所产电能可以直接输入电网。当燃料电池汽车大量普及，并通过能源互联网联通起来时，人类便可以摆脱对集中式电网的依赖。

但是，目前氢气还没能在交通、建筑和发电等领域得到广泛应用，要实现其在全球能源转型中的作用还面临着几项挑战：①目前氢气几乎完全由天然气和煤转化而来，存在碳排放问题，全球由制氢导致的二氧化碳排放量相当于印度尼西亚和英国排放量的总和；②用低碳能源生产氢的成本还很高，但利用可再生电力生产氢气的成本正在迅速下降；③氢能基础设施的发展还不成熟，输氢管道建设和更新，以及高效和经济的航运解决方案均需要进一步发展和部署。

2.9 核能

2.9.1 核燃料

世界上有比较丰富的核燃料资源，包括铀、钍、氘、锂、硼等。地球上可供开发的核燃料资源能提供的能量是矿石燃料的十多万倍。未来的若干年，核能对人类生活和世界格局的变化都将产生巨大的影响，将持续深入应用在能源、资源、环境、国家安全以及人类健康等各个方面，并将在与信息技术、生物技术、纳米技术、环保技术等方面的交叉渗透中发挥巨大的作用。

物质都是由带正电的原子核和绕原子核旋转的带负电的电子构成的，原子结构如图 2.112 所示。原子核包括质子和中子，质子数决定了该原子属于何种元素，原子的质量数等于质子数和中子数之和。如一个铀-235（^{235}U）原子是由原子核（由 92 个质子和 143 个中子组成）和 92 个电子构成的。如果把原子看作是我们生活的地球，那么原子核就相当于一个体育场大小的球。虽然原子核体积很小，但在一定条件下却能释放出惊人的能量。科学家最初在试验中发现^{235}U 原子核在吸收一个中子以后能够分裂，在放出 2~3 个中子的同时释放出一种巨大的能量，这种能量比化学反应所释放的能量大得多，这就是核能。通常的化学反应只是原子核外的电子发生位置变化或运动，原子核并不变化。核能是原子核结构发生变化时释放的能量，符合爱因斯坦质能方程 $E = mc^2$。核能主要有两种获得途径：一是核裂变（nuclear fission），重的原子核分裂反应释放结合能，原子弹、核电站等都利用了核裂变的原理；二是核聚变（nuclear fusion），轻原子核聚合反应在一起释放结合能，氢弹就是利用氘、氚原子核的聚变反应瞬间释放巨大能量这一原理制成的。此外，原子核自发衰变过程中释放的能量（衰变能）也经常视作核能的一类。

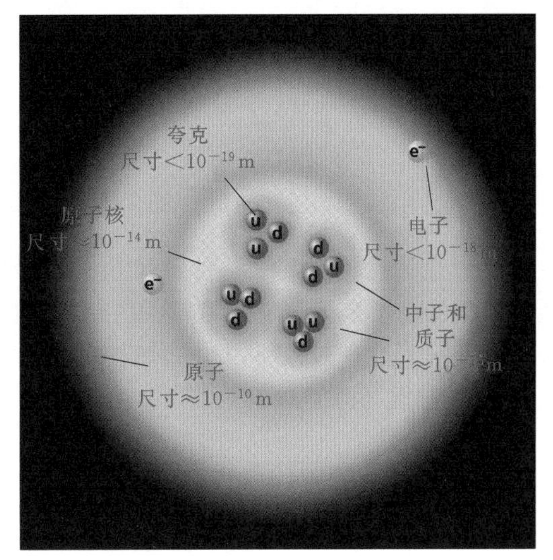

图 2.112　原子结构

核裂变技术已比较成熟。常用的核裂变燃料是铀的同位素^{235}U、钚的同位素钚-239（^{239}Pu）等重元素物质。核裂变原理如图 2.113 所示。用一个中子轰击^{235}U 等重原子核，分裂成两个或多个质量较轻的原子核（碎片）并释放出 2~3 个中子和 β、γ

等射线，并释放出约200MeV的能量。如果有一个新产生的中子又去轰击其他^{235}U原子核，再次引起新的原子核分裂，以此类推，裂变反应不断地持续下去，从而形成了裂变链式反应，释放出巨大的核裂变能。

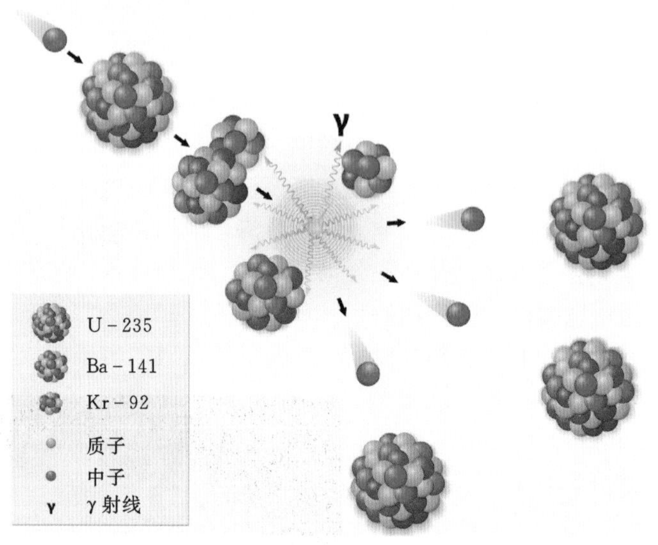

图2.113　核裂变原理图

核聚变是轻原子核在高温下（几千万摄氏度以上）克服原子核间斥力，由两个质量较小的原子核聚合成质量较大的新原子核并释放出大量能量的过程，因为反应在极高温度下才能进行，所以也称热核反应。最容易实现的核聚变反应是氢的同位素氘（$^{2}_{1}D$）和氚（$^{3}_{1}T$）聚变为氦（$^{4}_{2}He$）的反应，反应式为

$$^{2}_{1}D+^{3}_{1}T = ^{4}_{2}He+\text{中子}+\text{聚变能}$$

核聚变是获得核能的重要途径之一。由于原子核间有很强的静电排斥力，因此在一般的温度和压力下，很难发生聚变反应。而在太阳等恒星内部，压力和温度都极高，因此就使得轻核有了足够的动能克服静电斥力而发生持续的聚变。自持的核聚变反应必须在极高的压力和温度下进行，故称为“热核聚变反应”。

无论是核裂变还是核聚变，反应后原子核都要失去一部分质量，与此同时释放出巨大的能量。物质所具有的核能比化学能要大几百万倍以上。1kg ^{235}U全部裂变产生的核能相当于2700t标准煤燃烧时所放出的化学能。核聚变能量更大，1kg氘和氚聚变释放的能量相当于1万多t优质煤的化学能，且聚变的产物只是氦和中子，是真正的清洁能源。据测算1kg煤仅能使一列火车开动8m；1kg裂变原料可使一列火车开动4万km；而1kg聚变原料可以使一列火车行驶40万km，相当于地球到月球的距离。

在核能中，裂变能的利用已获得广泛的发展。在民用领域，核能主要应用领域包括核电、核供热及其他非动力用核技术领域，如同位素示踪，核成像等。在军用领域，核能有着极为广阔的应用前景，主要包括水面舰船与潜艇核动力、核武器和空间核能装置。核聚变能利用的关键在于可控核聚变反应堆的研制。核聚变反应在几千万摄氏度以至上亿摄氏度高温下进行，且反应的初始条件非常严格。这给核聚变的实施带来了许多技术上的难题。目前正在研制的“受控热核聚变反应装置”是人工控制的，因此可用作能源。在受控热核聚变方面，近年来聚变等离子体物理与核聚变的理论与实验研究，在世界范围内已取得了较大进展，有望为人类最终解决能源问题做出重大贡献。

2.9.2 核裂变技术

核能提供了当今世界近15%的电力，核电已成为经济、稳定、安全、可靠、洁净、高能量密度的能源，发展核电对保障电力供应、保障国家长期的电力安全具有非常重要的意义。同时，核电的发展还可以有效带动高端装备制造业的发展，有利于提升我国在整个世界上高端装备制造业的地位和水平。

核电站的关键设备是核反应堆，它相当于火电站的锅炉，受控的链式反应就在这里进行。核反应堆有多种类型，按引起裂变的中子能量可分为热中子堆和快中子堆。热中子的能量为0.1eV左右，快中子的能量平均为2eV左右。当前世界上所运行的核电站绝大多数都是热中子堆，其中需要慢化剂，通过它的原子与中子碰撞，将快中子慢化为热中子。慢化剂用的是水、重水或石墨。堆内还有载出热量的冷却剂，冷却剂有水、重水和氦等。根据慢化剂、冷却剂和燃料的不同，热中子堆可分为轻水堆（用轻水作慢化剂和冷却剂，以低浓缩铀作燃料）、重水堆（用重水作慢化剂和冷却剂，以天然铀作燃料）和石墨气冷堆（以石墨作为慢化剂，以气体作为冷却剂，以天然铀或者低浓度铀作燃料）。其中，轻水堆又分压水堆和沸水堆。压水堆全称为加压水慢化冷却反应堆，是以加压的、未发生沸腾的轻水作为慢化剂和冷却剂的反应堆。沸水堆全称沸腾水反应堆，是以沸腾轻水为慢化剂和冷却剂，并在反应堆压力容器内直接产生饱和蒸汽的动力核反应堆。各种常见堆型的主要特点见表2.5。目前世界上的核电站60%以上都是压水堆核电站。

表2.5　各种常见堆型的主要特点

堆　型	慢　化　剂	冷　却　剂
压水堆	轻水	轻水
沸水堆	轻水	轻水
重水堆	重水	重水或轻水
石墨水冷堆	石墨	轻水
石墨气冷堆	石墨	CO_2 或 He
高温气冷堆	石墨	CO_2 或 He
液态金属冷却快中子堆		钠、钠-钾合金、铅-铋合金

核电站是利用核反应堆中核裂变或聚变所释放出的热能进行发电，与火力发电厂极其相似。只是以核反应堆及蒸汽发生器来代替火力发电的锅炉，以核裂变能代替矿物燃料的化学能。典型压水堆核电站原理流程图如图2.114所示。

水作为冷却剂在反应堆中吸收核裂变产生的热能，成为高温高压的水，然后沿管

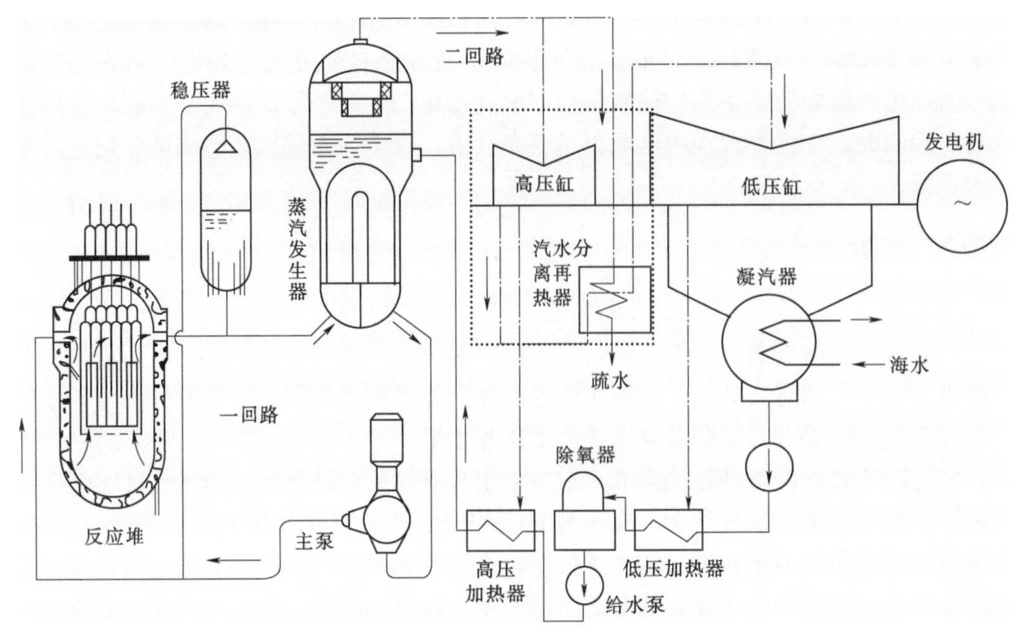

图 2.114　典型压水堆核电站原理流程图

道进入蒸汽发生器的U形管内，将热量传给U形管外侧的汽轮机工质（水），使其变为饱和蒸汽。被冷却后的冷却剂再由主泵打回到反应堆内重新加热，如此循环往复，形成一个封闭的吸热和放热的循环过程，这个循环回路称为一回路，也称核蒸汽供应系统。一回路的压力由稳压器控制。由于一回路的主要设备是核反应堆，通常把一回路及其辅助系统、厂房统称为核岛（nuclear island，NI）。汽轮机工质在蒸汽发生器中被加热成蒸汽后进入汽轮机膨胀做功，将蒸汽焓降放出的热能转变为汽轮机转子旋转的机械能。汽轮机转子与发电机转子两轴刚性相连，因此汽轮机直接带动发电机发电，把机械能转换为电能。

做完功后的蒸汽（乏汽）首先被排入冷凝器，由循环冷却水（如海水）进行冷却，凝结成水，然后由凝结水泵送入加热器预加热，再由给水泵将其输入蒸汽发生器，从而完成了汽轮机工质的封闭循环，此回路被称为二回路。二回路系统与常规火电厂蒸汽动力回路大致相同，故把二回路及其辅助系统、厂房统称为常规岛（conventional island，CI）。

压水堆核电站能量传递与转换分4步完成，如图2.115所示，在四个主要设备中实现：①反应堆——将核能转变为热能；②蒸汽发生器——将一回路高温高压水中的热量传递给二回路的水，使其变成饱和蒸汽，在此只进行热量交换；③汽轮机——将饱和蒸汽的热能转变为汽轮机转子高速旋转的机械能；④发电机——将汽轮机传来的机械能转变为电能。上述过程的后三个过程与常规火力发电厂内的工艺过程基本相同，只是设备的技术参数上略有差异。核反应堆虽然从功能上相当于火电厂的锅炉系统，但由于它是强放射源，流经反应堆的冷却剂带有一定的放射性，一般不宜直接送入汽轮机，否则会造成汽轮发电机组操作维修上的困难，因此压水堆核电站比普通电

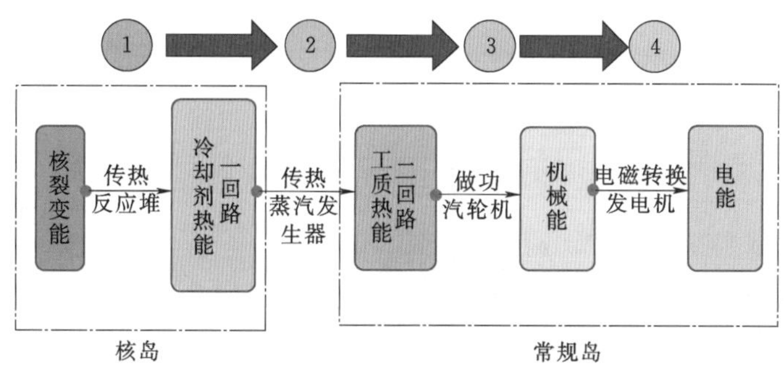

图 2.115　压水堆核电站能量传递与转换过程

厂多了一套动力回路。

核电技术通常被划分为四代，如图 2.116 所示。

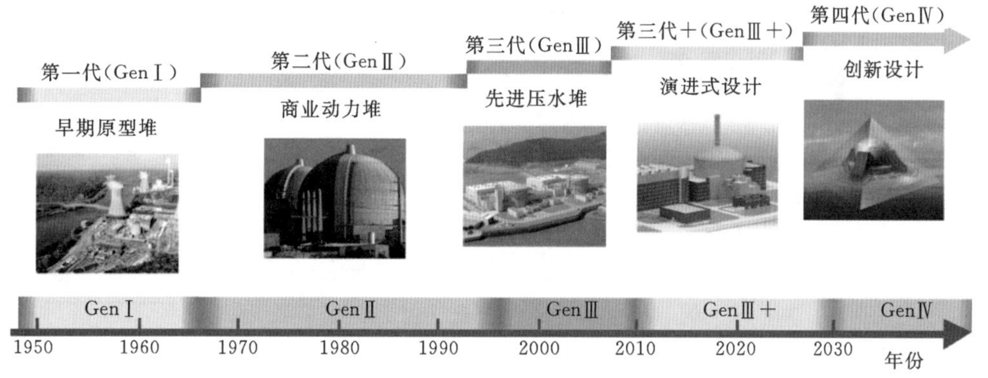

图 2.116　四代核电技术

第一代核电站。国际上把实验性的原型核电机组称为第一代核电机组。代表性的有 1954 年苏联建成的 5MW 实验性核电站，1957 年美国建成的 90MW 的 Ship Ping Port 原型核电站等。20 世纪 50—60 年代的原型堆，绝大部分已退役。

第二代核电站。20 世纪 60 年代后期，在实验性和原型核电机组的基础上，陆续建成了发电功率 300MW 的压水堆、沸水堆、重水堆、石墨水冷堆等核电机组，它们在进一步证明核能发电技术可行性的同时，也证明了其经济可行性。世界上商业运行的 400 多座核电机组绝大部分是在这一时期建成的，习惯上称为第二代核电机组。

第三代核电站。国际上通常把满足《先进轻水堆用户要求文件》（Utility Requirement Documents，URD）或《欧洲用户对轻水堆核电站的要求》（European Utility Requirement，EUR）的核电机组称为第三代核电机组。20 世纪 90 年代，为了消除美国三里岛事故和苏联切尔诺贝利核电站事故的负面影响，世界核电业界集中力量对严重事故的预防和缓解进行了研究和攻关，美国出台了 URD 文件，随后，欧盟出台了 EUR 文件，两份文件进一步明确了预防与缓解严重事故，提高安全可靠性等方面的要求。其中，URD 对新建核电站的主要要求包括更大的功率（100 万~150 万 kW）；更高的安全性［大量放射性向外释放概率小于 1×10^{-6}/(堆·年)］；更长的寿命（由

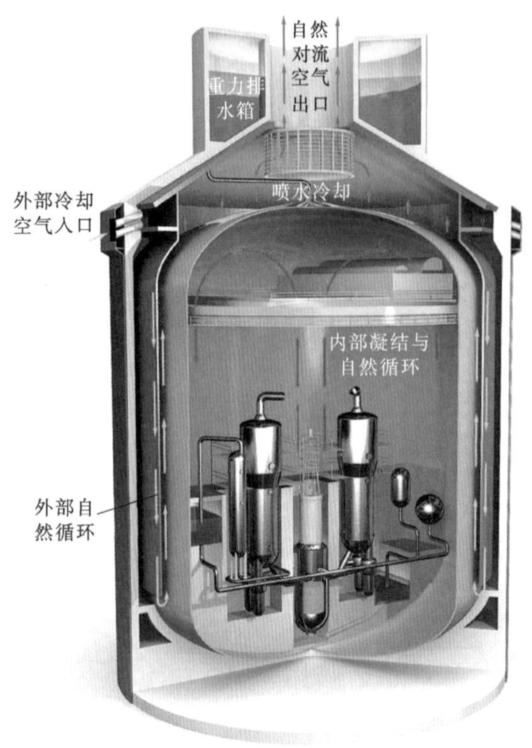

图 2.117 先进压水堆 AP1000 非能动安全壳冷却示意图

40 年延长至 60 年），更短的建设期（48~52 个月）；在经济上能与天然气机组相竞争。也就是说第三代核电站比第二代核电站具有更高的安全性和经济性。第三代核电站把设置预防和缓解严重事故作为设计上必须要满足的要求，这是第三代和第二代在安全要求上的根本差别。

第三代核电站采用了很多预防和缓解严重事故的措施，以降低堆芯熔化和大量放射性向外释放的概率。先进压水堆 AP1000 非能动安全壳冷却示意图如图 2.117 所示。该技术利用自然界物质固有的规律来保障安全：利用物质的重力，流体的自然对流、扩散、蒸发、冷凝等原理，在实施应急处理时冷却反应堆安全壳并带走堆芯余热。具体采用钢制安全壳内部自然循环和外部自然循环降温，必要时可以通过重力驱动的顶部水箱对安全壳进行外部喷淋。

在第三代核电技术领域我国研发出了具有完整自主知识产权、达到国际先进水平的“华龙一号（HPR1000）核电技术”。该技术已成为我国核电走向世界的“国家名片”。华龙一号创新性地采用“能动和非能动”相结合的安全系统、双层安全壳等技术，在安全性上完全满足国际最高安全标准要求，实现了先进性和成熟性的统一、安全性和经济性的平衡、能动和非能动的结合，是当前核电市场上接受度最高的三代核电机型之一。“华龙一号”全球首堆于 2015 年 5 月在福建省福清市开工建设，福清核电站 5 号机组穹顶吊装如图 2.118 所示。

第四代核电站。这代核电站是指目前正在进行概念设计和研究开发的，在反应堆和燃料循环方面有重大创新的核电站。其安全性和经济性更高、废物量极少、无需厂外应急、具有防核扩散能力。第四代核电技术最快也要到 2030 年以后才能开始商业化应用。

第四代核能国际论坛（The Generation IV International Forum，GIF）是对第四代核能系统进行研发的国际组织，是 2001 年由阿根廷、巴西、加拿大、法国、日本、韩国、南非、英国和美国发起成立的。之后，瑞士、欧洲委员会、中国和俄罗斯也加入了该组织。GIF 发展第四代反应堆的目标是提高第四代反应堆的可持续性、安全性和可靠性，提高第四代反应堆的经济竞争力、抗核扩散能力以及实物保护能力。GIF 成员约定共同合作研究开发第四代核能技术。统一考虑先进反应堆和燃料循环技术。正在发展的第四代核电技术主要包括气冷快堆、铅冷快堆、熔盐堆、超临界水冷堆、钠

图 2.118　福清核电站 5 号机组穹顶吊装

冷快堆、超高温反应堆。

根据 GIF 2014 年版的《第四代核能系统技术发展路线图更新图》，钠冷快堆、铅冷快堆、超临界水冷堆和超高温反应堆技术将很有可能成为首批被验证的第四代反应堆技术。

核能展示了美好的前景，但同时对其存在的问题也应保持理性思考。除了人们担忧的核扩散问题外，核废料的处置、核电站的退役和拆除是另外两个值得重视的问题。尽管核燃料燃烧后放射性会随着元素的衰减而逐渐降低，但有些裂解产物需要几百年的时间才能代谢完全。虽然一些国家有建造永久性地下核废料库的计划，但是实质进展都十分有限。因此有观点认为，在不确定问题的解决时间、方案和把握程度之前就将问题制造出来是一种对人类不负责任的行为。

尽管核电站的寿命可以延长到 60 年甚至更长，但是一个毋容置疑的现实是任何核电站都存在被关停的一天。核电站的退役方式包括立即拆除、安全封存和掩埋处理。任意一种方式在执行时都存在困难和障碍。比如法国布雷尼力小型核电站拆除工作于 1985 年开始直至 2005 年才结束，花费了 4820 万欧元，是最初预算的 20 倍。总之，核电站拆除是一项操作复杂、耗资量大、持续期长的艰巨任务。

2.9.3　核聚变技术

氘和氚都是氢的同位素。它们的原子核可以在一定的条件下，互相碰撞聚合成较重的原子核——氦核，同时释放巨大的核能。一个碳原子完全燃烧生成二氧化碳时，只放出 4eV 的能量，而氘-氚反应时能放出 17.8MeV 的能量。

氘-氚的核聚变反应，需要在上千万度乃至上亿度的高温条件下进行。这样的反应，已经在氢弹上得以实现，但是无法控制。用于生产目的的受控热核聚变在技术上还有许多难题。但是，随着科学技术的进步，这些难题正在逐步解决，核聚变可能成为未来的能量来源。

要使原子核之间发生聚变，必须使它们接近到飞米（10^{-15}m）级。要达到这个距离，就要使核具有很大的动能，以克服电荷间极大的斥力。要使核具有足够的动能，必须把它们加热到很高的温度。产生可控核聚变需要的条件非常苛刻。引力约束、惯性约束和磁约束是 3 种主要的可控核聚变方式。

引力约束聚变是太阳核聚变的方式，太阳拥有极大质量，产生一个很强的引力场，以约束高温等离子体。惯性约束聚变是利用激光或离子束作为驱动源，使靶丸中的核聚变燃料形成等离子体，在这些等离子体粒子由于自身惯性作用还来不及向四周飞散的极短时间内，通过向心爆聚被压缩到高温、高密度状态，从而发生核聚变反应。磁约束聚变是指用特殊形态的磁场把氘、氚等轻原子核和自由电子组成的、处于热核反应状态的超高温等离子体约束在有限的体积内，使它受控制地发生大量的原子核聚变反应。磁约束装置有很多种，其中最有希望的可能是环流器（环形电流器），又称托卡马克（Tokamak）。托卡马克是一种利用磁约束来实现受控核聚变的环性容器。它的名字 Tokamak 来源于俄文 toroidal（环形）、kamera（真空室）、magnit（磁）和 kotushka（线圈）的缩写。最初是由位于苏联莫斯科的库尔恰托夫研究所的阿齐莫维齐等人在 20 世纪 50 年代发明的。托卡马克的中央是一个环形的真空室，外面缠绕着线圈。在通电的时候它的内部会产生巨大的螺旋形磁场，将其中的等离子体加热到很高温度，以达到核聚变的目的，托卡马克装置如图 2.119 所示。

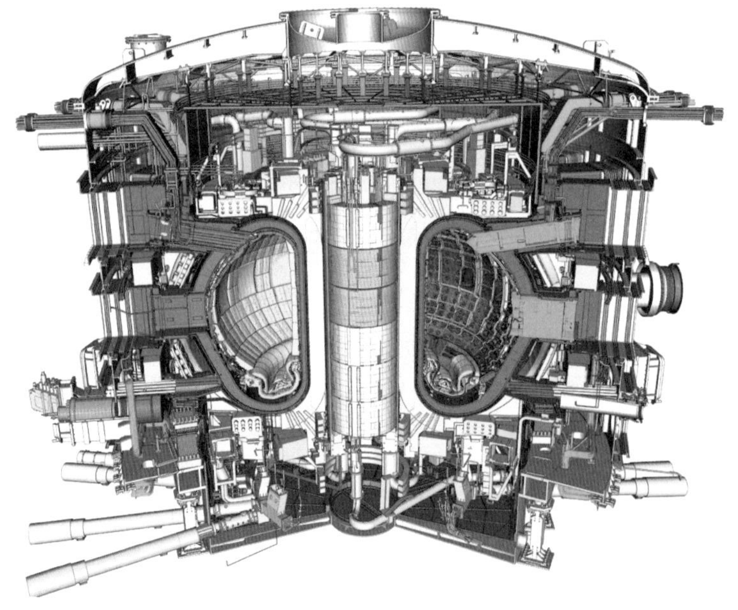

图 2.119　托卡马克装置

2.10　储能

2.10.1　储能方式

随着新能源在电力体系中占比的不断增加，其波动性和间歇性的缺陷对电网的影响愈发显著。因此，为了不损害电网供电的可靠性和电能质量，现代电力系统正变得更加智能。这一方面得益于复杂的控制和通信技术，另一方面则需要储能系统发挥重要的调节作用。除此之外，储能的另一重要用途是满足交通工具的动力需求，尤其是新能源汽车。不同储能方式的应用领域及特点如图 2.120 所示。

根据储存能量的形式不同，当前的储能技术主要有储电技术、储热技术和储氢技术等。其中，最重要的是储电技术。在电力系统的发电、输电、配电和用电环节，配备储能系统可以提高电力系统的调节能力和电能的利用效率，推动新能源电力占比的提升。储能在发电系统中的应用如图 2.121 所示。

2.10.2 储能技术

前已叙及，人类直接使用的能量形式是电能、热能和燃料，因此如何通过电能、热能和燃料（氢气）的储存满足这些用能需求是储能技术要解决的关键问题。常用储能技术实现途径如图 2.122 所示。

2.10.2.1 机械储能

储能技术

1. 抽水蓄能

抽水蓄能是最古老，也是目前装机容量最大的储能技术。第一座抽水蓄能电站于 1882 年在瑞士的苏黎世建成。从 20 世纪 50 年代开始，抽水蓄能电站的发展进入起步阶段。抽水蓄能的应用需要配备上、下两个水库。抽水蓄能电站如图 2.123 所示。在负荷低谷时段，抽水蓄能设备工作在电动机状态，将下水库的水抽到上水库保存。负荷高峰时，工作在发电机状态，利用储存在上水库中的水驱动水轮机发电。抽水蓄能机组类型主要有三机串联式和二机可逆式。三机串联式抽水蓄能机组的水泵、水轮机和发电电动机三者通过联轴器连接在同一轴上。三机串联式抽水蓄能机组如图 2.124 所示。二机可逆式抽水蓄能机组由可逆水泵水轮机和发电电动机两者组成，这是目前的主流结构。二机可逆式抽水蓄能机组如图 2.125 所示。

我国抽水蓄能电站的发展虽然起步较晚，但起点高，这是我国抽水蓄能产业的特点。我国抽水蓄能电站装机容量已居世界第一，截至 2018 年年底，我国抽水蓄能装机容量为 30GW，在建规模为 50GW。据预测到 2030 年我国抽水蓄能装机容量将达 130GW。我国已建和在建抽水蓄能电站主要分布在华南、华中、华北、华东等地区，以解决电网的调峰问题。

2. 压缩空气储能

压缩空气储能是在用电低谷时将空气压缩后储存在大型储藏空间的一种储能方式。压缩空气储能系统由两个循环构成：一是充气压缩循环；二是排气膨胀循环。压缩时，双馈电机作为电动机工作，利用谷荷时的多余电力驱动压缩机，将高压空气压入地下储气洞；峰荷时双馈电机作为发电机工作，储存的压缩空气进入膨胀系统中做功（如驱动燃气轮机）发电，压缩空气储能系统如图 2.126 所示。

压缩的气体可以储藏在报废矿井、山洞、过期油气井、新建储气井或沉在水底的储气袋中。可放置于水底的储气袋如图 2.127 所示。此外，压缩空气储能还被用作汽车动力。人们已经开发出了压缩空气汽车（图 2.128）。这种汽车行驶时可实现零排

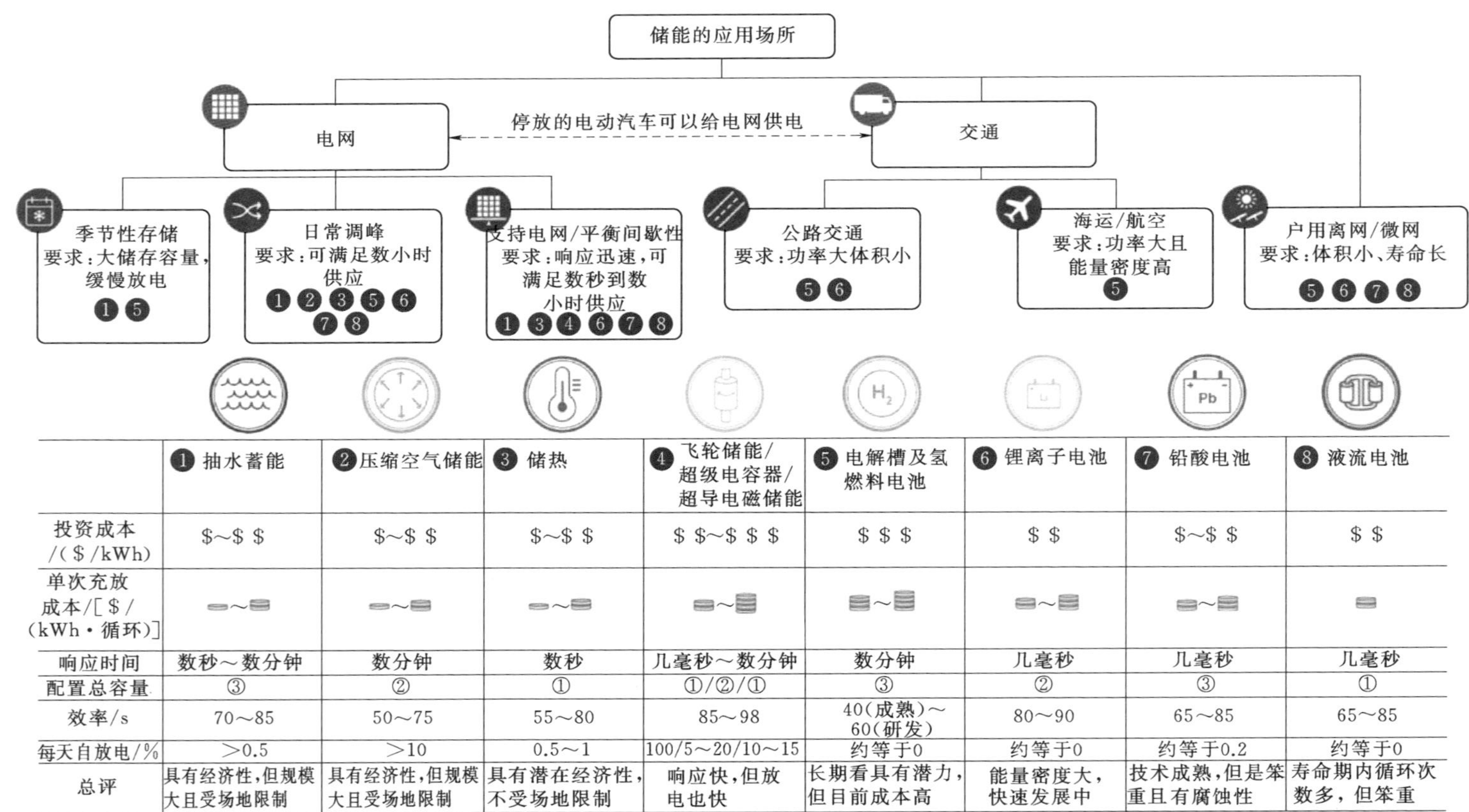

	❶ 抽水蓄能	❷ 压缩空气储能	❸ 储热	❹ 飞轮储能/超级电容器/超导电磁储能	❺ 电解槽及氢燃料电池	❻ 锂离子电池	❼ 铅酸电池	❽ 液流电池
投资成本/($/kWh)	$~$ $	$~$ $	$~$ $	$ $~$ $ $	$ $ $	$ $	$~$ $	$ $
单次充放成本/[$/(kWh·循环)]	~	~	~	~	~	~	~	
响应时间	数秒～数分钟	数分钟	数秒	几毫秒～数分钟	数分钟	几毫秒	几毫秒	几毫秒
配置总容量	③	②	①	①/②/①	③	②	③	①
效率/s	70～85	50～75	55～80	85～98	40(成熟)～60(研发)	80～90	65～85	65～85
每天自放电/%	>0.5	>10	0.5～1	100/5～20/10～15	约等于0	约等于0	约等于0.2	约等于0
总评	具有经济性，但规模大且受场地限制	具有经济性，但规模大且受场地限制	具有潜在经济性，不受场地限制	响应快，但放电也快	长期看具有潜力，但目前成本高	能量密度大，快速发展中	技术成熟，但是笨重且有腐蚀性	寿命期内循环次数多，但笨重

投资成本(1～8h的能源系统，$ =10～100，$ $ =100～1000，$ $ $ =1000～10000)

单次充放电成本(包括投资成本/总充放次数，运行和维护成本)
≤0.01，=0.01～0.10，=0.10～1，=1～10

配置总容量：
1=配置低于100MW/100MWh
2=配置从100MW/100MWh到10GW/10GWh
3=配置大于10GW/10GWh

响应时间：一个储能系统达到满足供能需求所需时间
效率：输出能量与输入能量的比值
每天自放电：储能装置每天能量损失百分率

图2.120　不同储能方式的应用领域及特点

图 2.121 储能在发电系统中的应用

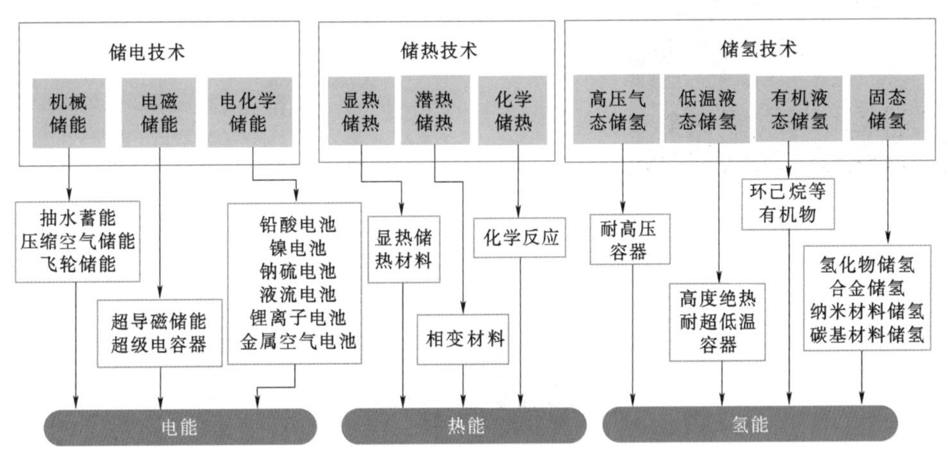

图 2.122 常用储能技术实现途径

放，而且与电动汽车相比，压缩空气储存和推进系统表现出极低的老化现象。

世界上第一座压缩空气储能电厂安装在德国的亨托夫，装机容量 290MW，能够支持电网 3h。第二座压缩空气储能电厂于 1991 年建在美国阿拉巴马州的麦金托什，装机容量 110MW，能够支持电网 26h。这项技术发展的空间有限，主要是缺乏规划造成的。此外，地下地质状况的未知性也使得这一技术的发展具有风险。基于此，人们正在进行各种研究使得压缩空气储能技术发展得更好，比如具有更高的效率、更低的成本等。

3. 飞轮储能

飞轮储能是一种物理储能方式，是将电能以动能形式储存在高速旋转的飞轮中。储能装置由转子、高速轴承、双馈电机、电力转换器和真空安全罩等设备组成。飞轮储能结构与装置如图 2.129 所示。电能驱动飞轮高速旋转，电能转换为飞轮的动能，需要用能时，飞轮减速，电动机用作发电机运行。飞轮的加速和减速实现了充电和放电。

飞轮储能系统突出优势体现在响应速度快。但飞轮储能较低的储能容量、较高的自放电率是制约飞轮储能系统发展的重要技术难题。

图 2.123　抽水蓄能电站
(http：//ozarker. org/energy - storage/)

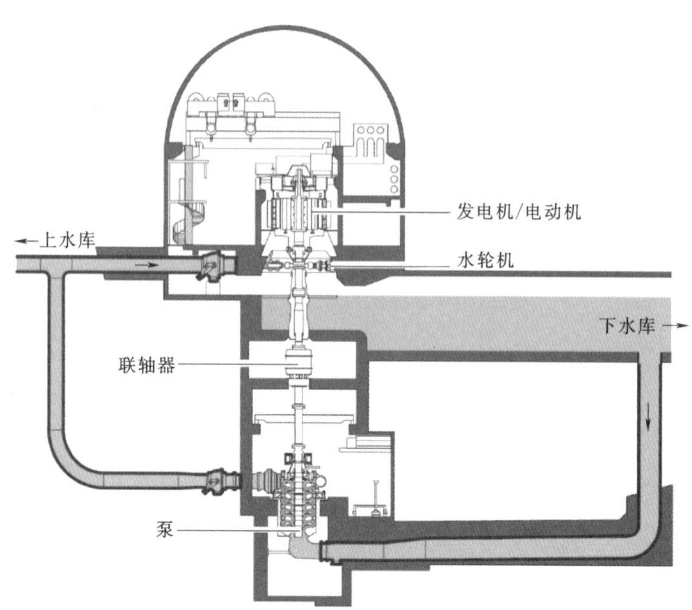

图 2.124　三机串联式抽水蓄能机组

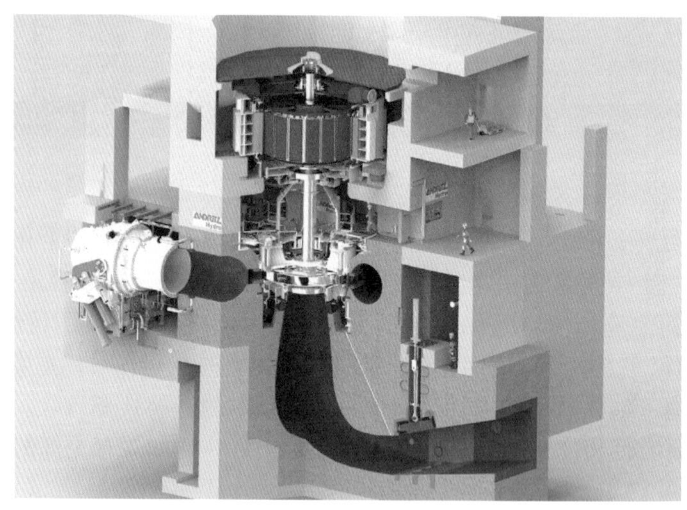

图 2.125　二机可逆式抽水蓄能机组
(https：//www. andritz. com/hydro - en/hydronews/hn32/11 - pumped - storage)

飞轮技术的发展受益于先进的材料，如碳复合材料和永磁电机。飞轮本体是飞轮储能系统中的核心部件，通过采用碳纤维材料制作减轻转子重量，最大限度地增加了飞轮储能系统的储能量。轴承系统通过采用磁悬浮系统，减少电机转子旋转时的摩擦，提高了储能效率。同时，部分真空封装减少了飞轮和电机的气动损失。

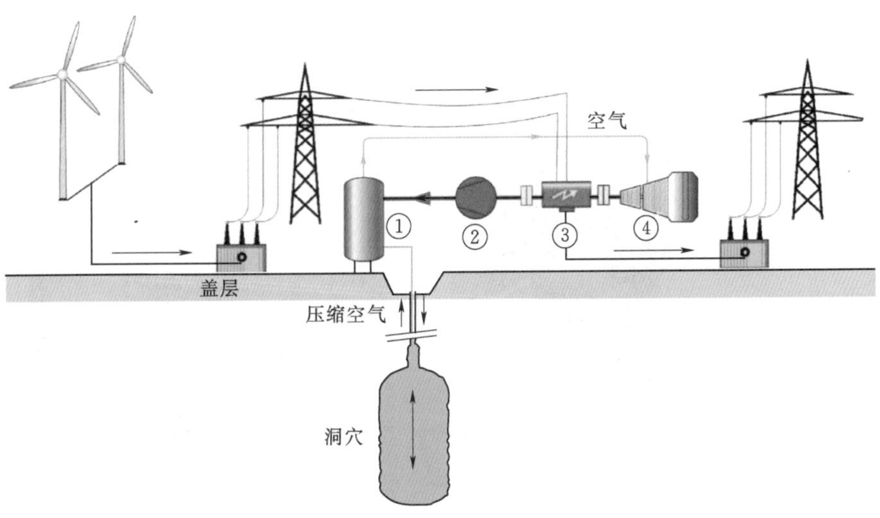

图 2.126　压缩空气储能系统
①—热能储存；②—压缩机；③—电动机/发电机；④—空气透平

图 2.127　可放置于水底的储气袋

图 2.128　压缩空气汽车

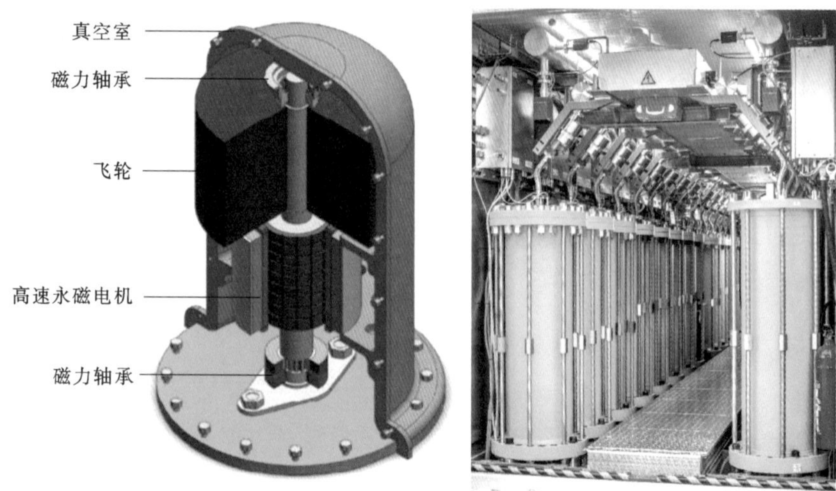

图 2. 129　飞轮储能结构与装置

2. 10. 2. 2　电化学储能

电化学储能系统通常称为电化学电池，能够实现从化学能到电能的可逆转换。与普通手电筒电池等初级电池不同，储能电池也被称为二次电池，它们的电极反应可以按任意方向进行。电化学电池种类繁多，包括铅酸电池、锂离子电池、镍镉电池、镍氢电池、钠硫电池、液流电池等。这里简要介绍目前研究和开发利用最为活跃的锂离子电池。

锂离子电池是指以锂离子嵌入化合物为正极材料的电池的总称，其利用 Li^+ 在正负极材料中的嵌入和脱嵌，从而完成充放电过程。锂离子电池工作原理图如图 2. 130 所示。充电时，Li^+ 从正极材料中脱嵌，经过电解质嵌入负极材料，负极材料处于富锂状态；放电过程则相反。通常锂离子电池以石墨作为负极，以含锂的化合物作为正极，以溶解了锂盐（$LiPF_6$ 或 $LiClO_4$）的有机溶液作为电解液。锂离子电池的隔膜是

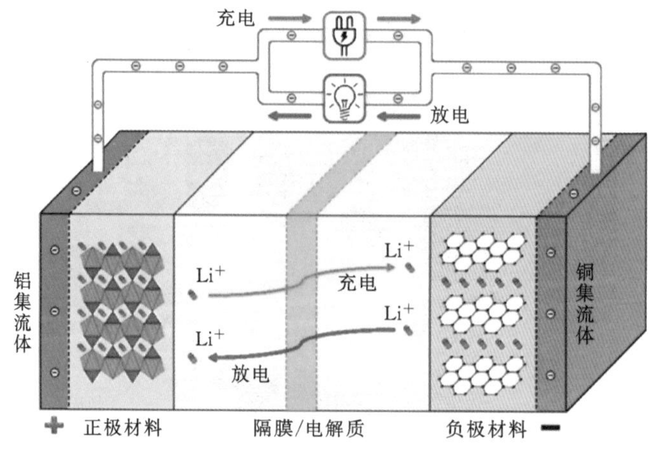

图 2. 130　锂离子电池工作原理图

一种经特殊成型的有微孔结构的高分子薄膜，可以让 Li^+ 自由通过，而电子不能通过。根据锂离子电池所用电解质材料的不同，锂离子电池分为液态锂离子电池（liquified lithium - ion battery，LIB）和聚合物锂离子电池（polymer lithium - ion battery，PLB）。PLB 以其在安全性方面的独特优势，将逐步取代液体电解质锂离子电池，而成为锂离子电池的主流。

锂离子电池已广泛应用于手机、电脑、无人机、机器人、新能源汽车以及电力、通信基站和家庭储能等方面。当前锂离子电池的研发正朝着高能量密度、高安全性能、长寿命、快速充放电和低成本等方向不断发展，以满足新能源汽车、柔性电子设备、人工智能等应用领域的新要求。

通过特殊的设计，一些新型的锂离子电池体系如全固态锂离子电池、水溶液锂电池、柔性锂离子电池等得到快速发展。图 2.131 展示了 Kang 等人通过自组装的方法制备蜂窝结构可拉伸柔性锂离子电池的过程。首先将活性材料（负极为 $Li_4Ti_5O_{12}$、正极为 $LiFePO_4$）、氧化石墨烯（GO）和单壁碳纳米管（CNT）在水中混合均匀，然后将混合液倒入硅模具中并冷冻，混合物冰柱沿温度梯度定向生长，冰晶升华后形成二维蜂窝状微观结构，最后在真空下将氧化石墨烯还原成还原石墨烯（rGO），得到具有蜂窝结构的 rGO - CNT/活性材料复合电极，该电极与凝胶电解质复合组装成可伸缩的柔性锂离子电池，具有很好的形变能力和循环稳定性。

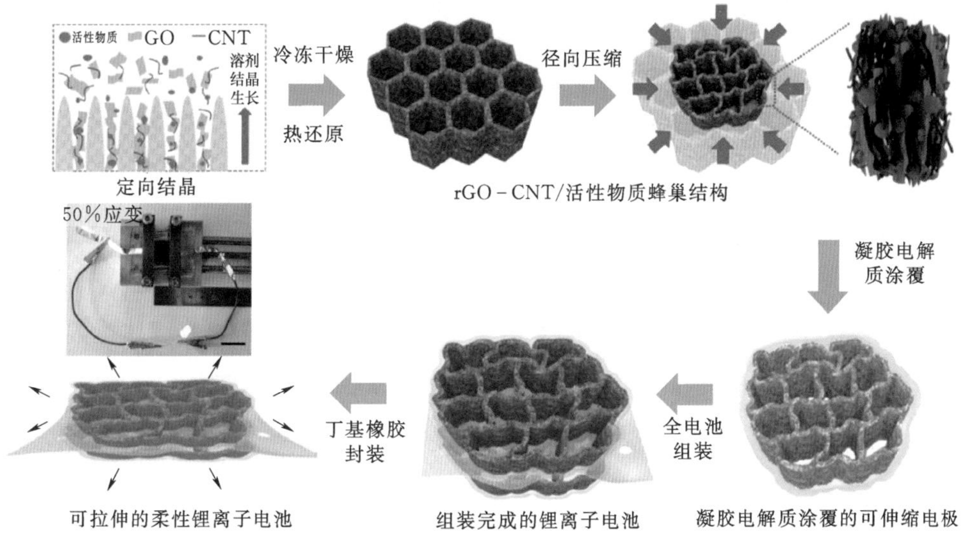

图 2.131　具有蜂窝结构的可拉伸柔性锂离子电池制作过程

（引自：Kang S，et al. ACS Nano 2020，14：3660 - 3668）

2.10.2.3　电磁储能

1. 超导磁储能

超导磁储能（superconducting magnetic energy storage，SMES）是利用超导线圈将电能直接以电磁能的形式储存起来，在需要的时候将电磁能转换为电能输出给负载的储能装置，超导磁储能原理及原型机如图2.132所示。典型的超导磁储能系统由超导线圈、功率调节系统及低温系统三个部分组成。它利用超导体电阻为零的特性，不仅可以在超导体电感线圈内无损耗地储存电能，还可以达到大容量储存电能、改善供电质量、提高系统容量等诸多目的，且可以通过电力电子换流器与外部系统快速交换有功和无功功率，用于提高整个电力系统稳定性、改善供电品质。

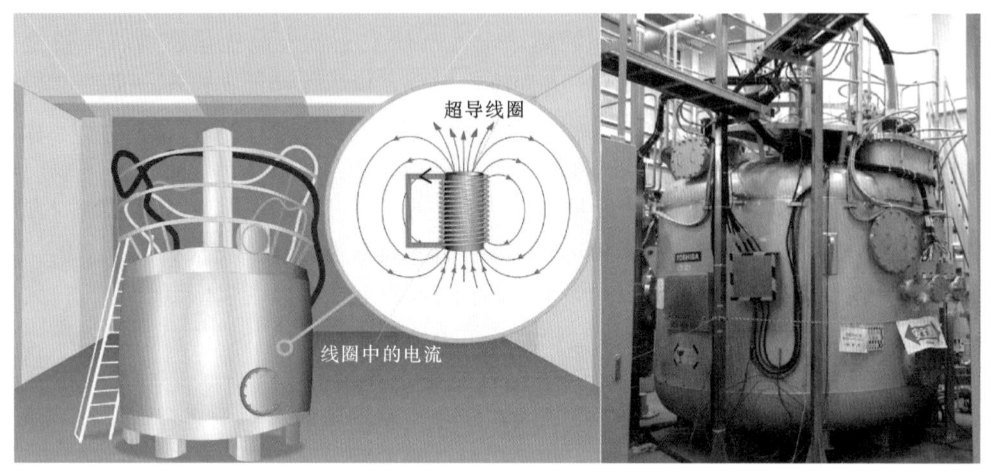

图2.132　超导磁储能原理及原型机

超导磁储能的优点主要有：①装置结构简单，没有旋转机械部件和动密封问题，因此设备寿命较长；②储能密度高，可做成较大功率的系统；③响应速度快（1~100ms），调节电压和频率快速且容易。由于超导线材和制冷的能源需求的成本高，超导磁储能主要用于短期能源如不间断电源和柔性交流输电。

2. 超级电容储能

超级电容器是一种介于常规电容器与化学电池之间的新型储能元件。根据工作原理不同，超级电容器分为双电层电容器、法拉第赝电容器和混合型超级电容器三种。双电层电容器是指通过正负离子在固体电极和电解液之间的表面吸附实现能量存储的电容器，这种静电作用是物理过程，没有化学反应，电极制备材料主要有活性炭、石墨烯等碳材料。法拉第赝电容器也叫法拉第准电容器，是通过在电极表面发生高度可逆的化学吸附或氧化还原反应实现能量存储和转换的电容器，电极制备材料主要有金属氧化物、导电高分子等。混合型超级电容器是指一极采用传统的电池电极并通过电化学反应储存和转化能量，另一极通过双电层储存能量的电容器，通过静电和电化学作用共同储能。

与传统电容器相比，超级电容器具备法拉级别的超大电容量、较高的能量、较宽的工作温度范围和极长的使用寿命，充放电循环次数达到十万次以上，且不用维护。与化学电池相比，具备较高的比功率，能够实现电能的快速充放，且对环境无污染。超级电容器结构和超级电容器产品如图2.133和图2.134所示。

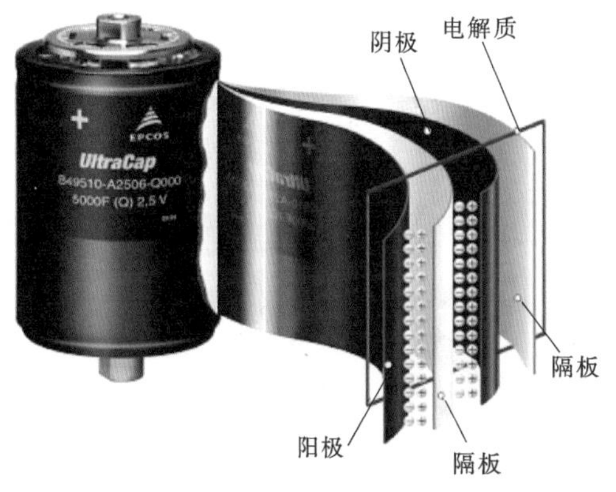

图 2.133　超级电容器结构

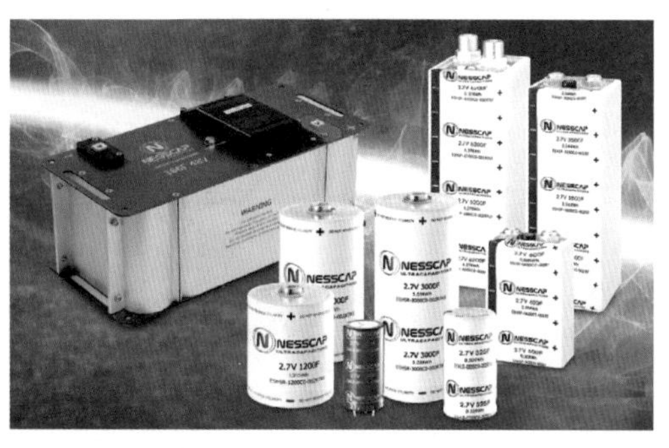

图 2.134　超级电容器产品

2.10.2.4　储热技术

热能储存是储能的另一种重要形式。储热技术的应用很广，多余热量或是太阳能可以用于加热和冷却，高温储能可用于电力生产和工业生产。热能储存系统还可以用来增加能量系统内的灵活性。储热技术包括显热储热、潜热储热和化学储热。

显热储热是利用储热材料的热容量，通过升高或降低材料的温度而实现热量的储存或释放的过程。在太阳能加热系统中，水仍然是液体为基础的系统的主要储热介质，而岩石床用于以空气为基础的系统。

潜热储热主要通过相变材料来实现。常见的相变材料主要有石蜡、盐的水合物和熔盐等，相变材料储热技术已在导热电子元件、恒温服装、节能建筑、清洁供暖等领域得到很好的应用。

化学储热是在分子水平上进行储热，利用化学键的断裂或分解反应吸收能量，然后在一个可逆的化学反应中释放能量。这种方法比显热储热和潜热储热具有更高的能量密度。可以作为化学储能的热分解反应很多，但要便于应用则要满足一些条件：反应可逆性好、无明显的附带反应；正逆反应都应足够快，以便满足对热量输入和输出的要求；反应生成物易于分离且能稳定储存，反应物和生成物无毒、无腐蚀性和无可燃性等。当然，要完全满足这些条件是困难的。

从理论上讲，用于储热的化学物质可以储存很长一段时间而不损失任何储存的能量。而实际情况是完成这种转换和存储所需的化学物质要么在几个循环内降解，要么含有稀有而昂贵的元素钌。针对此问题，麻省理工学院研究了一种用碳纳米管制成的储存太阳能的化学储热材料，这种化学结构不仅比以前的含钌化合物更便宜，而且它的能量密度可以与锂离子电池相媲美。

太阳能热化学储存使用的分子，其结构在阳光照射下会发生变化，并且可以无限期地保持这种形式的稳定。当受到催化剂的刺激，或者一个微小的温度变化，或者一束光的照射时，它能迅速恢复到它的基态形式，并释放出储存的热能，太阳能热化学储热过程如图 2.135 所示，1~6 代表储热和放热过程，（1）~（6）代表相对应的能量变化过程。该方法的一大优点是，它将太阳能的收集和储存过程实现了合二为一。

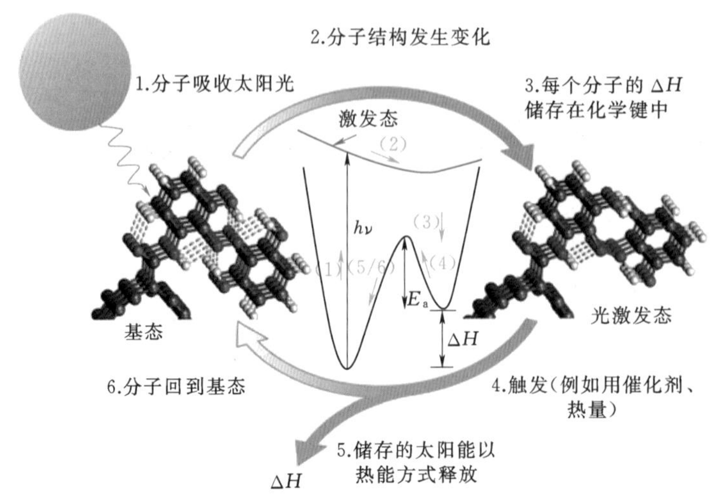

图 2.135　太阳能热化学储热过程

2.11　智能微电网

2.11.1　微电网及其典型特征

微电网是由分布式可再生电源、负荷、储能系统与控制装置组成的小规模分散式电力系统。微电网结构示意图如图 2.136 所示。微电网系统具有智能闭环控制功能，可实现自我控制、保护与能源管理，既能与外部电网并网运行，亦可脱离大电网在孤网条件下独立运行。相对传统大电网而言，微电网系统可实现小规模自我控制，按照一定电力拓扑结构与电网进行能量交互，成为大电网的有效补充。

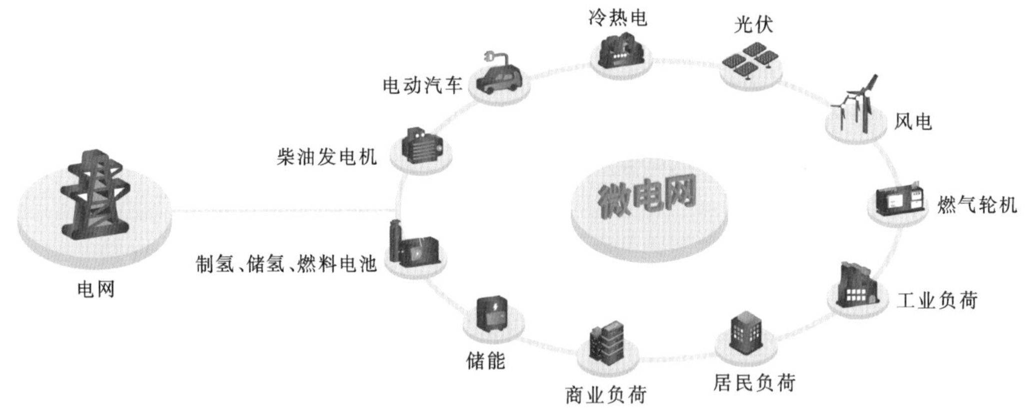

图 2.136　微电网结构示意图

1. 微电网典型特征

(1) 结构开放，方便扩展。微电网作为电力系统的智能分支，灵活开放的电力架构方便接纳新的可再生电源、储能与用电负荷。电气拓扑结构是微电网结构特征的重要表现形式，可展示电气接线结构、交直流母线结构及相应负荷与可再生电源在电气结构中的节点位置。微电网的拓扑结构是由负荷特性、分布式电源、电能质量等多种因素共同决定的。交直流母线在整套拓扑结构中占有非常重要的地位，可在功率允许范围内接纳更多分布式电源与负荷的接入，并通过公共连接点与外电网进行能量交互。

（2）中低压，小容量。分布式电源利用最大化是微电网设计的核心理念，因此微电网的设计要将分布式电源尽量靠近负荷，降低输电与变电过程中的能量损耗，这就在一定程度上决定了微电网小容量接入中低压电网的特点。

（3）控制灵活，切换快速。根据微电网与外接电网的关系，可以将微电网的运行模式分为孤网运行和并网运行两种方式，与电网脱离时成为孤网状态，与电网连接时成为并网状态。在孤网状态下，微电网依靠内部电源满足负荷的应用需求。在并网状态下，微电网通过公共连接点与外接电网进行能量交互，并将母线电压、频率、相位等参数与外电网相匹配。公共连接点可采用机械式控制或电力电子装置控制，根据控制策略的要求完成微电网的孤网或并网状态的切换。电力电子控制方式可以使切换时间缩短至20ms以内，实现工频条件下的无缝切换。

2. 微电网核心设备

微电网核心设备包括分布式电源、储能装置、储能变流器、中央控制装置和监控保护装置。

（1）分布式电源。微电网作为智能电网的重要组成部分，在本地能源局域网范围内必须配备有发电单元。结合我国微电网的发展状态，我国现在的微电网建设中可将分布式光伏发电、分散式风力发电、柴油发电机、小微型燃气轮机、氢燃料电池等多种发电形式接入到微电网中。

（2）储能装置。微电网系统选用的储能方式主要包括电化学储能、储热、势能储能和动能储能等多种形式，结合储能的应用场景和控制方式，目前电化学储能在微电网储能中处于主流地位。储能可作为微电网中的能量调节单元及应急供电装置。控制策略是微电网智慧运行的重要载体，储能在控制策略的执行中扮演重要角色。

（3）储能变流器（power conversion system，PCS）。储能变流器可控制蓄电池的充电和放电过程，进行交直流的变换，在孤网运行状态下可以直接为交流负荷供电。PCS由DC/DC双向直流变换器、DC/AC双向变流器、控制单元等构成，其控制器接收控制指令，根据功率指令要求控制变流器对电池进行充电或放电，实现对电网的功率调节。PCS在微电网系统中处于核心地位，所有与储能相关的控制策略都需要通过PCS来执行。微电网进行孤网运行状态与并网运行状态切换时，PCS可以完成毫秒级切换，确保实现运行状态的无缝切换。

（4）中央控制装置。微电网中央控制装置是整个微电网的核心控制装置，通过它可以实现微电网的并、离网切换与能量流动控制，执行特定控制策略。

（5）监控保护装置。微电网系统中包括有大量的电源、储能和配电节点，需要有完善的监控系统对微电网系统中每个节点进行数据采集与控制。监控系统主要有集中式监控和分散式监控两种形式。

2.11.2 微电网运行控制方式

微电网运行控制是微电网应用技术的核心和热点问题，需要在可再生能源最大化的前提下开展各电源的运行控制，以满足安全运行、电能质量与经济评价的综合要求。微电网具有完整的发电、输电、变电、配电控制、负荷及相应的通信保护系统。系统内部电源类型、渗透率、输出特性、负荷特性、电能质量、控制策略等因素都会影响微电网的控制方法。微电网需要一套区别于传统电力系统的高效运行控制方法，能够对储能及可再生电源进行能量调度与功率平衡控制，以满足系统在孤网与并网状态下的运行条件。

微电网的控制主要包括主从控制和对等控制两种模式，通过执行不同状态下的控制策略来实现微电网的安全运行。

微电网一般应具备孤网和并网两种常态运行模式。据此可以将微电网控制策略分为孤网控制策略、并网控制策略和切换控制策略三种形式。

2.11.3 储能在微电网中的作用

储能系统是微电网中的支撑电源，对微电网电能质量提升、电力调峰、短时供电与电源性能提升等具有决定性作用，因此掌握储能系统在微电网中的工作模式和作用对理解微电网的运行模式有很大帮助。

（1）电能质量提升。随着电网中负荷需求的变化，人们对电能质量的关注度也逐步提高。特殊负荷对供电电源的电压与频率等内容均有要求，因此微电网在孤网状态下运行时，其供电形式须满足负荷对电能质量的要求。微电网在并网运行时可看作大电网的一个电源，因此其功率因数、谐波畸变率、电压闪变及不对称度等内容必须满足大电网对接入电源的要求。微电网系统中会接入光伏、风电等可再生能源，由于此类电源的间歇性等特点，其输出功率会随气象信息的变化而改变，从而引起电能质量的下降。储能系统通过检测可再生电源的输出特性调整输出，电能质量可得到相应提升。储能提升电能质量效果示意图如图 2.137 所示。

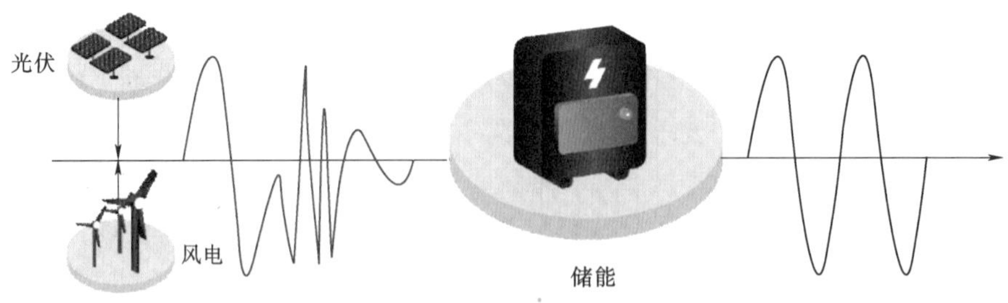

图 2.137 储能提升电能质量效果示意图

（2）电力调峰。微电网系统中存在大量分布式电源，其负荷量也具有间歇性和波动性，因此在装机容量较小的微电网中，系统自我调节的能力相对较差。电源与负荷的波动会给微电网的稳定运行带来很大隐患。在微电网系统中，储能系统可扮演调峰电厂的角色，与可再生电源供电形成有效互补，成为微电网系统中的有效能量缓冲。储能电力调峰示意图如图 2. 138 所示。

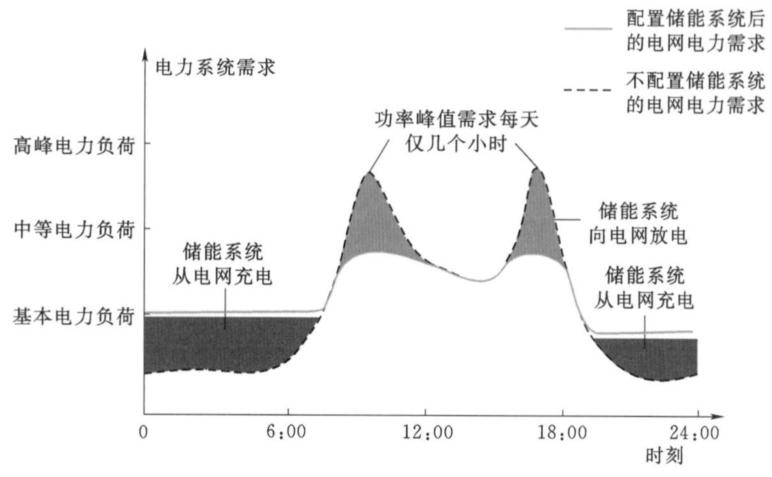

图 2. 138　储能电力调峰示意图

（3）短时供电与电源性能提升。微电网在孤网运行状态下，可再生电源发电功率小于负荷功率时，储能系统将作为供电单元为负荷补充供电。此外，微电网在并网运行模式向孤网运行模式切换时，会存在一定程度的功率缺失，此时储能系统会输出相应功率确保能量平稳过渡，保证系统稳定运行。

思考题

1. 你能从哪些角度在不同的新能源之间建立起有效的关联？
2. 请辩证地分析太阳能、风能、生物质能和核能的环保特性。
3. 请在查阅文献的基础上，归纳和总结人工光合作用的研究进展。
4. 围绕海洋波浪能采集，你能提出创新的方法吗？
5. 请分析生物质能的转化利用在生态循环中的地位和作用。
6. 你能设计一个人工装置将太阳能转换为风能吗？
7. 综合各种新能源技术，分析催化剂在新能源转换或转化过程中的作用。
8. 请利用思维导图分别绘制新能源发电、供热和生产燃料的技术途径。
9. 全球能源互联网建设能从哪些方面推进新能源的开发利用。
10. 请围绕新能源转换利用提出 1~2 个有价值的问题。

第3章

新能源专业素养的培养

新能源科学与工程专业和新能源材料与器件专业，是2010年首次设置的国家战略性新兴产业相关专业，是教育部为应对全球能源转型和国家能源革命做出的重大部署。其目标是面向产业和科技发展需求，培养新能源工程师及工程科学家。作为身处第四次工业革命时代且有志于成为卓越新能源工程师或工程科学家的大学生，需要在大学四年当中学习哪些知识，培养哪些能力，提升哪些素质，以便使自己成为一个德智体美劳全面发展的社会主义建设者和接班人。这些均需要在大一阶段就形成较为全面的认识。为此，本章将对新能源专业知识体系和课程体系进行全面解析，从学习能力、思维能力、实践能力与创新能力等方面系统介绍大学生应重视培养的能力，并从基本素质和现代工程意识两方面阐释工科生应着重提升的素质。

3.1 科学与工程

3.1.1 科学

基于科学与工程之间的密切关系，作为工科生应对科学有更深入的认知，不仅要了解科学是什么，认识科学的功能和价值是什么，还应该对科学哲学有所涉猎。

什么是科学？这似乎是一个很容易回答的问题。大家都知道物理学、化学、生物学等学科属于科学，而音乐、美术、宗教则不属于科学。从这个意义上来理解，科学是以物理学为基础不断扩展形成的一套客观知识体系。科学的另一个含义是获得客观知识的活动，即对客观世界探索和发现的过程。

科学的价值和功能是什么？对此，人们最容易想到的是科学能为人类创造物质财富。它以其衍生物技术为中介，转化为无与伦比的物质力量，从而给人类创造了巨大的福利。在科学的物质价值深入人心的时代，我们不应忽视其所具有的深邃而悠远的精神价值和功能，例如，破除迷信和教条的功能，推动社会秩序重构、解决社会问题的功能，促进社会民主、自由的功能，塑造世界观和智力氛围的功能，认识自然界和人本身的功能，提供解决问题的方法和思维方式的功能，训练人的心智和提升人的思想境界的功能，给人以美感和愉悦感的功能等。关于这些功能的详细含义，请参阅李醒民教授的《论科学的精神功能》一文。

要想对科学及其功能有更为深入的认知，需要对科学史有一定的了解。当前科学已渗透到人类生活的方方面面，我们往往不再对身边的科学表现出惊奇，甚至对它习以为常，而学习科学史可以改变这种状况。培根曾说过，读史可以使人明智。通过回顾历史，可以从科学史中汲取营养和智慧。比如，科学史能使我们系统认识科学思想的演化逻辑和历史进程，从而破除对科学理论神圣化和教条化的认知，更加理性地看待科学。同时，科学史有助于理解自然的统一图景。以能量守恒原理为例，该原理的确立就是基于人们在多个领域开展的研究。第一是对热与机械运动相互转化的研究，美国人本杰明·汤普森在开展炮膛钻孔实验时，发现只要不停地钻，几乎可以不停地放热，这促使人们研究热量与做功之间的关系。第二是在化学和生物学方面的研究。德国化学家李比希设想，动物的体热和活动的机械能可能来自食物所含的化学能；俄国化学家赫斯提出的赫斯定律指出：在条件不变的情况下，化学反应的热效应只与起始和终止状态有关，与变化途径无关。第三是电学和磁学的研究。德国物理学家楞次在研究电流的热效应时发现，通电导体放出的热量与电流的平方、导体的电阻及通电时间成正比，这直接导向能量守恒定律的精确形式。该定律的确立很好地说明了自然科学的统一性。在学科分化日益精细的今天，我们尤其需要重视自然界这种统一图景。这里推荐阅读北京大学吴国盛教授所著的《科学的历程》一书。

大学生还应该对科学哲学有所涉猎。科学哲学问题能将人们的思考引向更加深入和更具挑战性的境界。比如如何区分科学与伪科学的问题。下面以哲学家卡尔·波普尔提出的“科学理论的基本特征是它应具有可证伪性”为例来一窥哲学问题的挑战性。

称一个理论是可证伪的不是说它是错的，而是说该理论能够做出一个可以用经验或实验进行检验的特定预测，如果这个预测可以被发现或证明是错误的，这一理论就具有了可证伪性。为了证明他的这一观点，波普尔把爱因斯坦的广义相对论与弗洛伊德的精神分析理论进行了比较。他认为前者可以通过实验或观察得出一个与理论一致或不一致的结论，也就是说可以判断出真或者伪，具有可证伪性，因此是科学。而后者则可以通过解释使现象或结果与理论始终相一致，也就是无法被证伪，因此是非科学。根据广义相对论，爱因斯坦做出了一个明确的预测：来自遥远星球的光线会在太阳引力场的作用下发生偏折现象。为了验证这一预测可以设计观测实验，如果观测结果表明星光没有被太阳偏折，就可以证明广义相对论是错误的。因此，广义相对论具备可证伪性，符合波普尔的科学标准。实际上，1919 年在发生日食时，英国天文学家通过观察发现星光确实被太阳偏折了，而且偏折值几乎与爱因斯坦的预测完全一致。

波普尔认为，可以解释每件事的理论，实际上没有解释任何事。按照他的观点，精神分析者可以解释人为什么要谋杀，又可同样灵巧地解释人为什么要牺牲自己的性命去救别人。据此，他认为弗洛伊德的精神分析理论最不具备科学特质之处就在其不可证伪性。为此，他用下面的例子阐述了他的观点，即设想有一个带有蓄意谋杀倾向的人，把一个小孩推到了河里，而另一个人为了救这个小孩牺牲了生命。他认为弗洛伊德学派能够以同样轻易的方式解释两个人的行为：前者精神不正常，后者已经获得了精神的升华。波普尔据此认为精神分析是在任何语境下都无法证伪的理论。

波普尔批评弗洛伊德学派通过解释来回避与他们理论相矛盾的任何资料数据，而非接受理论被推翻的事实。这看起来的确是值得怀疑的做法，然而，这也是很多科学家所做的事情。科学家不会一遇到与观察数据相矛盾的情况就立即放弃他们的理论，他们通常所做的首先也是寻找解决矛盾的方法。海王星就是通过这种做法被发现的。牛顿万有引力理论预测了行星围绕太阳旋转时应在的轨道。多数情况下，这些预测被观测所证实，然而在观测到天王星时其轨道却与理论预测不一致。为了解释这一异常现象，科学家推断是另外一颗还没有被发现的行星对天王星产生了附加引力作用，并计算出了这颗行星应该在的位置，不久，人们几乎“恰好”在该位置发现了海王星。

波普尔提出的科学标准的失败暴露了一个重要问题，那就是能否找到所有被称为“科学”之物所共有，并且不被任何他物所拥有的特征。

对更多科学哲学问题的探讨建议大家去读一读萨米尔·奥卡沙的《科学哲学》。接下来，我们将视线从理论转回应用，来认识科学与技术的关系。

人们习惯于把科学和技术连在一起，统称为“科技”。实际上两者既有密切联系，又有重要区别。简单来说，科学解决理论问题，技术解决实际问题。科学的宗旨是发现自然界中确凿的事实与现象之间的关系和规律，并通过建立理论把事实与现象联系起来；技术的任务则是把科学的成果应用到解决实际问题中去。因此，科学与技术是辩证统一的关系，科学离不开技术，技术也离不开科学，它们互为前提、互为基础。例如，基础科学（物理、化学、生物、天文、地学）都离不开实验和观察技术。近代天文学的进步应该归功于望远镜的发明，而微生物学的建立则离不开显微镜的发明。相应地，许多高新技术（电子技术、计算机技术、激光技术等）又离不开科学的指导，如量子计算机正是依据量子理论而研发的高性能计算机。现代科学的发展，一开始就依赖于先进的技术手段，人们对宇宙天体的研究就是借助先进的实验装置才得以进行的，例如借助射电望远镜，图3.1是我国于2016年建成的世界最大单口径射电望远镜，其口径超过500m。科学对技术的依赖性越来越强，出现了“科学技术化”的趋势，同时，技术也更加科学化。

图3.1 世界最大单口径射电望远镜—中国天眼

3.1.2 工程

工程是科学和数学的某种应用，通过这一应用，使自然界的物质和能量的特性能够通过各种结构、机器、产品、系统和过程，以最短的时间和精力以及较少的人力做出高效、可靠且对人类有用的东西。工程也指将自然科学的理论应用到具体工农业生产部门中，形成的各学科的总称，例如能源工程、环境工程、机械工程等。工程的基本功能是“造物”，随着社会的发展，工程师造出的产品越来越复杂，功能也越来越强大，例如航母、桥梁、高铁、飞机等。现代工程的特点决定了工程活动不是分散的、独立的个体行为，而必须是社会组织行为，且工程越复杂，对社会分工合作的要求也越高，我国的商用大飞机就是一个典型的案例，见图3.2。

工程的主要依据是数学、物理学、化学，以及由此产生的材料科学、固体力学、流体力学、热力学、运输过程和系统分析等科学知识。依照工程与科学的关系，工程的所有分支领域主要职能如下：

（1）研究。应用数学和自然科学概念、原理、实验技术等，探求新的工作原理和方法。

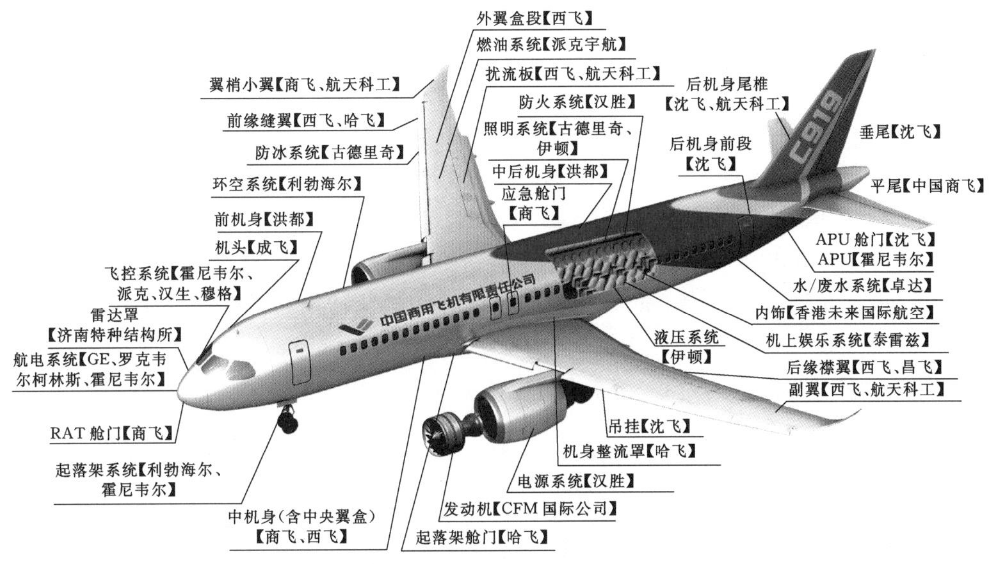

图 3.2　我国商用大飞机以及合作单位

（2）开发。解决把研究成果应用于实际过程中所遇到的各种问题。

（3）设计。选择不同的方法、特定的材料并确定符合技术要求和性能规格的设计方案，以满足结构或产品的要求。

（4）施工。施工包括准备场地、存放材料、选定既经济又安全并能达到质量要求的工作步骤，以及组织人员和利用设备。

（5）生产。在考虑人和经济因素的情况下，选择工厂布局、生产设备、工具、材料、元件和工艺流程，进行产品的试验和检查。

（6）操作。管理机器、设备以及动力供应、运输和通信，使各类设备经济可靠地运行。

（7）管理及其他职能。

工程与技术是两个不同的研究对象，有着本质区别。工程活动是以建造（制造）为核心，而技术活动是以发明为核心。任何时代的工程活动都是以技术为基础的，而技术的选择会间接影响工程发展的方向、模式和速度。相比较而言，工程技术更偏重于实用技术。

工程涵盖的范围、涉及的领域比技术宽。工程不仅包括技术的集成，还包括技术与经济、技术与社会、技术与文化等其他要素的集成过程。工程方法包括精神性和物质性的方法，即工程思维方法和工程工具方法。工程方法的整体结构包括硬件、软件和斡件三个部分。硬件是指工程活动所必需的工具、设备等，软件则是指硬件的操作方法、程序、工序等，斡件是指工程活动的组织管理艺术。

为实现全面和综合发展，工科学生既要注重科学、技术素养的培养，又要加强工程素养的训练。在这方面，被广受关注的 STEM 教育遵循的正是这一理念。STEM 是科学（science）、技术（technology）、工程（engineering）和数学（mathematics）四门学科英文首字母的缩写。通过这四个学科的互相结合，打破常规学科界限，注重鼓励学生在科学、技术、工程和数学领域的发展和提高，培养学生的综合素养与能力。

3.1.3 新能源科学与工程

根据上述对科学和工程定义的分析，我们可以看出，科学的目的在于探索和揭示自然界物质运动形式的基本规律，回答研究对象“是什么”“为什么”的问题，并为技术、工程提供理论指导。技术、工程回答“做什么”“怎么做”和“怎么做得更好”的问题，工程侧重将科学和技术知识进行综合并应用于实践，并在具体的实践过程中总结经验，创造新技术、新方法，使科学技术迅速转化为社会生产力。科学、技术和工程的特点可简要概括如下：

（1）科学——探索的过程和结果。

（2）技术——造物的方法和手段。

（3）工程——造物的过程和结果。

新能源科学与工程的学科功能是探索和揭示新能源转换利用过程中的规律，研究开发能提高新能源转换利用效率的方法和手段，并将相关的规律、方法和手段应用于新能源发电、燃料生产和供热等工程实践。

新能源转换利用过程中通常会同时涉及科学、技术和工程问题。以光伏发电为例，有关光伏发电的机理是科学问题，而如何提高光伏发电效率、降低成本等则是技术问题，如何规划、设计、建设光伏电站，并进行有效管理则是工程问题。以光热发电为例，通过热发电途径将太阳能转换为电能，涉及四个过程：①光的捕获与转换；②热量的吸收与传递；③热量的储存与交换；④热电转换。在这四个过程中，各个能量传递与转换环节的热传递机理，以及光—热—电转换系统的集成理论研究属于科学范畴，而如何提高聚光效率和蓄热效率则是技术问题，将聚光技术、蓄热技术、太阳跟踪技术、运行管理技术应用于太阳能聚光电站的设计、建设、运行和管理，则是工程问题。以生物燃料为例，将秸秆等木质纤维转化为燃料乙醇，涉及秸秆收储运，原料预处理，纤维素水解、发酵，乙醇精制等过程。在这些过程中，木质纤维素产生抗生物降解屏障的机理属于科学问题，如何通过木糖和葡萄糖的共发酵提高原料转化率则属于技术问题，而原料的收集、储存与运输则属于工程问题。

3.2 工程教育

根据教育部颁布的《普通高等学校本科专业目录（2020年）》，我国高等教育共分为12个学科门类，即哲学、经济学、法学、教育学、文学、历史学、理学、工学、农学、医学、管理学、艺术学。其中工学门类下设31个专业类，新能源科学与工程和新能源材料与器件是分属于能源动力类和材料类的特设专业，属于工程教育范畴。为便于叙述，除非特别说明，均以“新能源专业”来统称这两个专业。

从人才培养规模角度看，工程教育在高等教育中占据优势地位。我国工科在校生约占高等教育在校生总数的1/3。2016年，工科本科在校生538万人，毕业生123万人，专业布点17037个。工程教育的目标是培养工程师和工程科学家，“科学—技术—工程”范畴的工程职业见图 3.3。新能源专业设置的目的就是为新能源行业培养工程师和工程科学家。

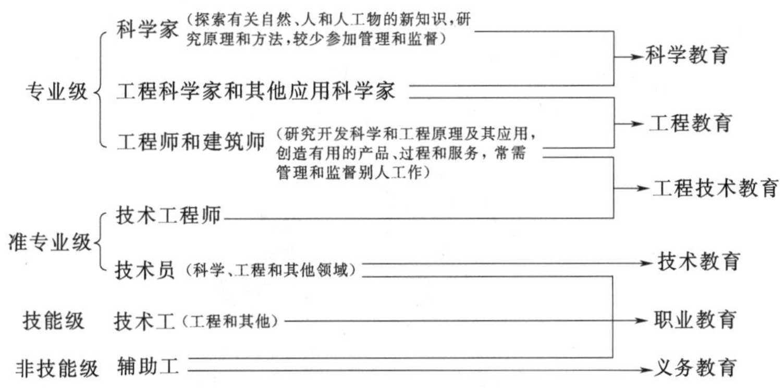

图 3.3 “科学—技术—工程”范畴的工程职业
（引自浙江大学王沛民教授报告）

制造业是集合科学、技术与工程于一体的行业，对国家产业结构、经济、社会的影响最为广泛。目前，在制造业国际化的推动下，我国经济已经步入全球化时代，对国际经济的影响也越来越大，这其中制造业的贡献很大。但与制造业领先国家相比，我国制造业仍然大而不强，在自主创新能力、资源利用效率、产业结构水平、信息化程度、质量效益等方面差距明显，转型升级和跨越式发展的任务紧迫而艰巨。制造业作为国民经济的主体，是立国之本、兴国之器、强国之基。历史一再证明，没有强大的制造业，就没有国家和民族的强盛。打造具有国际竞争力的制造业，是我国提升综合国力、保障国家安全、建设世界强国的必由之路。为此我国实施了制造强国战略，并在 2015 年发布了实施制造强国战略第一个 10 年的行动纲领——《中国制造 2025》，明确了十大重点领域（图 3.4），在电力装备领域明确提出“推进新能源和可再生能源装备、先进储能装置、智能电网用输变电及用户端设备发展。”在新材料领域提出了“高度关注颠覆性新材料对传统材料的影响，做好超导材料、纳米材料、石墨烯、生物基材料等战略前沿材料提前布局和研制。”这些内容都与新能源密切相关。

教育部原部长周济院士曾指出：“在工业化进程中，制造业是国民经济的物质基础和重要产业，是一个国家实现现代化的原动力”。正因为我国已成为“世界工厂”，我国经济才得以步入全球化时代；而经济全球化程度越高，制造业的国际化程度也就越高。这方面的发展必然要求工程技术人员的国际化。实际上，伴随着各国制造业的全球化，工程师的跨国流动越来越多，工程教育也因此呈现出全球化趋势。

在上述背景下，我国工程教育正面临本国制造业全球化和工程教育全球化的双重挑战和机遇。

3.2.1 工程教育国际认证

为实现本科工程学历在国际上的互认，1989 年，美国、英国、加拿大、爱尔兰、

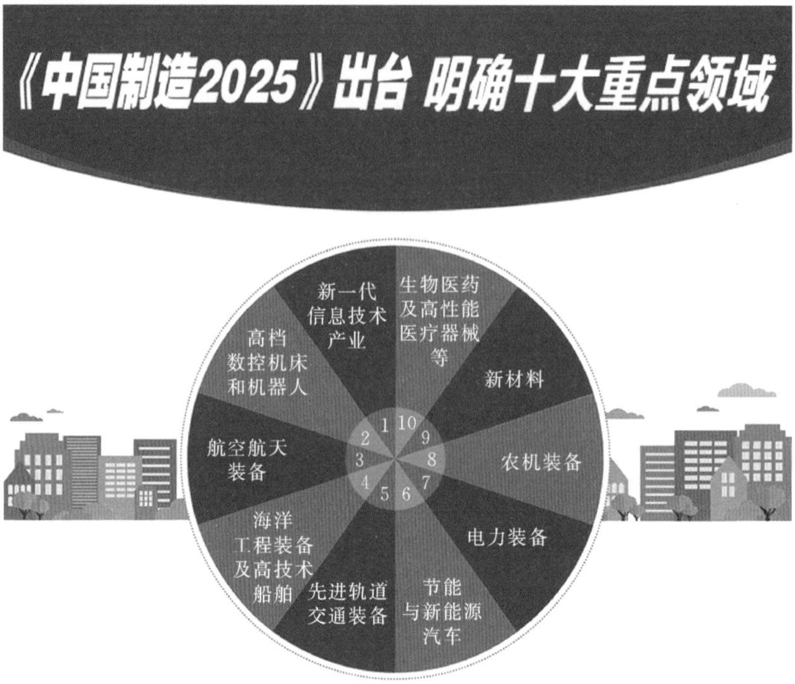

图 3.4 《中国制造 2025》提出的十大重点领域

澳大利亚、新西兰 6 个国家的民间工程专业团体发起并签署了《华盛顿协议》，其宗旨是通过多边认可工程教育认证结果，实现工程学位互认，促进工程技术人员国际流动，推动工程师跨国执业。该协议主要针对国际上本科工程学历（一般为四年）资格进行互认，确认由签约成员认证的工程学历基本相同，并建议毕业于任一签约成员认证专业的人员，均应被其他签约国（地区）视为已获得从事初级工程工作的学术资格。该协议提出的工程专业教育标准和工程师职业能力标准，是国际工程界对工科毕业生和工程师职业能力公认的权威要求。2016 年，我国成为《华盛顿协议》的第 18 个正式成员。

国际工程师互认体系六个协议，即《华盛顿协议》《悉尼协议》《都柏林协议》《国际职业工程师协议》《亚太工程师协议》和《国际工程技术员协议》中，《华盛顿协议》是最具权威性、国际化程度较高、体系较为完整的协议，是加入其他相关协议的门槛和基础。《华盛顿协议》所有签约成员均为本国（地区）政府授权的、独立的非政府专业性团体。

《华盛顿协议》的主要内容包括：①各正式成员所采用的工程专业认证标准、政策和程序基本等效；②各正式成员互相承认其他正式成员提供的认证结果，并以适当的方式发表声明承认该结果；③促进专业教育完成工程职业实践所需的教育准备；④各正式成员保持相互的监督和信息交流。

美国工程教育的认证由美国工程与技术认证委员会（Accreditation Board for Engineeringand Technology，ABET）负责，其网址为：http：//www. abet. org。ABET 成立于 1932 年，是美国在应用科学、计算机、工程和技术专业认证领域最权威的认证机构，全美目前有 550 所大学的 27000 多个相关专业通过其认证。

ABET 制定了 11 条工程教育专业认证标准，亦可视为培养工程师的标准：

（1）具备应用数学、科学与工程等知识的能力。

（2）具备设计、实验分析与数据处理的能力。

（3）具备根据需要设计一个部件、一个系统或一个过程的能力。

（4）具备经多种训练形成的综合能力。

（5）具备验证、指导及解决工程问题的能力。

（6）具备对职业道德及社会责任的了解。

（7）具备有效表达与交流的能力。

（8）懂得工程问题对全球环境和社会的影响。

（9）具备终身学习的能力。

（10）具备有关当今时代问题的知识。

（11）具备应用各种技术和现代工程工具去解决实际问题的能力。

这 11 条可视为一名合格的现代工程师应具备的知识、能力和素质标准。经 ABET 认证通过的专业，学生毕业后可获得 ABET 认证的工程专业学位，此学位可以在各成员国之间互认。

美国工程师的注册工作由美国各州工程师注册局具体负责实施。注册局对成为工程师的必备条件有明确规定：

（1）获得经 ABET 认证的工程专业学士学位。

（2）拥有注册局认可的四年以上工程工作经验。

（3）通过由注册委员会专门命题的基础测试和专业考试。

对应于美国的注册工程师，我国在不同的领域也设有不同的注册工程师，如动力工程领域有注册动力工程师、注册公用设备工程师、注册暖通工程师等。

3.2.2 中国工程教育认证

我国加入世界贸易组织（World Trade Organization，WTO）之后，工程服务与教育服务国际化的步伐越来越快。为了使我国的工程技术人员能够公平地参与国际就业市场的竞争，在我国各类专业领域开展国际实质等效的工程教育认证越来越迫切。

2005 年，经国务院批准，我国成立了全国工程师制度改革协调小组，由 18 个行业（管理）部门和行业组织组成，协调小组负责研究工程师制度改革的框架设计，组织对外交流，开展工程教育认证等各项工作。

2007 年，协调小组成立了教育部全国工程教育认证专家委员会，代行工程教育认证协会的职责。在各成员单位、相关行业协会和学会的支持下，开始了工程教育认证的体系建设和认证试点工作。

2013 年 6 月 19 日，我国加入《华盛顿协议》，成为《华盛顿协议》的预备成员，2016 年 6 月 2 日，在吉隆坡召开的国际工程联盟大会上，全票通过了我国加入《华盛顿协议》的转正申请，我国成为国际本科工程学位互认协议《华盛顿协议》的第 18 个正式会员。成为正式成员后，我国将全面参与《华盛顿协议》各项规则的制定，我国工程教育认证的结果将得到其他成员认可，通过认证专业的毕业生在相关国家申请工程师执业资格时，将享有与本国毕业生同等的待遇。

正式加入《华盛顿协议》，标志着我国高等教育对外开放向前迈出了一大步，我国工程教育质量标准实现了国际实质等效，工程教育质量保障体系得到了国际认可，工程教育质量达到了国际标准，我国真正成为了国际规则的制定者，与美国、英国、加拿大、日本等高等教育发达国家平起平坐，实现了从国际高等教育发展趋势的跟随者到领跑者的转变。今后，我国将全面参与《华盛顿协议》各项标准和规则的制定，在各项事务中发挥更加积极主动的作用，工程教育认证的中国标准、方法和技术也将影响世界。

我国的工程教育认证机构是中国工程教育认证协会，该协会网址为：http：/www. ceeaa. org. cn，它是由中国科学技术协会成立的认证机构，是按照《华盛顿协议》的要求，由 30 多家全国性行业组织、参与的非政府、非营利性的第三方组织，获得了我国教育部的授权和支持，是我国开展工程教育认证的唯一合法组织。

中国工程教育专业认证协会颁布了《工程教育认证通用标准（2018 版）》，该标准从学生、培养目标、毕业要求、持续改进、课程体系、师资队伍、支持条件 7 个方面详细规定了工程教育认证标准的内容，要求专业课程体系设置、师资队伍配备、办学条件配置等都应围绕学生毕业要求的达成这一核心任务展开，并强调建立专业持续改进机制和文化以保证专业教育质量和专业教育活力，以达成学生培养的目标。

根据标准，专业必须有明确、公开的毕业要求，且毕业要求应能支撑培养目标的达成。制定的毕业要求及其关键点见表 3. 1，这既是对专业建设与教学的要求，也是工程专业学生应培养的能力。

表 3. 1　　工程教育认证制定的毕业要求及其关键点

序号	毕业要求	关键点
1	工程知识：能够将数学、自然科学、工程基础和专业知识用于解决复杂工程问题	从“掌握”知识提升为“应用”知识，解决的不是一般问题，而是“复杂工程问题”
2	问题分析：能够应用数学、自然科学和工程科学的基本原理，识别、表达、并通过文献研究分析复杂工程问题，以获得有效结论	学会基于科学原理思考问题，进而掌握“问题分析”的方法
3	设计/开发解决方案：能够设计针对复杂工程问题的解决方案，设计满足特定需求的系统、单元（部件）或工艺流程，并能够在设计环节中体现创新意识，考虑社会、健康、安全、法律、文化以及环境等因素	设计/开发能力是核心，体现创新意识要理解适当
4	研究：能够基于科学原理并采用科学方法对复杂工程问题进行研究，包括设计实验、分析与解释数据、通过信息综合得到合理有效的结论	“研究”是为了完成某个工程任务而进行的分析性研究，不是基础科学研究
5	使用现代工具：能够针对复杂工程问题，开发、选择与使用恰当的技术、资源、现代工程工具和信息技术工具，包括对复杂工程问题的预测与模拟，并能够理解其局限性	不仅仅是会用，要体现问题的针对性，预测、模拟与理解当前工程问题的局限性
6	工程与社会：能够基于工程相关背景知识进行合理分析，评价专业工程实践和复杂工程问题解决方案对社会、健康、安全、法律以及文化的影响，并理解应承担的责任	不仅考虑技术可行性，还需考虑其市场相容性，并延伸到个人责任

续表

序号	毕业要求	关键点
7	环境和可持续发展：能够理解和评价针对复杂工程问题的工程实践对环境、社会可持续发展的影响	针对特定问题或案例能够进行分析评价
8	职业规范：具有人文社会科学素养、社会责任感，能够在工程实践中理解并遵守工程职业道德和规范，履行责任	范围切合实际，联系到工程实践是关键
9	个人和团队：能够在多学科背景下的团队中承担个体、团队成员以及负责人的角色	多学科背景是关键，适应不同角色
10	沟通：能够就复杂工程问题与业界同行及社会公众进行有效沟通和交流，包括撰写报告和设计文稿、陈述发言、清晰表达或回应指令。并具备一定的国际视野，能够在跨文化背景下进行沟通和交流	针对特定复杂问题的沟通能力，不同对象，不同文化背景下的沟通表达能力
11	项目管理：理解并掌握工程管理原理与经济决策方法，并能在多学科环境中应用	管理能力，有在多学科环境应用中的财务决策能力
12	终身学习：具有自主学习和终身学习的意识，有不断学习和适应发展的能力	学习的意识、思维和行动能力

在12条要求中，有8条都提到了解决“复杂工程问题”的能力。由此可见，解决“复杂工程问题”的能力是毕业要求的核心内容，也是学生毕业时必须具备的能力。那么，什么是“复杂工程问题”呢？我国《工程教育认证标准（2015版）》规定，“复杂工程问题”必须具备下述特征（1），同时具备下述特征（2）~（7）的部分或全部。

（1）必须运用深入的工程原理，经过分析才可能得到解决。

（2）涉及多方面的技术、工程和其他因素，相互可能有一定冲突。

（3）需要通过建立合适的抽象模型才能解决，在建模过程中需要体现出创造性。

（4）不是仅靠常用方法就可以完全解决的。

（5）问题中涉及的因素可能没有完全包含在专业工程实践的标准和规范中。

（6）问题相关各方利益不完全一致。

（7）具有较高的综合性，包含多个相互关联的子问题。

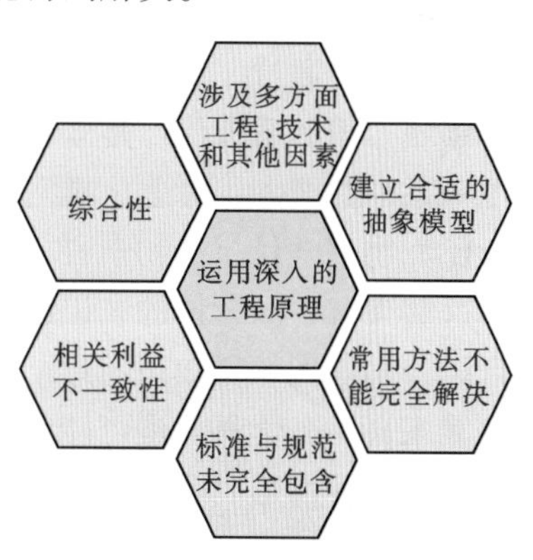

图3.5　复杂工程问题的属性

图3.5对复杂问题的属性进行了简要归纳。

图3.6是一个具体复杂工程问题及其解决过程的案例，根据中国工程教育机械类专业认证委员会副主任、上海交通大学陈关龙教授的报告整理而成。具体步骤见表3.2。为进一步认识和理解复杂工程问题，附录1给出了具体的复杂工程问题案例。

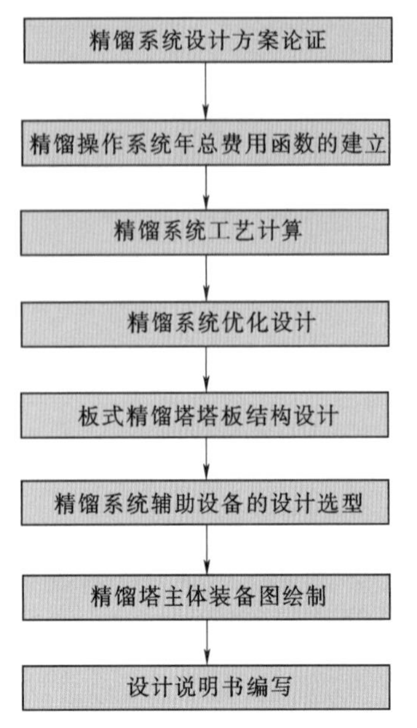

图3.6　复杂工程问题：乙醇水溶液连续精馏塔优化解决过程

表3.2　乙醇水溶液连续精馏塔优化过程具体步骤

实施步骤序号	实施步骤说明	对应的毕业要求
1	查阅与设计相关的文献与资料，建立技术路线	问题分析
2	计算精馏塔体的年设备折旧及维修费，冷凝器的年设备折旧及维修费，塔釜的年费用、塔板费用	项目管理
3	塔径、塔高、回流比、汽液负荷、塔板数计算等	工程知识应用
4	应用单变量优化算法、非线性求根法、三次样条差值法等，编程求解精馏系统目标函数，实现优化设计	使用现代工具
5	结构设计、选型计算等	设计/开发解决方案
6	料液泵、回流泵、塔顶冷凝器、塔底再沸器、各汽液管道等设备设计选型等	设计/开发解决方案
7	利用AutoCAD进行图纸绘制等	工程知识
8	设计报告文稿等	沟通

3.3　新能源专业知识体系与课程体系

在介绍新能源专业知识体系和课程体系之前，需要先认识在大学经常会听到的两个基本概念，即专业和学科。从本质上来讲，专业是围绕人才培养目标形成的课程组合，这些课程通过一定的逻辑关系组成一个有机整体，这就是专业课程体系；学科是一定领域知识的系统化，是知识存在的形态。在一定领域中，随着人们认识的深化，产生一系列的概念、命题、推理，并形成相互联系的逻辑体系，就产生了相应的学科，比如物理学科、生物学科、化学学科等。支撑一个专业的知识来自于若干个学科。这些来自不同学科的知识组合在一起就构成专业的知识体系。按照培养目标和课程目标，不同的学科知识通过结构化、逻辑化和系统化形成课程。组成一门课程的知识可能来自一个学科，也可能来自多个学科，基础课通常会是前一种情况，而专业课则多是后一种情形。通过多学科交叉和融合培养复合型人才是目前高等教育发展的重要趋势和要求。

3.3.1　新能源专业知识体系

围绕“培养德智体美劳全面发展的社会主义建设者和接班人”这一目标，支撑新能源专业的知识体系应包含四大类：第一类是通识类知识（数学与自然科学知识通常被归入通识类知识）；第二类是学科基础知识；第三类是专业知识；第四类是专业技能训练知识。新能源专业知识体系如图3.7所示。

通识类知识		学科基础知识	专业知识	专业技能训练知识
人文知识 历史 哲学 文学 美学 伦理学 艺术学 心理学 社会科学知识 经济学 管理学 政治学 法学 外语知识 体育知识 军事知识	数学知识 解析几何 微积分 线性代数 概率与统计 自然科学知识 物理学 化学 生命科学 系统科学 计算机知识 信息技术基础 C 语言 Matlab 语言 单片机原理	力学知识 工程力学 流体力学 机械知识 机械原理 机械设计 材料知识 材料科学 工程材料 储能材料 光伏材料 电工电子知识 电工学 电子学 热学知识 工程热力学 传热学 测控技术知识 自动控制原理	资源评估预测知识 太阳能资源评估预测 风能资源评估预测 生物质能资源评估 新能源转换知识 太阳能转换利用 风能转换利用 生物质能转化利用 地热能转换利用 海洋能转换利用 氢能开发利用 新能源电站知识 光伏发电站 风力发电场 生物质能电厂 地热能发电厂 储能 新能源微电网知识 发电与并网 监测与控制 新能源与环境知识	工程制图知识 文献检索知识 中英文写作知识 工程设计知识 实验与测试知识 创新创业知识 课外实践知识

图 3.7 新能源专业知识体系

由于新能源专业方向多，在学科基础知识方面，可能还需要地质学（地热能）、气象学（风能和太阳能）、核科学（核能）、微生物学（生物质能）等的相关知识。

对于上述知识，除人文知识外，大家通常都能直观地认识到它们与专业学习有直接关系，但是对于人文知识可能不易理解其对专业学习的价值。这里借用龙应台对人文的解读来认识其价值：文学使你看见原来看不见的东西，可以让你看见水里白杨树的倒影；哲学使你从思想的迷宫里认识星星，从而有了走出思想迷宫的可能；历史就是让你知道，沙漠玫瑰有它特定的起点，没有一个现象是孤立存在的。因此，文学让你看见，哲学让你定位，历史让你连接，这些都是人文的价值。曾担任香奈儿 CEO 的莫林·希凯在其所著的《深度思考不断逼近问题的本质》中，基于自己的经历说了这么一段话："人文学科的每个领域——文学、历史、艺术、哲学或宗教研究——都教我们反思自己理解世界的方式，质疑什么是人性。这些课程让我们仔细地观察人类、图像和人类的处境，反思各种思想流派，挑战习以为常的真理。"在大学阶段，同学们除了学习与专业相关的知识之外，还应该不断丰富自己的人文知识。

追溯大学的发展历史可以发现，创办于 1088 年的世界上第一所大学波罗尼亚大学最初培养的就是具备社会科学知识的人才。最早设立的是法学学科，因为当时面临着文艺复兴的需要，利益上的争执越来越多，亟需培养法律人才。接着设置了医学学科，培养医生以解除人们身体上的痛苦。后来又设立了宗教学科，为的是要解除人们心灵上的痛苦。法学代表着社会科学，医学代表着自然科学，而宗教中的神学后来演变为哲学，哲学代表着思维科学。现在欧洲的知识划分大致上还是这三大板块。这些板块最初形成的目的都是培养职场所需人才，神学培养牧师，医学培养医生，法学培养律师。

总之，上述知识对于新能源专业人才的培养而言，都各有其功能，又各有所侧重。其中，人文知识更多地服务于"育人"的需要，而其他知识则更多服务于"育才"的目标。

3.3.2 新能源专业课程体系

大学课程可以分为理论课和实践课两大类，其中理论课以课堂教学为主，实践课则主要包括实验课和各种实习。工科专业的课程通常可分为公共与学科基础课、专业基础课、专业课3类，这3类课按先后顺序依次开设，它们所占总课时的比例依次减少，形成了一种金字塔结构，如图3.8所示。此外，从全面培养人的角度出发，各所高校都开设有通识课程。

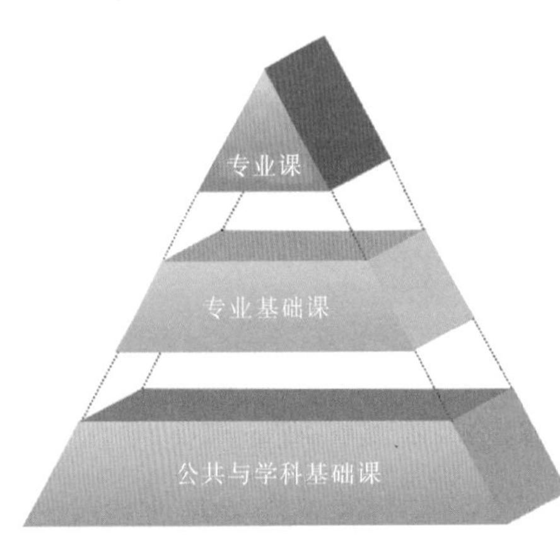

图3.8 课程体系的金字塔

3.3.2.1 理论课

1. 公共及学科基础课

公共与学科基础课在整个大学的学习过程中处于一个极其重要的位置。公共与学科基础课是根据专业培养目标而开设的，是有关自然科学和人文社会科学基本理论、基本技能的课程，是学习专业基础课和专业课的基础。虽然不同学校的新能源专业开设的专业基础课和专业课可能会存在较大差异，但公共基础课基本相同，见表3.3。

表3.3 新能源专业公共与学科基础课

序号	课程大类	主要课程	说明
1	思政类	马克思主义基本原理、毛泽东思想和中国特色社会主义理论体系概论、中国近代史纲要、思想道德修养与法律基础、形势与政策	各所高校均开设
2	数学类	高等数学、概率论与数理统计、线性代数等	其中高等数学是各所高校均开设的课程
3	物理类	大学物理、固体物理、大学物理实验	
4	英语类	大学英语	各所高校均开设，但课程设置的方式可能存在明显差异
5	计算机类	信息技术基础、高级语言程序设计等	语言程序设计多数高校开设C++
6	体育	大学体育（Ⅰ~Ⅳ）	
7	美育	大学美育等	
8	劳动教育	公益劳动等	

（1）思政类课程。思政类课程关系到“高校培养什么样的人、如何培养人以及为谁培养人这一高等教育的根本问题”。思政类课程是在当代大学生学习和生活实际的基础上，进行的马克思主义基本原理与中国特色社会主义理论与实践，中国近现代以来社会变革历程以及人生观、价值观、道德观和民主法治观等基本理论的学习和探讨。其宗旨在于引导学生掌握马克思主义认识论与方法论，形成正确的世界观、人生观和价值观，帮助强化自身修养的自觉性，使其明确肩负的历史使命和社会责任，并树立为实现中国特色社会主义的共同理想、创造有价值的人生而努力学习、健康成才的信念。

思政类课程教学主要内容包括马克思主义产生发展的历程，马克思主义世界观与认识论，辩证唯物主义方法论，毛泽东思想与中国特色社会主义理论，中国近现代政治经济社会发生的变革历程，人生观、价值观、道德观和法治观以及国内外形势与政策。

（2）数学类课程。数学是培养和造就各类高层次专门人才的基础。大学数学基础课的作用至少体现在以下方面：

1）它是使大学生掌握数学工具的主要课程。人类社会的进步，与数学这门科学的广泛应用是分不开的，尤其是到了现代，电子计算机的出现和普及使得数学的应用领域更宽，现代数学正成为科技发展的强大动力，同时也广泛和深入地渗透到了社会科学领域。

2）它是大学生培养理性思维的重要载体。数学研究运用的主要是逻辑、思辨和推演等理性思维方法。这种理性思维的训练对大学生素质的提高，分析能力的加强，创新意识的激发都是至关重要的。

3）它可以使大学生接受美感熏陶。数学是美学四大中心建构（史诗、音乐、造型和数学）之一，数学美也是人类审美素质的一部分，数学的美体现在多个方面，它可以将杂乱整理为有序，使经验升华为规律，寻求各种物质运动简洁统一的数学表达等，这都是人类对美感的追求，这种追求对一个人精神世界的陶冶起着潜移默化的影响。

历史上许多学者对数学的美做过生动的阐述。古希腊数学家普洛克拉斯早就断言：“哪里有数学，哪里就有美。”亚里士多德也曾讲过：“虽然数学没有明显地提到善和美，但善和美也不能和数学完全分离。因为美的主要形式是秩序、匀称和确定性，这些正是数学研究的原则。”伽利略将数学比作上帝描写自然的语言。图 3.9 中美轮美奂的图形是基于分形学，由计算机绘制而成的，这可以看作是数学给我们带来的一种直观的美的享受。但深层次的数学之美是非直观的，必须通过抽象思维对事物本质获得理性认识后才能感受得到。正如英国哲学家、逻辑学家罗素所说：“数学，如果正确地对待它，则不但拥有真理，而且具有至高的美，这是一种雕塑式的冷而严肃的美，这种美既不投合人类之天性的微弱的方面，也不具有绘画或音乐的那种华丽的装饰，而是一种纯净而崇高的美，以至能达到只有最伟大的艺术才能显现的那种完美的境地。”欣赏美不是终极目标，更值得追求的是创造美的境界。

（3）物理类课程。大学物理是工程技术类专业必学的重要基础课。物理学的研

图3.9　分形图

究内容是自然界最基本的物质结构、最常见的相互作用、最基本的运动规律。物理学按研究内容可以分为力学、热学、电磁学、光学、量子力学等。大学物理和大学物理实验是工科专业两门重要的基础课程。它们的作用不仅仅是为后续专业基础课程以及专业课程的学习奠定理论基础，更重要的是它们所提供的知识体系、思想方法和实验手段能有效地提升大学生科学思维，以及利用物理方法解决实际问题的初步能力。由于物理学在自然科学中的基础地位，以及物理科学对人的思维训练和能力形成有普适性的影响，因此它在大学生能力和素质培养中起着十分重要的作用，这种作用是其他课程无法替代的。

（4）英语类课程。语言是交流的工具，在当今世界，相对而言，英语较大程度上起到了会话媒介的作用。从一定程度上看，英语应用能力是大学生进行跨文化沟通交流、培养国际视野的基础，因此大学学习一定要注重英语听说和读写能力的均衡发展，尤其是听说能力的培养。

（5）计算机类课程。计算机类课程旨在使学生掌握计算机基础知识和基本技能，使学生能够应用计算机解决问题。除此以外，计算机课程对大学生而言还有一项重要功能，就是培养学生的计算思维。随着人类全面进入信息化时代，人们已经越来越多地依赖计算机作为分析和解决问题的工具。在这个过程中，如何把各种问题转化成能够用计算机解决的形式非常重要，因此计算机类课程的学习日益重要。大学生应该通过计算机类课程的学习，培养自己的计算思维，并学会使用计算思维的基本方法解决问题。按照美国卡内基-梅隆大学周以真（Jeannette M. Wing）教授的定义，计算思维是指运用计算机科学的基本概念去求解问题、设计系统和理解人类的行为，其本质是抽象和自动化。

（6）体育课程。我国历来重视体育教育。体育在人的全面发展中起着重要作用。2018 年召开的全国教育大会指出："要树立健康第一的教育理念，开齐开足体育课，帮助学生在体育锻炼中享受乐趣、增强体质、健全人格、锤炼意志。"

此外，体育教育也可以成为休闲教育的一部分。休闲教育在于引导人们树立科学的休闲理念及正确的休闲方法，使人身心真正达到休闲的、全方位的发展。其本质是通过学习休闲知识，养成一些休闲技能，形成休闲涵养，从而使人们投入其中去提高自我，优化自我，使身心得到质的飞跃。休闲教育不只可以使个人身心达到质的飞跃，还可以提升整个社会的文明程度。

（7）美育课程。美育，又称美感教育。即通过培养人们认识美、体验美、感受美、欣赏美和创造美的能力，使人们具有美的理想、美的情操、美的品格和美的素养。我国美育学科的奠基人之一蔡元培先生曾经说过："美育之目的在于陶冶活泼、敏锐之性灵，养成高尚纯洁之人格。"我国自古就有深厚的美育传统，《礼记·乐记》有言："知声而不知音者禽兽是也"。美育的加强是当代中国社会发展的紧迫需要，是实现中华民族伟大复兴的需要。没有广大人民素质的提高，就不可能实现中华民族的伟大复兴。在提升人素质的三个必不可少的途径中，法律和道德均有强制性，前者是外在行为规范，后者是内在行为规范。而只有美育是一种内在的情感需求，是一种没有任何强制性的自觉自愿的情感追求。

美育在我国教育事业中占有重要地位。1999 年在中共中央、国务院《关于深化教育改革全面推进素质教育的决定》中，美育被正式写入教育方针。

（8）劳动教育课程。2018 年全国教育大会把"劳"与"德智体美"相并列，明确将育人目标从"德智体美"拓展为"德智体美劳"。2020 年，中共中央、国务院发布的《关于全面加强新时代大中小学劳动教育的意见》指出：劳动教育是中国特色社会主义教育制度的重要内容，直接决定社会主义建设者和接班人的劳动精神面貌、劳动价值取向和劳动技能水平。要全面构建体现时代特征的劳动教育体系，把握劳动教育基本内涵，明确劳动教育总体目标，牢固树立劳动最光荣、劳动最崇高、劳动最伟大、劳动最美丽的观念。学校要设置劳动教育必修课程。同时还提出，要健全劳动素养评价制度，把劳动素养评价结果作为衡量学生全面发展情况的重要内容，作为评优评先的重要参考和毕业依据，作为高一级学校录取的重要参考或依据。

2. 专业基础课

考虑到新能源科学与工程专业和新能源材料与器件专业在专业基础课和专业课方面存在差异，因此以下专业基础课程和专业课程的介绍将两者分开。

新能源科学与工程属于能源动力类，主干学科为动力工程及热物理。新能源科学与工程面向新能源产业，学科交叉性强、专业跨度大，学科基础来自于多个理科和工科，与物理、化学、材料、机械、电子、信息、计算机、经济等诸多专业密切相关。目前各高校根据社会需求和自身已有专业积累，建设各具特色的新能源科学与工程专业，各自课程设置差别较大。

新能源材料与器件专业属于材料类，主干学科是材料科学与工程。虽然新能源材料与器件专业具有一定学科交叉性，但是总体上学科较为集中，可以总结为三个方面：物理、化学机理是基础；材料是主体；器件是材料的性能体现。因此，各个学校的新能源材料与器件专业的课程体系较为类似，互有借鉴，又各有发展和特色。

顾名思义，专业基础课是为专业课学习奠定基础的课程，是学习专业课的先修课程。新能源科学与工程属于多学科交叉支撑的专业，加之涵盖太阳能、风能和生物质能等多个专业方向，而不同专业方向间学科基础差异明显（图 3.10），因此，不同学校开设的专业基础课可能存在较大差异。

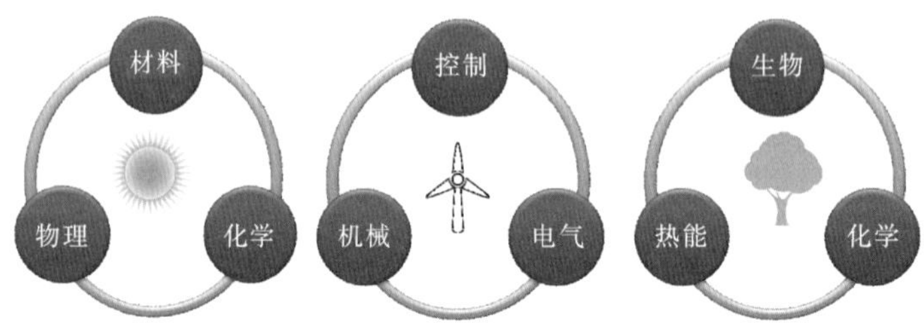

图 3.10　新能源科学与工程专业太阳能、风能和生物质能三个方向的学科基础

为使大家建立起对专业基础课程的整体认识，这里按照大类对专业基础课进行归类，两个专业的专业基础课见表 3.4 和表 3.5。

表 3.4　　新能源科学与工程专业的专业基础课

序号	课程大类	主 要 课 程	说　明
1	化学类	无机化学、有机化学、物理化学、生物化学、分析化学等	太阳能和生物质能专业方向开设化学类课程较多
2	力学与机械类	机械原理、机械制造技术基础、材料力学、理论力学、工程力学等	风能方向机械类课程要求更高
3	热能与动力工程类	工程流体力学、工程热力学、传热学、燃烧学等	生物质能方向、太阳能热利用方向开设此类课程较多
4	电气与控制类	电工技术基础、电子技术基础、自动控制原理、电机学、电路原理、电气控制与 PLC 等	各方向都开设，但课程门数有差异
5	材料类	工程材料、材料科学基础、光伏材料、储能材料、材料测试分析技术等	太阳能方向对此类课程要求较高
6	生物类	生命科学基础、工业微生物学、能源微生物等	主要在生物质能方向开设
7	管理类	新能源技术经济学、企业及项目管理	工程管理原理及经济决策相关知识的课程
8	制图类	工程制图、机械制图、工程图学、AutoCAD 等	前三门课基础内容相同，但侧重点和深度有所差异，通常根据需要选择其中 1 门，AutoCAD 是计算机绘图工具软件

表 3.5　　新能源材料与器件专业的专业基础课

序号	课程大类	主 要 课 程	说明
1	化学类	普通化学、有机化学、高分子物理及化学、物理化学、无机及分析化学	各方向开设此类课程有差异，通常至少选择其中3门
2	材料类	材料科学与工程基础、材料物理化学、材料表征与分析方法	各方向都开设
3	电子、电气与控制类	电子技术、电工技术、电力电子、电路原理、电路分析、信号与系统、自动控制原理、微机原理	太阳能方向对此类课程要求较高
4	物理类	量子力学、固体物理、半导体物理与器件	太阳能方向都开设，其他方向通常开设前2门
5	电化学	电化学原理与应用、电化学电源	储能方向都开设
6	计算	能源材料计算、C++程序设计	
7	管理类	企业及项目管理、工程管理、新能源技术经济学	
8	制图类	工程制图、机械制图等	

专业基础课涉及的学科内容与公共及学科基础课相比有极大的拓展，而且，随着“人工智能时代”的到来，社会对人才能力的要求将会更加趋向综合化，因此，学习中不可将自己囿于某一专业方向，而应在专注于某一方向的同时，尽可能广泛涉猎多学科的知识，为使自己成为具有创新能力的人奠定坚实的基础。

上述专业基础课程中，生物类课程往往没有引起重视。身处第四次工业革命时代的大学生应该掌握一些生物学的基本知识。一方面生物学知识可以帮助更好地认识作为生命体的自己；另一方面生物学知识还能提升我们的创新意识和能力。人类在科学上取得的很多进步得益于生物给予的启发和帮助，比如，仿生就是一种非常有用的创新方法。图 3.11 给出了一些基于仿生的发明创造的实例。

图 3.11 中，维可牢尼龙搭扣是研究人员受野蓟的钩刺启发开发出来的。马勃菌海绵的“骨骼”由许多格子状的硅钙物质构成，类似于制造太阳电池的材料。但与太阳电池材料制造需要消耗大量能量及化学物质不同，这种生物只需向水中释放特殊的酶，从中吸收硅和钙，就能把这两种元素变成自己需要的外形。加州大学的丹尼尔·摩斯研究了这种酶的特性，成功进行了复制，并利用复制的技术制备出了电极。日本新干线列车的外形则来自于翠鸟带给工程师中津英治的灵感。他对不同外形的新干线列车进行了试验，发现高速行驶时最能穿透“风墙”的列车外形几乎与翠鸟喙的外形一致。宾夕法尼亚州西彻斯特大学的弗兰克·菲施教授考察驼背鲸时，发现它的鳍状肢前部垒球状大小的隆起可以帮助鲸鱼在海洋中更轻松地游动。受此启发他设计出了边缘有凸起的风机叶片，研究发现这种叶片空气动力学效率比标准设计能提高约 20%。

3. 专业课

大学设置专业的目的是为产业培养专门人才，因此，为了使大学培养的本科人才毕业后具备履行工作岗位职责的能力，大学生需要学习专业岗位直接需要的专业技术

图 3.11　基于仿生的发明创造的实例

和专业知识，这是学习专业课的目的之一。另外，对于工科学生，专业课还承担着培养学生工程思维的任务。尤其是在当今知识爆炸式增长、技术和产业更新换代不断加快的年代，工程思维的学习和培养尤显重要。图 3.12 是人类知识量翻一番所需的时间，20 世纪末，人类文明发展的前 4900 年所积累的文献资料，还没有现在 1 年的文献资料多，进入 20 世纪 80 年代，人类的知识量每 3 年就可以翻一番，而当今，科技信息每两年翻一番，每 3s 就有一项新产品问世，几乎每 10s 就有一项科学成果被发明。这种发展速度使得专业课中的技术性内容或许没等到学生毕业，进入工作岗位，就已经被新的技术所替代了。这就要求学生必须建立这样的概念：既要通过专业课学习专业知识，更要培养工程思维。

目前，不同高校新能源科学与工程专业课程的开设多基于学校自身的特色设置。总体有两种设置思路：一种是专业课兼顾各种新能源种类；另一种是侧重某一个或两个新能源方向。但总的来看，专业课的设置主要还是围绕太阳能、风能和生物质能开设。主要的专业课程见表3.6。

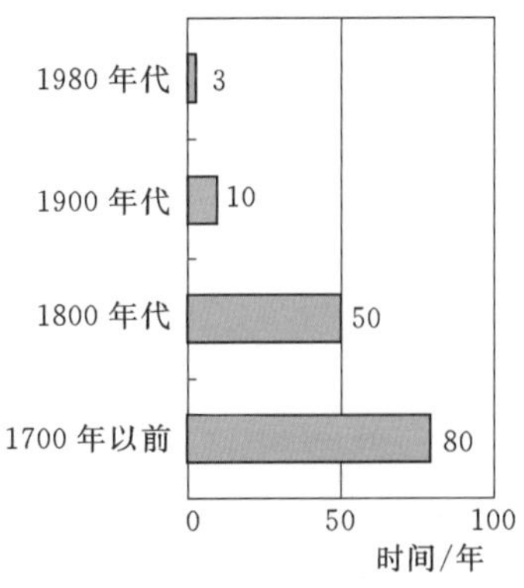

图3.12　人类知识量翻一番所需时间

目前，各高校的新能源材料与器件专业课程主要针对太阳电池和储能方向设置。大多数高校专业课都集中在太阳电池和储能电池的原理、材料、器件、工艺和应用技术等方面。同时，各个学校根据自身学科特色和地方或区域行业产业特色制订专业课，部分学校特色为新能源材料，部分学校特色为新能源器件，专业课程产生一定差异。主要的专业课见表3.7。

上述课程主要是专业必修课程，除了这些必修课程外，各所学校均开设有大量的选修课程，并制定有最低的选修课程总学分要求。专业选修课承担着巩固和深化专业理论知识、拓展专业视野、了解专业前沿科技进展、培养创新思维和工程应用能力的教学功能。因此，不要因为是选修课就轻视对这些课程的学习。

表3.6　新能源科学与工程专业主要的专业课

序号	课程大类	主要课程	说明
1	太阳能	太阳能转换与利用工程、太阳电池材料与器件、太阳能光热利用技术、光伏电站设计、运行与控制、光热电站的设计、运行与控制等	目前重点是光伏发电（包括太阳电池和光伏电站），以及太阳能光热利用（包括聚光、集热、储热和发电）
2	生物质能	生物质发电技术、生物质热化学转化技术、生物质生物转化技术、生物燃料技术、生物质材料与化学品等	课程主要围绕生物质转化为燃料、电能和热能利用等内容设置
3	风能	风力发电原理、风电机组设计与制造、风电场电气工程、风电机组监测与控制、Matlab与风力发电系统仿真等	课程主要围绕风电场和风电机组设计、制造与监控等设置
4	其他	氢能技术、地热能利用技术、海洋能技术、核能技术、储能技术等	

表3.7　新能源材料与器件专业主要的专业课

序号	课程大类	主要课程	说明
1	太阳电池	太阳电池技术、光伏发电系统与应用技术、新能源发电技术、硅材料技术、光伏材料与器件检测技术、半导体器件工艺、电池组件生产工艺、新能源材料与器件概论、薄膜物理、薄膜材料与技术	课程主要围绕太阳电池原理、材料、器件、工艺和应用技术等设置
2	储能	储能材料与器件、锂离子电池、能量存储器件工艺、储能技术、储能材料制备技术、电源工艺学、超级电容器、纳米材料与器件、新能源材料设计与制备	课程主要围绕储能电池原理、材料、器件、工艺和应用技术等设置

续表

序号	课程大类	主 要 课 程	说 明
3	燃料电池	燃料电池技术、金属—空气电池技术	
4	节能环保	先进节能技术、环境保护	
5	氢能	制氢材料与技术、储氢材料与技术、氢能开发与利用技术	
6	先进照明	照明原理与技术、半导体材料与照明器件、稀土材料、光电子物理、光电子材料与器件	主要针对先进照明技术如发光二极管、有机电致发光器件等方向开设
7	其他	材料热力学、功能材料、工程材料、光催化原理与材料	

4. 通识课

通识教育在人才培养中的作用越来越被看重。率先在国内大学中提出“通识教育”原则的复旦大学认为：通识教育旨在关心学生人格的修养、公民的责任、知识的整全、全球的视野，进而为新世纪中国文化传统的接续与光大承担起自身的责任。

通识课程是实现通识教育的重要载体，开设什么样的通识课程是各所大学都在研究和探索的课题。比如，天津大学开设了“科技文明史”“逻辑与批判性思维训练”“世界文明与跨文化沟通”“中文沟通与写作”“研发项目管理”“创业学导论”；清华大学经济管理学院开设了“中文写作”“中文沟通”“中国文明”“西方文明”“批判性思维与道德推理”“中国与世界”；复旦大学则设计了“文化传承”“批判性思维”“世界视野”“科学精神”“生命关怀”和“审美体验”六大模块的通识教育核心课程；武汉大学则以“人”为核心，围绕何为“人”、如何成“人”、成为何“人”的这些问题，重点建设了“人文社科经典导引”和“自然科学经典导引”两大通识教育课程。

需要强调的一点是，任何深入探究都会终结于某一特定学科。因此这里的“通识”不能理解为内容的通识，而应是通过这些课程的学习构建或强化学生基本的心智及能力。

除了通识课程之外，学术讲座也是一种极其重要的通识教育资源。学术讲座的质量和数量一定程度上反映了一所大学的文化和学术氛围。从根本上讲，通识教育应具开放性，而学术讲座恰恰具备这种特征。学术讲座相当于“知识快餐”，它既可以让学生了解数理化、天地生、文史哲等学科的基本知识，也可以让他们接触和了解许多专业领域的学术前沿。由于大学邀请的学术报告人通常都是各领域的知名专家学者，甚至学术大师，聆听他们的报告，不仅可以长知识、开眼界，还可以领会和学习他们的思维方式、研究思路、行事风格，感受他们的人生智慧。因此，大学四年当中学生应高度重视并利用好这一宝贵的学习资源。

3.3.2.2 实践课

工程的造物属性决定了工程师必须具有很强的实践能力，这就要求工科学生要强化实践能力培养。大学教育主要通过实验、实习、课程设计和毕业设计等环节训练和培养学生的实践能力。

1. 实验

通过实验可以培养学生的四种能力，即基本实验操作能力、理论与实践相结合的能力、综合运用知识的能力和创新实践能力。大学实验项目通常包括验证性实验、设计性实验、综合性实验和研究性实验。

验证性实验以加深学生对所学知识的理解，掌握实验方法与技能为目的，验证课堂所讲某一原理、理论或结论，以学生为具体实验操作主体，通过现象衍变观察、数据记录、计算、分析得出被验证的原理、理论或结论。设计性实验是指学生根据给定的实验任务，自行设计实验方案、组织实验系统、独立进行操作并得出结果的实验。综合性实验是指实验内容需要综合知识的实验，是学生在具有一定知识和技能的基础上，运用某一门课程或多门课程的知识、技能和方法进行综合训练的一种复合型实验。研究性实验则以揭示科学原理、寻求科学规律为主要目的，以模拟“研究发现”的过程作为主要特点。

大学学习既要重视验证性实验，培养实验操作基本技能、掌握操作规范，同时又要注重综合性实验、设计性实验和研究性实验，以培养综合运用知识和独立从事实验设计和操作的能力。

2. 实习

实习是培养大学生实践能力的另一重要途径。新能源类专业的实习通常包括认识实习、金工实习、生产实习、毕业实习。

认识实习主要在企业进行，是学生在进入专业课程学习之前的一个重要的实践性教学环节。其目的是通过对新能源行业典型企业的实地参观，了解新能源企业的生产工艺流程、技术与装备的发展现状以及企业的管理等内容，增加学生对专业的感性认识，为后续专业课程学习奠定基础。

金工实习使学生熟悉机械制造的一般过程，掌握金属加工的主要工艺方法和工艺过程，熟悉各种设备和工具的安全操作使用方法，了解新工艺和新技术在机械制造中的使用，掌握简单零件冷热加工方法选择和工艺分析的能力，培养学生认识图纸、加工符号及了解技术条件的能力，通过实习，培养经济观点和理论联系实际的严谨作风，并为后续课程的学习和以后的工作打下良好的实践基础。

生产实习是学校实现培养目标、贯彻理论联系实际原则的一个重要环节。主要学习内容是相关企业的生产过程。通过生产实习，使学生了解和掌握本专业基本生产实践知识，验证和巩固已学过的理论知识，了解企业现代化安全生产管理方式，培养学生综合运用所学理论知识解决实际问题的能力，并为后续专业课的学习、课程设计和毕业设计奠定良好的基础。让学生对本专业的后续专业课程内容、就业领域有初步了解，增强学生对本专业的热爱。同时通过学习专业技术人员和工人的优良品质，提高自身思想素质，为今后从事本职工作打好基础。

毕业实习是学生在系统地完成本专业教学计划所规定的教学环节和全部课程的基础上开展的实践性教学活动，旨在巩固学生的专业知识，使其深刻理解所学的基础理论，并充分与实践结合，以培养学生综合运用所学理论知识解决实际问题的能力。

3. 设计

设计被认为是工程的精髓。大学开设的设计训练主要包括课程设计和毕业设计，它们的目的都是培养学生的设计思维和能力。

设计的简单定义是“结构化的问题解决活动”，也就是采用有条理的、系统的方法解决问题的活动，一个完整的设计流程包含以下步骤：

（1）定义要解决的问题。

（2）获得并收集相关数据。

（3）确定解决方案的约束和标准。

（4）开发多个解决方案。

（5）根据分析选择一种解决方案。

（6）表达结果（设计报告以及提供给客户的演示报告等）。

在经历以上每个步骤时，可能需要为设计发现新的信息并制定新的目标，此时，设计者必须返回并重复以上步骤。例如当步骤（5）没能选择出可行的解决方案时，设计者必须重新定义问题或者放宽某些约束，以采用投入更少的方案选择。因为在每个步骤必须经常做出决定，从而会产生新的进展或未预料到的结果，所以设计流程是个迭代过程。工业设计流程如图3.13所示。

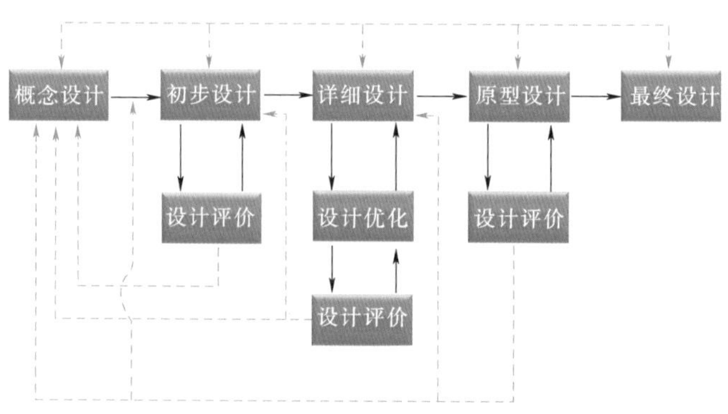

图3.13　工业设计流程

课程设计与毕业设计都是为了从不同的专业知识范围培养学生的设计思维和能力，其中课程设计主要针对某门课程涉及的专业知识内容而展开，而毕业设计培养的则是学生综合运用专业知识解决问题的能力。

除了毕业设计外，大四下学期另一项培养学生综合运用专业知识能力的实践教学环节是毕业论文。撰写毕业论文的基础是实验和研究获得的数据，侧重于培养学生的科学思维，这有别于设计的工程思维培养。

3.3.2.3　创新创业教育课程

2015年5月，国务院办公厅印发的《关于深化高等学校创新创业教育改革的实施意见》（以下简称《意见》）明确提出：各高校要根据人才培养定位和创新创业教育目标要求，促进专业教育与创新创业教育有机融合，调整专业课程设置，挖掘和充实各类专业课程的创新创业教育资源，在传授专业知识过程中加强创新创业教育。面向全体学生开发开设研究方法、学科前沿、创业基础、就业创业指导等方面的必修课和选修课，纳入学分管理，建设依次递进、有机衔接、科学合理的创新创业教育专门课程群。《意见》同时提出：完善国家、地方、高校三级创新创业实训教学体系，深入实施大学生创新创业训练计划，扩大覆盖面，促进项目落地转化。举办全国大学生创新创业大赛，办好全国职业院校技能大赛，支持举办各类科技创新、创意设计、创业计划等专题竞赛。支持高校学生成立创新创业协会、创业俱乐部等社团，举办创新创业讲座论坛，开展创新创业实践。

加强大学生创新精神的培养是高等教育改革的重要内容之一，既是建立创新型国家、发展创新型社会的需要，亦是国家实施创新驱动发展战略的迫切需要。党的十七大提出了“以创业带动就业”的战略要求，党的十八大对创新创业人才培养做出了重要部署，党的十九大提出了“加快建设创新型国家”的发展目标，这些都对普及创新创业教育，健全高校创新创业教育体系，提升大学生创新创业能力培养指明了方向。

为落实国家对创新创业人才培养的要求，各高校逐步开设了一批创新创业类课程，构建了创新创业实训体系，并加强了对学生参加各级各类创新创业大赛的组织与辅导。大家应学会充分利用校内外的专业资源，培养和提升自己的创新及创业能力。

2017 年，教育部启动了新工科建设，其目标之一即是打破学科之间的壁垒，通过学科的深度交叉和融合为创新型卓越人才的培养创造良好的环境。处在万众创新时代的大学生应该深刻认识到：创新是探索未知世界或解决实际问题的重要途径，而未知世界和实际问题是不分学科的，创新的突破点往往在学科交叉领域。

在结束本部分内容之前，需要强调的一点是：某一特定学校的新能源专业可能聚焦于一定的新能源方向，但切不可将自己的学习领域做如此限定！在此，将英国高等教育研究会前主席 Ronald Barnett 在其所著的《高等教育理念》中的一句话，送给刚刚开始大学学习生活的你们：“在专业教育领域修课的学生应该认识到自身学科的认识论基础存在不可避免的狭隘性，并洞悉自身学科对人类行为与社会机构作用的有限性。”

3.4 大学生能力培养

大学生需要培养多方面的能力，总体来讲可以归结为学习能力、思维能力、实践能力与创新能力，也就是学、思、做的能力。

3.4.1 学习能力

在探讨学习能力之前，先认识一种学习理论——建构主义学习理论。该理论认为：学习是学习者在一定的情境即社会文化背景下，借助于教师和学习伙伴等的帮助，利用必要的学习资料，通过意义建构的方式获得知识的过程。这表明一个人所掌握的知识不是老师教会的，而是在老师和学习伙伴的帮助下自主建构起来的。据此可以简单地把学习理解为知识的建构。

既然学习是学习者知识建构的过程，那么就很容易理解培养学习能力的重要性。进一步说，我们履行工作职责的各种能力是由知识和技能构成的，而掌握知识和技能最直接的途径就是学习。因此，学习能力的发展和提高，对于职业能力的持续提升具有十分重要的作用。在未来的职业生涯中，为了适应科技和经济社会的快速发展，大家必须能够通过运用包括互联网在内的各种现代信息和通信技术手段，获得所需的各类学习资源，从而及时地更新业务知识、发展对客观世界的认识、改善知识结构，以便为更好地履行职责和终身学习打下坚实的基础。

身处信息时代，数字化学习能力是终身学习能力的重要组成部分。数字化学习能力主要由对数字化学习环境的适应与管理能力，对数字化学习资源的获取与利用能力，对数字化学习方式的运用能力三个要素构成。在数字化环境下进行的学习是自主性学习，因此，学习者要善于管理网络学习环境。互联网给人类创造了海量的数字化资源，找到有价值且满足自己需要的学习资源，对数字化资源的获取能力提出了较高的要求，因此，掌握搜索引擎的使用方法十分重要。

全球 MOOC 资源

慕课（massive open online course，MOOC），作为一种新的在线教育模式，给自主学习创造了良好的条件。MOOC 是一种不受时空和受教育者资历的限制，实现以学习者为主体的、全时空的、为任何人提供学习资源的在线教育模式。学习者在手机或电脑等任何一个联网的终端，都可以自主选择并学习国内外优质课程。由于学习可以突破原有学习环境的空间和时间限制，因此 MOOC 已在世界范围内得到快速推广和普及。

在 MOOC 资源中，Udacity、Coursera 和 edX 是美国的三大 MOOC 网站。中国大学 MOOC、学堂在线和好大学在线是国内主要的 MOOC 网站，它们分别由教育部、清华大学和上海交通大学建设和运营。这些网站均开发有 APP，方便学习者在手机或电脑端自主学习。许多 MOOC 网上的课程允许学习者在考试合格后取得证书。作为信息化时代的大学生应学会充分利用这些资源。

毫无疑问，学习能力应该作为大学生最基本的能力加以培养，但该项能力的培养仅仅通过理论学习是不够的，还需要与实践相结合。那么，如何判断自己是否具备较强的学习能力，即是否真正学会如何学习了呢？判断的依据不是能否掌握传统的百科全书式的知识，而是应考察自己是否具备三种能力：①把自己的学习置于更广博的学习情境之下；②在所学知识之间建立联系；③对所学知识开展睿智的批判性评价。

广博的学习情境应该有明确的学习目标，能够激发学习兴趣，并且应有丰富的和高质量的学习资源。在信息时代，学习资源的获取已经非常容易，困难在于如何从大量甚至海量的资源中找到有价值的信息。这不但需要掌握文献检索工具，而且更重要的是要具备对信息进行处理的能力。如果把学习过程划分为三个部分，则依次是收集信息、处理信息和表达信息。收集信息需要具有检索并理解信息的能力，处理信息需要批判性思维能力，表达信息则需要语言或文字表达能力。这三者之中最为关键的是处理信息所需的批判性思维能力，这是因为你能处理什么样的信息，就决定了你能理解什么样的信息，也就决定了你能做出何种水平的信息表达。这就是能对所学知识开展睿智的批判性评价重要性之所在。

数字化学习强化了知识的碎片化，而碎片化割裂了知识之间的有机关联，不利于知识的建构，更不利于复杂问题的解决。关联则可解决该问题。在碎片化的知识间建立起关联后，当记住一个事实或者使用一个概念时，就会激活关联的知识和概念并使其在大脑中强化。知识的关联方向如图3.14所示。可以从一个知识点出发，在上下、前后和左右六个方向上寻找关联。“上”可以理解为知识所涉及的方法论，“下”可以视为知识与应用的关联，“左右”可以看作与不同学科知识的关联，“前后”则分别是与该知识相关的学科前沿和历史。

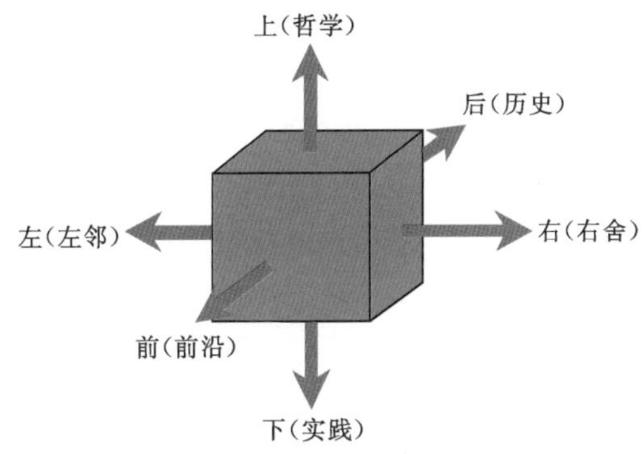

图3.14　知识的关联方向
（引自大连理工大学李志义教授报告）

3.4.2　思维能力

思维是人类用语言或符号思考和表达某种观念的活动过程，是人脑的一种独特而复杂的精神活动。人们的大脑对信息进行加工和处理，以及思考问题的方式方法就是思维方式。学会用科学的思维进行思考对大学生的成长至关重要。孔子说：“学而不思则罔”，宋代程伊川说：“学源于思”，法国文豪巴尔扎克认为“思维是打开一切宝库的钥匙”。这些都在提醒我们思维的重要性。因此，在大学阶段大家应重视多方面思维能力的培养，本节重点介绍逻辑思维与批判性思维、形象思维、专注思维与发散思维、系统思维等思维能力。

1. 逻辑思维与批判性思维

逻辑思维是人们在认识事物的过程中借助于概念、判断、推理等思维形式能动地反映客观现实的理性认识过程。只有经过逻辑思维，人们才能达到对具体对象本质规律的把握，进而认识客观世界，因此，它是人类认识的高级阶段。逻辑思维常被称为“抽象思维”或“闭上眼睛的思维”。逻辑思维是分析性的，运用逻辑思维时，每一步必须准确无误，否则无法得出正确的结论。逻辑提供的确定性为我们发现真理做出了重大贡献。伟大的数学家莱昂哈德·欧拉（Leonhard Euler）说过，逻辑是“我们所获得的所有知识的确定性的基础”。逻辑被认为是智慧的开端。无论是生活中或工作中，逻辑无处不在，它可以帮助人高效清晰地进行理性思考。人的沟通能力、文字和语言表达能力、创新能力、批判性思维能力等都在很大程度上受逻辑思维能力的影响。

同时，生活中还存在大量的非逻辑思维形式，例如诉诸伪权威、诉诸情感、滥用专家意见、偷换概念、误用传统、质的量化等。认识这些非逻辑思维形式，可以帮助我们辨别真伪，免受误导。例如，作者在撰写本书时正值新冠病毒施虐之时，正是需要全人类团结协作联合抗疫的关键时刻，然而美国一些身居高位的政治人物却不断针对病毒来源问题发表不实言论。这就是典型的诉诸伪权威谬误。因为病毒来源是个科学问题，追寻其来源是科学家的专长，而政治人物显然不是这方面的权威。再例如，许多人习惯通过天气预报来判断天气的凉热。如果今天气温 34℃，天气预报明天气温是 36℃，那么则认为明天比今天热。这也是一种逻辑谬误，是将不可量化事物量化的非逻辑思维形式。因为人们对热与凉的感受除了受气温影响外，还与风速、空气湿度等有关。

为了培养逻辑思维能力，大家需要学习掌握逻辑学的基本知识，并通过阅读、写作、创新实践等进行逻辑思维训练。

批判性思维和逻辑思维一样都处于人类思维的高级阶段。对于批判性思维（critical thinking），大多数教育者认为，鲁莽地得出结论或者不规范地、不假思索地凭下意识做出决定都不是批判性思维。批判性思维运动的开拓者罗伯特·恩尼斯（Robert Ennis），于 1962 年提出批判性思维是“为决定相信什么或做什么而进行的合理的反省思维”。也就是说批判性思维是对思维展开的思维。心理学家对批判性思维下的定义是：批判性思维是一种用基于充分证据支持的推理来评判命题和做出客观判断的能力和愿望。它拒绝没有证据支持的命题，并对事件提出创造性和建设性的解释。显然，批判性思维在于做出明智的决定、得出正确的结论。

为什么要进行批判性思维，或者说，为什么要审查思维的过程呢？思维是人的一种本能，当遇到问题时，都会本能地开始思考问题。这种思维习惯基于一种预设的前提条件，即认定自己的知识和经验是正确的，所了解的信息材料是准确和全面的，所掌握的方法也是正确的。这是人们普遍具有的一种思维态度，是对于自己思维能力的“本能自信”。但是，这种预设不是必然成立的，事实上，知识和经验中可能存在错误的或过时的成分，所了解的信息材料中可能有不准确、不全面的成分，所运用的方法中也可能有不恰当或错误之处，也就是说思维过程会受到各种不利因素的干扰，从而导致思维活动并不是必然科学合理的，得出的结论也不能注定就是正确的。因此，需要对思维过程进行审查，发现并排除可能存在的错误。

培养批判性思维能力，就是要从对自己思维的“本能自信”，转向对自己思维的“自觉质疑”和“仔细审查”。一个真正具备批判性思维能力的人，不仅要能发现他人的错误，更要学会发现自己的错误。批判性思维是完整人格养成的重要组成部分，也是创新型人才必须具备的能力。美国教育学家托尼·瓦格纳（Tony Wagner）在他的著作《全球成就差距》中，提出了目前在学校里还没有被系统地培养出来的21世纪的7项生存技能，其中排第一位的就是批判性思维。其余6项分别是协作网络、灵活性和适应性、主动性和创业精神、有效的口头和书面沟通、获取和分析信息、好奇心和想象力。英国高等教育研究会前主席Ronald Barnett甚至认为，只有把学生推进到能够对自身经验进行批判性反思的理性层级的教育过程，才能称其为高等教育，足见培养批判性思维能力对大学生的重要性。这也是很多大学将批判性思维课程列入通识课的重要原因。

2. 形象思维

形象思维主要是指人们在认识世界的过程中，对事物表象进行取舍时形成的，只用直观形象的表象解决问题的思维方法。形象思维是在对形象信息传递的客观形象体系进行感受、储存的基础上，结合主观的认识和情感进行识别（包括审美判断和科学判断等），并用一定的形式、手段和工具（包括文学语言、绘画线条色彩、音响节奏旋律及操作工具等）创造和描述形象（包括艺术形象和科学形象）的一种基本的思维形式。形象思维并不仅仅属于艺术家，它也是科学家进行科学发现和创造的一种重要思维形式。例如，物理学中所有的形象模型，像电力线、磁力线、原子结构的汤姆逊模型或卢瑟福小太阳系模型，都是物理学家抽象思维和形象思维结合的产物。

3. 专注思维和发散思维

神经学家研究认为：大脑中存在两种思维网络模式，即注意力高度集中的状态和更加放松的休息状态。这两种思考状态基于不同的神经网络模型，分别被称为专注思维模式和发散思维模式，它们对学习都很重要，两种模式间的切换帮人们掌握新知识。

图3.15是这两种思维模式的形象化比喻。红色小点代表想法，蓝色小点好比橡胶弹柱，代表一小簇神经元。当你专心思考某个问题，即利用专注思维模式时，你的大脑就好比拉动了思维推杆，然后把想法弹射出去，这个想法就像弹珠一样在大脑中

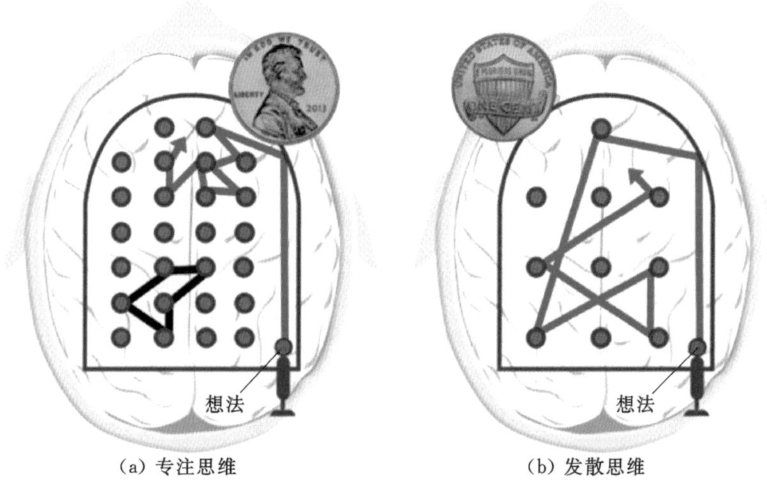

(a) 专注思维　　(b) 发散思维

图3.15　专注思维模式和发散思维模式的形象化比喻

横冲直撞。但由于此时橡胶弹柱排布比较密集，思想活动的区域就受到了限制。这种情况意味着我们高度专注于思考一个特定的问题或概念。而此时如果你寻找的答案在远离思想活动的区域，你就不能找到它。而发散思维模式则容纳了更为开阔的全局视野，这恰好弥补了专注思维模式的不足；当利用发散思维模式发现答案所在方向或区域后，具体解决问题的任务还得交给专注思维模式来完成；当需要认识和理解新事物时，最好关掉专注思维模式，切换到发散思维模式；当面对一个难题苦苦找不到答案时，也需要由专注思维模式切换到发散思维模式。

在学习或思考问题的过程中，当你长时间利用紧凑的专注模式后，需要利用发散模式的方法奖励自己。激活发散模式的方法很多，比如散散步、打个盹、听听音乐等。这也是很多人喜欢散步的原因。哲学家康德一直到晚年都坚持散步，且非常准时。他每天 3 点半准时出门，教堂钟声随着他迈步出门响起。当地居民多以康德的出现来对表。《史蒂夫·乔布斯传记》的作者沃尔特·艾萨克森（Walter Isaacson）第一次见到这位传奇的苹果联合创始人时，并不知道乔布斯的特殊习惯，但是他很快就发现，乔布斯很喜欢在漫长的散步中和朋友谈论严肃的话题，并灵思泉涌。创造力研究专家霍华德·格鲁柏总结了一种启动发散思维的 3B 方法：睡觉（bed）、洗澡（bath）和坐公交（bus）。但请大家记住，打游戏绝对不是启动发散思维模式的方法，因为它会使你从一种专注思维模式切换到另一种专注思维模式。

4. 系统思维

钱学森把系统定义为由相互作用相互依赖的若干组成部分结合而成的，具有特定功能的有机整体。系统由三部分组成，即组成要素、相互联系和功能或目的。当谈论一个非人造系统时，使用“功能”这个词，而“目的”用于描述人造系统。在介绍系统思维之前，有必要介绍人类认识世界的两大方法论，即还原论和系统论。

（1）还原论。把复杂事物分成简单事物的组合，把宏观的物理现象归结为微观现象的组合，是近代科学占主导地位的方法论原则，这个原则被称为还原论。还原论方法是笛卡尔首先提出的。他在《谈谈方法》中提出“把我们正在考察的难题分成尽可能多和必要的部分，以便把它最好地解决”，这就是被运用了三个多世纪的分析还原原理，即还原论。根据还原论，如果我们对一个事物无从了解，就可以将其分为若干个部分来分别了解；如果对各个部分还不了解，就将部分分为更小的部分，直到分解得最细小，使我们能够洞察为止。2015 年，中国工程院宋筚院士在其发表的《还原论与系统论》中提出：“300 年前开始的产业革命，100 年前的电气化运动，50 年前出现的自动化、信息化热潮和医疗卫生保健事业等，整个工业和工业后文明都是在还原论旗帜下取得的伟大成就。”

尽管如此，对于还原论还要辩证地理解。还原论的缺陷在于，整体一旦分解，就可能出现组成整体的部分之间关联的消失和功能的消失。20 世纪成长壮大的系统科学（包括“老三论”，即控制论、信息论和系统论，以及“新三论”，即耗散结构理论、协同论和突变论）对还原论提出了挑战。系统科学力图恢复世界真实的复杂性。对此，系统哲学家拉兹洛在其《用系统论的观点看世界》中说：“当代科学拿这种复杂情况怎么办呢？它提供了一种解决办法。这是另外一种对事情真实状态进行简化的办法，但这种办法能更充分地把握事态的复杂性：那就是把这种复杂的情况当作结合在一起的一整块来考虑。”系统科学力图凸现的“整体性”就是古希腊哲学家亚里士多德所说的“整体大于它的各部分之和”。系统整体上凸现出了某些它们的组成部分所不具有的特征，而系统凸现的新特征无法通过还原论所采取的对其组分的分析而得出。比如，作为生命体基本结构的细胞具有生长、代谢等功能，而组成细胞的分子和原子则不具备这些功能特征。研究生物与其环境相互关系的生态学的兴起进一步提升了系统论的地位。生物与其环境通过复杂而微妙的关联构成生命系统。生态学第一定律认为“任何生物与其环境构成一个不可分割的整体”，生态学第二定律强调“生物多样性导致生态系统稳定性”。这些都在强调系统的重要性。

（2）系统论。追根溯源的话，系统论的源头是中国的传统哲学。哲学家荀子曾提出：“万物为道一偏，一物为万物一偏”的命题，说的是任何一物不过是万物的一部分，而万物又是宇宙的一部分。耗散结构理论的创立者普里戈金在其所著《从混沌到有序》中写道：中国文明对人类、社会和自然之间的关系有着深刻的理解。中国的思想对于那些想扩大西方科学范围和意义的哲学家和科学家来说，始终是启迪的源泉。

工业革命以来，人类对生态环境的破坏正是缺乏系统观所产生的后果。对此，被誉为现代环保运动“创始之父”的康芒纳在其所著的《封闭的循环——自然、人和技术》中写道：环境的恶化很大程度上是由新的工业和农业生产技术的介入引起的，这些技术在逻辑上是错误的，因为它们被用于解决单一的彼此隔离的问题，没有考虑到那些必然的“副作用”。这种副作用的出现，是因为在自然中，没有一个部分是孤立于整体的生态网络之外的，反之，技术上支离分散的设计是它科学根据的反映，因为科学分为各个学科，这些学科在很大程度上是由这样一种概念所支配着，即认为复杂的系统只在它们首先被分解为彼此分割的部分时才能被了解。

回顾人类对化石能源的大规模开发利用，以及由此造成的环境污染和气候变暖等问题，在认识论上的根源不正是上述原因吗?

系统思维构建了一种新的看待世界的方式，鼓励通过关注系统各部分之间的联系和关系来看待事物，而不只是孤立地看待各个部分。系统思维不再试图快速解决问题，而是倾向于思考可能造成的长期后果的行为，从而深化和拓展对事物的理解。

没有一种思维方式比另一种思维方式更好，各种思维方式都有其适合使用的条件。试图只使用一种思维方式就像闭着一只眼睛周游世界。它会扭曲我们的认知，限制我们的成就。所有的思维方式都是必要的，这样我们才能认识全局，并从全局角度分析和解决问题。

3.4.3 实践能力与创新能力

2010 年，国家中长期教育改革和发展规划纲要工作小组办公室发布《国家中长期教育改革和发展规划纲要（2010—2020 年）》，明确提出：“优化知识结构，丰富社会实践，强化能力培养。着力提高学生的学习能力、实践能力、创新能力”。

3.4.3.1 实践能力

马克思主义哲学认为实践能力是个体完成特定实践活动的水平和可能性。简单来理解，实践能力就是个体解决实际问题的能力。

实践能力以解决问题的层次和质量为衡量标准。据此可以将实践能力分为基本能力与综合能力两个层次。基本能力是指完成某一指定专门业务活动或具体工作任务的能力，比如绘图能力、实验动手能力、加工操作能力、数学运算能力、计算机运用能力、写作能力、沟通表达能力等。任何职业工作都要求从业者具有一定的基本能力。综合能力是指独立开展工作和分析解决问题的能力。能力大小和水平高低主要看解决、处理问题，尤其是复杂问题所取得的效果。新能源专业要求本专业的学生毕业时能够针对复杂工程问题，提出解决方案，参与实际生产系统、设备（部件）或工艺流程的设计，并具有系统运行和维护的能力。

作为工程及科技领域未来的从业者，大家将要遇到的问题通常分为两类，一是科学问题，二是工程问题。对于科学问题，科学家通常采用实验方法加以研究，而对于工程问题，工程师则采用工程设计加以解决。两种方法的对比见表3.8。

表3.8　科学实验方法和工程设计方法的对比

步骤	科学实验方法	工程设计方法
1	提出一个疑问	定义一个难题
2	研究该疑问	研究该难题
3	创立一个可供检验的假设	设计和建立一个可供检验的模型或方案
4	通过实验检验该假设	检验模型或方案，看它们能否解决问题
5	分析实验结果并得出一个与假设相关的结论	分析结果并完善解决方案
6	公布结果，并与别人的研究结果相比较	公布结果，将方案付诸实施，或者作为一种产品或服务进行销售
7	用更挑剔的疑问或实验过程中发现的新问题，来重复开展实验	加入更深入或更新颖的思想来重复上述过程，以求得到更好的方案，或者利用实施过程中发现的新问题对方案加以改进

科学研究过程如图3.16所示，可以通过对科学研究过程的分析，对解决科学问题的过程形成进一步的认知。图3.16中的科学研究过程如下：

（1）提出问题。研究过程的第一步是找到想要解开的疑问，也就是提出待解决的问题，问题可以来自对生活或生产现象的系统观察或者偶然发现。也可以通过阅读文献资料总结得出。提出有研究价值的问题通常并不是件容易的事，需要有良好的洞察力，许多情况下还需要有扎实的专业知识。

（2）明确定义问题并提出假说。人们对问题的认识在开始阶段往往停留在表层，需要不断的追问才能触及问题的本质。比如，对于利用木质纤维素原料生产乙醇技术（参见第2章），人们最容易看到的问题是纤维乙醇生产成本高，为什么生产成本高？因为原料预处理困难和纤维素酶用量大。为什么会产生这两个问题？因为木质纤维素存在抗降解屏障。抗降解屏障的本质是什么？是纤维素的高结晶态结构和木质素难生物降解的大分子结构。这样，通过不断的追问才能逐渐逼近问题的本质。科学假说是指根据已有的科学知识和新的科学事实对所研究问题做出的一种猜测性陈述。它是将认识从已知推向未知，进而变未知为已知的必不可少的思维方法，是科学发展的一种重要形式。

(3) 设计合适的研究方案。为验证提出的假说，需要设计一套详细的研究方案。研究方案包括实验对象或材料、分析测试指标、实验方法和工具等。

(4) 开展实验研究。通常情况下，可以按照设计好的研究方案直接开展实验。也可以先期开展预实验，预实验的作用在于为进一步的正式实验摸索条件，也可以检验实验设计的科学性和可行性，避免由于设计不周，盲目开展实验造成人力、物力、财力的浪费。

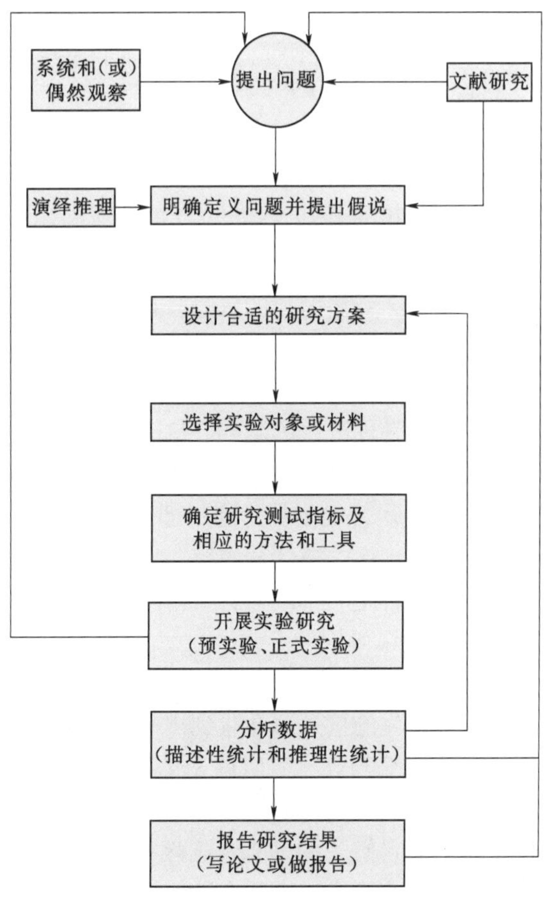

图 3.16　科学研究过程

(5) 实验结果和数据分析。通过对实验结果和数据的分析，一方面可以对假说进行证实或证伪，另一方面，也可能会出现超出设想之外的结果，或者发现新的问题。如果实验结果不理想，通常还需要对研究方案做出调整，再行开展实验。有时这个过程可能需要多次反复。

(6) 报告研究结果。在分析数据后报告结果，就已经接近研究过程的最后一步了。可以准备一份研究报告进行会议交流，或者撰写研究论文在学术期刊上正式发表。这一环节涉及一项重要的能力，即沟通表达能力，包括语言表达能力和文字表达能力。

表达能力是一项重要的实践能力，在大学生沟通表达能力普遍不强的情况下，强化这一能力的培养尤其需要引起大家重视。一个不能有效表达自己观点的人，通常被认为很难取得成功。对于工程师而言，为了有效和成功地构思、设计、实现和操作产品，他们通常需要在多学科团队中工作。有效的沟通和善于合作对团队顺利开展工作至关重要。因此，从进入大学开始，大家都应该利用一切可以利用的机会来锻炼和提高自己的沟通表达能力。

要提高自己的表达能力，既需要加强训练，还要学习并掌握必要的方法。这里推荐大家阅读切普·希斯（Chip Heath）和丹·希斯（Dan Heath）兄弟联合撰写的《粘住：为什么我们记住了这些，忘掉了那些》（Made to stick：why some ideas survive and others die），在书中，他们提出了能对受众产生“黏性”的信息所具有的共同特征：简单（simple）、出乎意料（unexpected）、具体（concrete）、可信（credible）、情感（emotional）和故事（stories），这六个特征的首字母加上Stories末尾的s刚好构成英文单词成功“SUCCESS”。这里简要介绍“简单”和“出乎意料”这两个特征，以便让大家对这个框架性的特征有个初步认识。

我们总是会记住简单的信息，而不是复杂的信息。而简单往往比复杂更难实现。我们处理的事物通常都具有复杂性，而要简化任何事情，你必须非常精通它的所有方面。当你有一个想法、一个信息或一个概念想要与别人交流时，你首先需要真正理解它的本质，这是你沟通的基础。这时你需要用尽可能少的词汇来解释它们，并保留信息的核心部分，以便使你的信息简洁而深刻。简而言之，简单并不容易。毕加索的一组《公牛》画很好地阐释了这一理念。毕加索画了11幅公牛，从一幅栩栩如生的公牛画开始，逐步地去掉部分内容，以求刻画公牛的本质。第十一幅画只用了几条线来描绘公牛，显然它是简单的，但毕加索是通过对复杂的掌握达到了这种简单。图3.17展示了这组画中的8幅。

意想不到的事件或信息比预料之中的更能吸引人们的注意力。寻找一个意想不到的角度来传达你的信息总会收到出乎意料的效果。三次奥斯卡提名奖获得者、《西雅图夜未眠》的编剧兼导演诺拉·艾芙隆，曾谈到高中新闻老师对她的影响。艾芙隆始终记得第一天上新闻课的情景。虽然学生们没有新闻工作经验，但他们带着“记者获取事实并报道它们”的理念走进教室。课堂上老师宣布了第一个作业。要求他们为报纸写一篇文章的开头。老师向他们描述了如下内容：“贝弗利山高中的校长肯尼斯·L·彼得斯今天宣布，下周四全体高中教师将前往萨克拉门托参加一个关于新教学方法的讨论会。演讲者包括人类学家玛格丽特·米德，学院院长罗伯特·梅纳德·哈金斯博士和加州州长埃德蒙德·帕特·布朗。”根据埃夫隆的回忆，她和大多数同学根据老师提出的线索重新整理了事实，并将其浓缩成一句话：“州长帕特·布朗、玛格丽特·米德和罗伯特·梅纳德·哈金斯，将于周四在萨克拉门托向比弗利山高中全体教员发表讲话……”老师收集了大家的作业，迅速浏览了一遍。然后他把它们放在一边，停了一会儿。他说，“这个故事的开头是‘下周四不上课’。”“那是一个激动人心的时刻。”艾芙隆回忆道。

从以上两个例子的介绍你可能已经体会出，要更好地提升自己的表达能力，科学方法的指导是非常重要的。

在经济全球化时代，国际交流合作能力是一项重要的实践能力。具备一定的国际视野，能够在跨文化背景下进行沟通和交流，且具有一定外语交流能力的人才在未来将会有更大的发展空间。

在经济全球化时代，我国工业需要走出国门，积极开拓国际市场，这是我国企业在全球配置资源的必然需求。我国新能源企业与国际市场的结合愈发紧密，例如，汉能控股集团进行了多起海外并购，2012年收购了德国知名太阳能公司Q－Cells的子

图 3.17　毕加索的《公牛》

公司 Solibro 的股权，2013 年又先后完成了对两家美国公司的并购。国家进一步对外开放，将吸引更多的外国资本进入我国市场，这也是经济全球化的必然趋势。顺应这种趋势需要大量高素质的工程师，他们不仅需要具有国际视野，而且还应具备在多元文化环境下与来自不同民族、地区和国家的人们进行交流、竞争与合作的能力。

培养国际视野需要从以下方面下工夫：①通过努力学习和参加各种交流活动，广泛涉猎和熟悉世界各国历史、文化、艺术、风俗等来开阔和丰富自己的眼界；②能够放眼全球，批判地吸收当今世界各国的先进文化；③具有广阔的国际视野，善于分析错综复杂的国际发展趋势；④具有深刻的国际眼光，能够洞悉世界风云变幻的实质；

⑤具有正确的国际视角，能够清晰审视和质疑西方媒体的舆论导向，提出自己的独立见解。

除上述能力外，在人类已全面进入第四次工业革命的时代，还有一项非常重要的能力，被认为是这个时代不可缺少的能力，那就是数字化能力。

数字化正在加速普及到社会的各个角落。"哪些技术将成为第四次工业革命的发展动力呢?"是克劳斯·施瓦布在其所著《第四次工业革命：转型的力量》中开篇提的第一个问题。在接下来的分析中，根据不计其数的机构所列出的榜单，他把最根本的发展驱动力提炼和归纳为物理类、数字类和生物类三类。他说："所有的新进展和新技术都有一些重要特点：它们很善于利用数字化和信息技术无所不在的力量。"世界经济论坛对2022年采用不同技术的科技企业占比预测充分显示了这种力量（图3.18）。

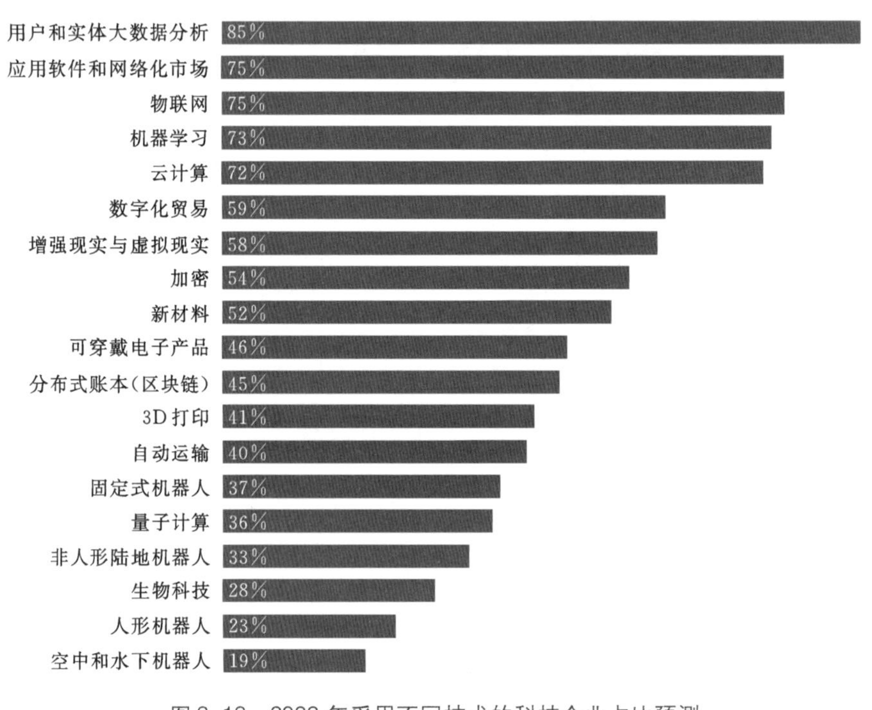

图3.18　2022年采用不同技术的科技企业占比预测
（世界经济论坛《2018未来就业报告》）

针对数字化能力，欧盟在2013年制定了数字素养框架（DigComp），2016年进行了修订形成了数字素养框架2.0版，该框架包含5个数字素养域和21个具体素养，见表3.9。

3.4.3.2　创新能力

创新能力是指创新主体在创造性的变革活动中表现出来的能力整合，即从产生新思想到产生新事物再到将新事物推向社会使社会受益的系列变革活动中，创新主体所具备的本领或技能。

"创新"（innovation）一词最早由奥地利经济学家约瑟夫·熊彼得（Joseph A Schumpeter）于1912年在其所著《经济发展理论》一书中提出。熊彼得认为：创新

表 3.9　　欧盟数字素养框架 2.0

数字素养域	具体数字素养
1. 信息和数据素养	浏览、搜索和筛选数据、信息和数字化内容。阐明信息需求，在数字化环境中搜索数据、信息和内容，进行访问并在它们之间导航。创建和更新个人搜索策略
	评价数据、信息和数字化内容。分析、比较和批判性地评估数据、信息和数字化内容来源的可信度和可靠性。分析、解释和批判性地评估数据、信息和数字化内容
	管理数据、信息和数字化内容。在数字化环境中组织、储存及检索数据、资料及内容。在一个组织化的环境中组织和处理它们
2. 沟通与协作	利用数字化技术互动。通过各种数字化技术进行互动，并了解特定环境下适当的数字通信手段
	通过数字化技术分享。通过适当的数字科技，与他人分享数据、资讯及数字化内容。充当传播中介时，了解文献引用和署名要求
	通过数字化技术参与公民活动。通过使用公共和私人数字服务来参与社会活动。通过适当的数字化技术寻求自我授权和公民参与的机会
	通过数字化技术协作。将数字工具和技术用于协作过程，以及资源和知识的共建和共创
	网络礼节。在使用数字技术和在数字化环境中进行交流时要了解行为规范和专有技术。使交流策略适应特定的受众，并意识到数字化环境中的文化和代际多样性
	数字身份管理。创建和管理一个或多个数字身份，以便能够保护自己的声誉，处理通过多个数字化工具、环境和服务产生的数据
3. 数字化内容创作	开发数字化内容。创建和编辑不同格式的数字化内容，以数字方式表达自己
	整合和重新阐述数字化内容。将信息和内容修改、细化、改进和整合到现有知识体系中，以创建新的、原始的和相关的内容和知识
	版权和许可。了解版权和许可如何应用于数据、信息和数字化内容
	编程。为计算系统计划和开发一系列易于理解的指令，以解决给定问题或执行特定任务
4. 安全	保护装置。保护设备和数字化内容，并了解数字化环境中的风险和威胁。了解安全措施，并充分考虑可靠性和隐私性
	保护个人数据和隐私。在数字化环境中保护个人数据和隐私。了解如何使用和共享个人身份信息，同时能够保护自己和他人免受损害。要了解数字化服务使用"隐私政策"来告知如何使用个人数据
	保护健康和幸福。在使用数字技术时能够避免健康风险以及对身心健康的威胁。能够保护自己和他人免受数字化环境中的潜在危险（例如网络欺凌）。了解数字技术对社会福祉和社会包容的影响
	保护环境。注意数字化技术及其使用对环境的影响
5. 解决问题	解决技术问题。在操作设备和使用数字化环境时识别技术问题，并加以解决（从故障排除到解决更复杂的问题）
	确定需求和技术响应。评估需求并识别、评估、选择和使用数字化工具以及可能的技术响应来解决它们。根据个人需求（例如可访问性）调整和自定义数字化环境
	创造性地使用数字化技术。使用数字化工具和技术来创造知识并创新流程和产品。单独和集体参与认知处理，以理解和解决数字化环境中的概念性问题和问题情况
	找出数字化能力差距。要了解自己的数字化能力在何处需要改进或更新。能够通过数字化能力发展来支持其他人。寻求自我发展的机会，并与时俱进

注：译自 https：//ec. europa. eu/jrc/en/digcomp/digital－competence－framework

就是通过对生产要素和生产条件的重新组合，使企业获得潜在的利润。2000年联合国经合组织《在学习型经济中的城市与区域发展》报告中提出："创新的含义比发明创造更为深刻，它必须考虑经济上的运用，实现其潜在的经济价值。只有将发明创造引入到经济领域，它才能成为创新"。根据上述定义可以看出，创新必须要能产生经济效益，同时创新不等于发明创造。创新作为一种商业行为，决定其成败的关键是其市场表现。图3.19是美国爱迪生发明奖对创新的阐释，很好地体现了这一理念。一个新的想法要形成真正服务于用户需要的创新，首先要满足经济上的可行性。

图3.19 爱迪生发明奖对于创新的阐释

熊彼得从经济角度提出的创新理论，现已发展成技术创新、管理创新和制度创新三个基本方向。

如何培养创新能力？这需要从认识构成创造力的要素开始。这些要素包括创新精神、创新思维、创新方法。

创新精神指人的创新意识和创新性格。创新意识是创新能力的基础，是人们进行创造活动的出发点和内在驱动力，是创新思维和创新能力的前提。创新精神源于好奇心，这是很多科学家的共识。例如，因对"核糖体的结构和功能"研究的贡献获得诺贝尔化学奖的以色列科学家阿达·约纳特，在接受采访时表示："好奇心和创造力是以色列人从小的驱动力，对于创新而言更重要的是要以一种新的方式来看待这个世界，去理解那些还未曾被我们理解的事物。"有一年，4位诺贝尔物理学奖得主到访清华大学，当被问及什么是科学发明最重要的要素时，不约而同地都说到了"好奇心"。但对很多人而言，随着年龄的增长，好奇心变得越来越弱，爱因斯坦也曾说："好奇心能够在正规的教育体制中幸存是个奇迹"。因此，培养创新能力，应该从保护我们的好奇心做起。此外，就创新精神而言，善于创新者通常都具有虚心好学、坚持不懈、敢想敢干、百折不挠的精神特征。

创新思维是实现创新的核心。创新思维是不受现有思路的约束，寻求对问题独特的、全新的解决方法的思维过程。创新思维的哲学内涵是对传统的辩证否定，因此，批判意识是创新思维和能力形成的灵魂。在创新思维中，新观念、新思想、新方法、新思路往往是通过发散思维获得的，因此，发散思维是创新思维的重要特征。但同时还应该看到，若仅仅把思维停留在发散思维阶段，就难以抓住问题的实质和关键，达不到创新的目的。因此，从这个意义上讲，创新思维是发散思维与收敛思维的互补。重视创新思维是马克思主义的优良传统，马克思、恩格斯特别重视创新，他们指出，"全部问题都在于使现存世界革命化，实际地反对并改变现存的事物"，因此马克思主义者要依据实践的变化，分析问题，解决问题，进而推动人们的思维"按照人如何学会改变自然界而发展"，最终实现思维创新。

创新思维源自人类丰富的想象力。培养创新能力，必须重视想象力的发挥。爱因斯坦说："想象力比知识更重要，因为知识局限于我们已经知道和理解的，而想象力覆盖整个世界，包括那些将会知道和理解的"。苏格兰哲学家杜格尔德·斯特华特说："想象的才能是人类活动最伟大的源泉，也是人类进步的主要动力……毁坏了这种才能，人类将停滞在野蛮的状态之中。"

开展创新还需要掌握创新方法。哲学家黑格尔有这样一句名言："方法是世界上至高无上的不可战胜的唯一力量。我只要掌握了一个方法，我就可以生出万物来。"创新方法是指创新活动中带有普遍规律性的方法和技巧。在长期的创新活动中人们提出了大量的创新方法。比如试错法、头脑风暴法、逆向思维法、形象思维法等单项创新方法，以及体系化的发明问题解决理论等。下面通过两个案例让大家对创新方法有个初步认知。

案例 1：联合利华公司利用试错法解决洗衣粉喷嘴堵塞问题。

联合利华公司在用传统方式生产洗衣粉时，沸腾的化学制剂通过一个超高压喷嘴喷射出去，压力下降后，这些化学制剂就被分解成了蒸汽与粉末。但麻烦在于，那些喷嘴总是发生堵塞，让洗衣粉凝成大大小小的颗粒。这对公司来说是个大问题，不仅需要维护设备并因此浪费时间，而且还会对产品质量造成影响。

为了解决这个问题，公司向数学家组成的精英团队求助。团队成员都是高压系统、流体力学和化学分析专家。这些专家在状态变化方面进行了深入研究，列出了复杂的公式，开会讨论问题。在经过长时间研究后，他们提出了一种新型设计，但结果是新设计不起作用。

联合利华几乎绝望地向生物学家团队求助。生物学家们先选出了 10 个喷嘴，对每一个都进行了很小的改动，然后对其进行测验。有的喷嘴比较长，有的比较短，有的喷口大，有的喷口小，有的内部刻上了凹槽。总之，每一个在原型的基础上都只做了非常小的改进，改变的程度也许只有 1%或 2%。他们选出了"胜出"的喷嘴，然后以之为基础又制作了 10 个稍微不同的喷嘴，重复了测试过程，并继续反复测试多次。在重复了 45 次这种过程，经历了 449 次"失败"后，他们做出了理想的喷嘴，如图 3.20 所示。相信最后这一结构再高明的工程师也不可能一次性设计出来。

案例 2：电脑键盘的进化。

提前预判技术或产品的发展趋势，可以为创新指明方向。键盘是我们都很熟悉的电脑配件，我们平常所使用的键盘都是刚性结构的，相对来说不便于携带，为了解决该问题，人们首先想到通过折叠解决问题，设计了折叠键盘，在此基础上进而又发明了柔性键盘，再往后是流体键盘，最酷的是使键盘消于无形的激光投影虚拟镭射键盘。键盘的进化历程如图 3.21 所示。

有意思的是，键盘沿着增加结构柔性进化的趋势并不是孤立现象，很多技术的发展都遵循这一规律，例如，人类能源的发展也符合这一规律。人类最早使用的薪柴和随后使用的煤炭都属于固体燃料，然后是液体燃料石油，接着是气体燃料天然气，而电能则使能源进化到了场的范畴。

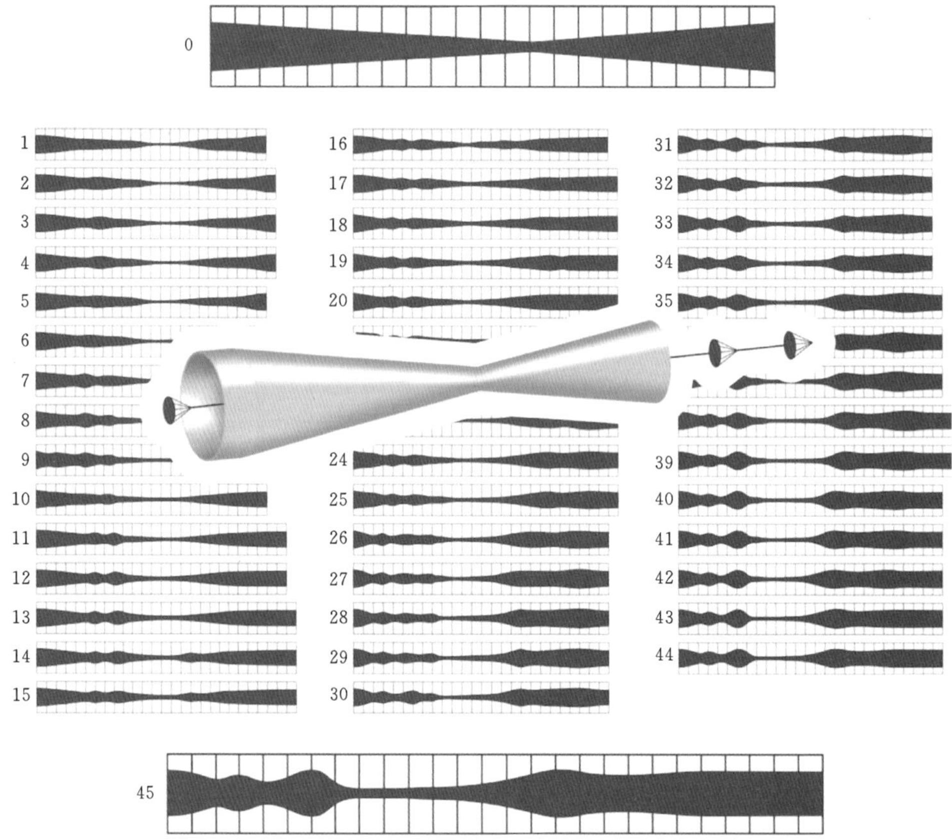

图3.20　联合利华公司经历45代改进和449次失败后设计的喷嘴

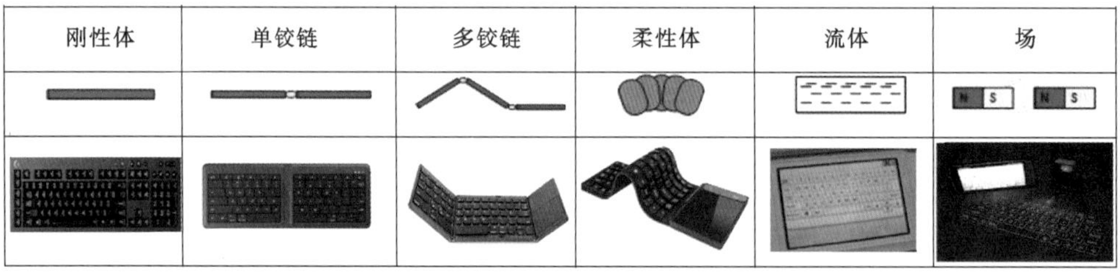

刚性体	单铰链	多铰链	柔性体	流体	场

图3.21　键盘的进化历程

上述规律是俄罗斯科学家 Genrich Altshuller 在其创立的发明问题解决理论（TRIZ）中提出的8个技术系统进化法则中的一个，即动态性进化法则。该法则指出：技术系统的进化应沿着增加结构柔性、可移动性、可控性的方向发展，以适应环境状况或执行方式的变化。

1946年，Altshuller开始了发明问题解决理论的研究工作。当时他在苏联里海海军的专利局工作，在处理世界各国发明专利过程中，他发现任何领域的产品改进、技术的变革、创新和生物系统一样，都存在产生、生长、成熟、衰老、灭亡的过程，是有规律可循的。以后数十年，他致力于TRIZ理论的研究和完善。在他的领导下，苏联的研究机构、大学、企业组成了 TRIZ 研究团体，分析了世界近 250 万份高水平的发明专利，总结出各种技术发展进化遵循的规律，以及解决各种技术矛盾和物理矛盾的创新原理和法则，并最终建立起了 TRIZ 理论体系。在此推荐大家在网上去寻找 TRIZ 相关的学习资源，通过学习认识并掌握这套理论。

3.5 素质提升

3.5.1 基本素质

（1）爱国敬业精神。爱国敬业精神是指在爱国主义这一中华民族传统和精神支柱的作用下，以恭敬、负责、严谨和兢兢业业的态度对待和热爱自己的本职工作，为民族的复兴、国家的富强和中国梦的实现而努力工作、无私奉献。当前，工程科技人员的爱国敬业精神还表现在努力在各自的工程专业领域中提高我国的工程创新能力，使我国尽快地从“中国制造”转变成为“中国智造”或“中国创造”，从而提高我国的综合国力。

（2）工程职业道德。工程职业道德是所有工程师都必须遵守的一系列道德标准。工程师的工作对所有人生活质量的影响是直接且至关重要的。因此，在工程职业生涯中，大家应遵守道德行为规范的最高准则。工程职业道德的基本准则见表 3.10。

表 3.10　工程职业道德的基本准则

序号	基本准则	具体要求
1	将大众的安全、健康和福利永远置于最高优先级别	（1）当大众的利益受到威胁时，必须通知雇主、客户或政府部门。 （2）只同意、批准或签署关于大众身体、财产、福利和健康符合规定标准的工程文件。 （3）除非法律或前述准则规定、批准或需要，未经客户或雇主同意，不得泄露相关事实、数据或信息。 （4）在执业过程中，不得将自己或企业的署名使用于具有欺骗性的，不诚信的行为或商业活动中
2	只提供执业能力范围内的服务	（1）只接受通过教育或经验获得任职资格的特定技术领域的工作任务。 （2）对于不了解的领域，或涉及缺乏执业能力的项目或课题任务时，绝不轻易签署任何计划或文件
3	发布公众言论时要客观、真实	（1）在专业报告、陈述或证词中应确保客观、真实。 （2）对技术问题发表公开言论时要以事实为基础。 （3）除非预先公开自己及利益方的关系，不得对自己及利益方涉及的相关技术问题做陈述、评价或辩解
4	做客户或雇主的忠实代理人	（1）向雇主或客户揭示所有已知或潜在的利益冲突。 （2）未经项目所有相关利益方同意，不擅自接受该项目的补偿及经济利益。 （3）在公众服务中不应参与涉及自己利益的决定（避免利益冲突）
5	避免欺骗性行为	不篡改、夸大或误导学术或职业资格，如夸张过去的业绩或成果

（3）追求卓越的态度。追求卓越的态度是每一位高素质工程师必须具备的一条基本素质，表现在其对待本职工作的方方面面，不论是产品或项目的开发、设计和生产，还是设备运行和维护等各个方面均要追求不断完善、精益求精、尽善尽美。只有

以这种不断追求、永无止境的态度为前提，才能够研发和生产出高质量的产品、设计建造出高水准的项目，才能够提升创新能力，才能够赢得竞争优势。

（4）艰苦奋斗精神。艰苦奋斗精神是一种不怕艰苦、顽强拼搏、战胜困难的精神，一种奋发图强、锐意进取、艰苦创业的精神，一种为国家和人民的利益乐于奉献、不畏劳苦、勇于献身的境界。艰苦奋斗是中华民族的传统美德，与人类社会发展同在，它不因物质生活的富裕、精神文化生活的繁荣而时过境迁。因此，艰苦奋斗精神是对每一位高素质工程师的本质要求，要成为他们开拓创新、成就事业、实现中国梦的精神力量和不懈动力。

（5）社会责任感。社会责任感是指工程师个体对自身在人类社会发展中所应承担责任的总体意识，或工程师个体对国家集体以及工程活动其他利益相关者所履行或承担的职责任务和使命的态度。工程师的社会责任包括保护公众的安全健康和福利，重视环境保护、生态平衡和可持续发展，自觉维护国家和社会公共利益。

（6）人文素养。人文素养是指人所具有的文学、史学、哲学和艺术等人文学科知识以及由这些知识所反映出来的人格、气质和修养。工程师们不仅要关注工程技术问题，更肩负着工程技术造福人类的终极使命。因此必须具备人文素养，才能够更好地理解工程与社会、历史、文化的关系和内涵，才能在改造物质世界的同时，促进人类文明的进步与发展。

3.5.2　现代工程意识

现代工程意识包括质量意识、效益意识、可持续发展意识、职业健康意识、服务意识和安全意识。

（1）质量意识。质量意识是工程师对质量和质量工作的认识、理解和重视程度。良好的质量意识是工程师追求卓越的前提，需要贯穿于工程师一生的工作中。

（2）效益意识。效益意识指的是工程师在从事各种工程活动中对经济效益和社会效益的重视程度，以及对两者关系的认识水平。经济效益是指在工程活动中成本与成果的对比，是评价一项工程活动是否应该进行的重要指标。任何工业产品或工程项目都要充分重视经济效益。经济效益意识就是注重以最优的资金占用或最少的成本支出产出尽可能多的有用成果。社会效益是指工程活动所产生的好的社会效果和影响，以及给企业带来的好的社会形象、影响和信誉等。社会效益意识就是注重企业应承担的社会责任，在工程活动中重视生产企业应有的社会效益。因此，良好的效益意识就是要求工程师在开展工程活动时，不仅重视企业的经济效益，而且注重其社会效益，使企业在获得好的经济回报和持续发展动力的同时，形成好的社会认可和支持环境。

（3）可持续发展意识。1987 年，世界环境与发展委员会发表了影响全球的题为《我们共同的未来》的报告，提出了“可持续发展”概念。可持续发展是指既满足当代人需要，又不对后代人满足其需要的能力构成危害的发展。可持续发展意识是每个人都应有的意识。可持续发展意识需要工程技术人员树立平等意识，应站在人与自然平等、当代人与后代人平等的角度进行工程设计和建设；要确立环保意识，重视环境保护、处理好人与自然的关系。在认识技术或工程环保性时，要学会从全生命周期视角进行分析。虽然新能源属于清洁能源，但是在新能源产品及设施的生产制造，以及新能源发电厂建设和运行过程中，都可能不同程度地对生态环境产生一些负面影响。例如，光伏发电虽然是一种清洁的能源生产方式，但太阳电池中的晶硅材料的冶炼却存在高耗能和高污染问题。在硅片生产的全部过程中，二氧化碳的排放、化学废液的处理、含氯气体或液体的泄漏，都会对环境造成不同程度的污染。

（4）职业健康意识。职业健康意识包括人们在职业活动过程中的身体生理健康、心理健康和适应社会能力。良好的职业健康意识是工程师预防职业疾患，保持身心健康、乐观向上和能在各种环境下顺利开展工作的主观条件。

（5）服务意识。服务意识是人们自觉主动地为服务对象提供热情和周到服务的观念和愿望，是现代企业为应对市场竞争，要求员工必须具备的重要意识，工程师的服务意识不仅反映在设计和研发阶段，还反映在产品售后或工程项目交付使用后的保养、维护、维修和更新阶段。

（6）安全意识。安全意识是工程师在从事生产活动中对安全现实的认识，以及对自身和他人安全的重视程度。良好的安全意识关系到工程人员的人身安全、广大职工的切身利益、国家和企业财产的安全，以及经济的健康发展和社会的安全稳定。由于工程师安全意识的缺乏，或者说没有严格遵守“将大众的安全、健康和福利永远置于最高优先级别”这一准则，从而导致重大工程灾难的事例在历史上时有发生。大家熟知的“泰坦尼克号”沉没导致的重大灾难就是其中一例（图 3.22）。它首航时船上大约有 2200 人，但只配备了 20 艘救生艇，仅仅能够容纳一半的乘客，这不是设计的疏忽，而是设计师错误地认为这艘巨轮是不可能沉没的，因而固执地认为不需要过多的救生艇。

图 3.22 “泰坦尼克号”的沉没

随着新能源产业的快速发展，各种事故会时有发生，某些新能源工程事故如图 3.23 所示。这都在提醒我们安全的重要性。

事故案例：荷兰某污水处理厂沼气爆炸事故

2012 年 10 月 21 日凌晨 7:45，荷兰某污水处理厂发生沼气爆炸事故，事故现场照片如图 3.24 所示。

事故调查报告如下：

(a) 风机着火事故　(b) 风机倒塌事故
(c) 水上光伏电站着火事故　(d) 沼气发酵罐爆炸事故

图3.23　新能源工程事故

图3.24　事故现场照片

1. 基本情况

发生事故的污水处理厂沼气工程部分包括两个发酵罐，一个储气柜，所产沼气用于发电，工程平面布局如图3.25所示。

2. 事故经过

(1) 21日凌晨1:53第一次检测到沼气泄漏后，沼气发电机随之停机，因此沼气

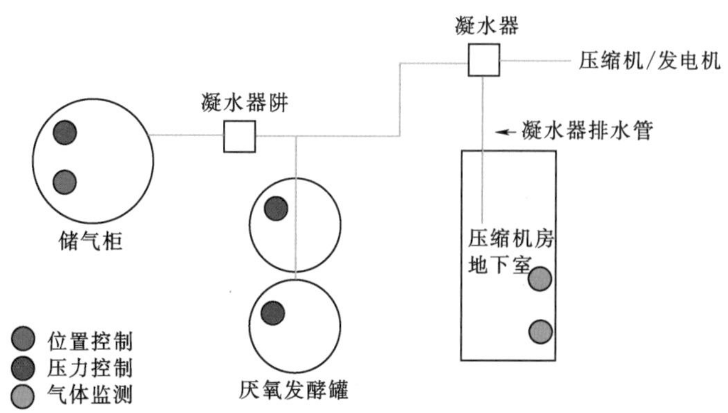

图3.25 发生事故的沼气工程平面布局

不再被消耗。

(2) 由于沼气发酵罐内依然有沼气产出，因此储气柜钟罩升高，达到上限后，储气柜内的压力升高。

(3) 压力升高导致凝水器内的水被排空，之后沼气大量泄漏进入地下室，储气柜内的沼气通过排水管释放，储气柜钟罩下降并最终排空。

(4) 7:44 爆炸发生。

事故发生的时间线如图3.26所示。

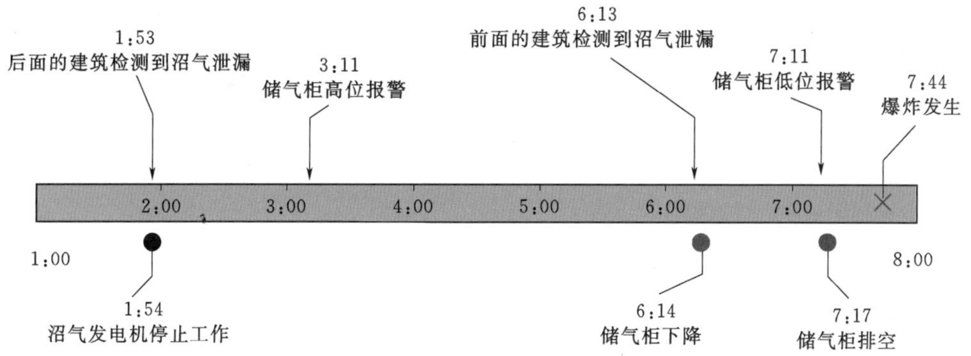

图3.26 事故发生的时间线

3. 事故原因

导致这次事故的首要原因被认为是人为过错。事故发生当天的凌晨2:00值班工人就接收到了压缩机房下面的地下室发生沼气泄露的信号，但是他没有采取任何行动，6:14第二次接收到沼气泄露信号后他同样没采取任何措施，直到爆炸发生后该工人才到达现场。

第二方面的原因是设计失误。首先将凝水器排水管通到压缩机房的地下室就埋下了事故隐患，而且输气管道与地下室之间只通过凝水器作为安全屏障，当管道内压力超压后沼气就会毫无阻挡地排放到地下室。

第三方面的原因是管理和培训方面的过错。调查并没有说明值班工人是否接受了关于如何对沼气泄漏进行正确处理的培训。因此，工人对沼气泄漏的认识不足或者不知道如何采取合理的处理措施也可能是事故发生的原因。

4. 事故的教训

沼气工程的安全涉及多方面的因素，包括设计、操作、管理、紧急处理程序等。当与这些因素相关的安全保障全部失守后，发生事故就是不可避免的。

对安全时刻保持警惕是人们应该秉持的原则。这是墨菲定律给人类的告诫。墨菲定律指出：事情如果有变坏的可能，不管这种可能性有多小，它总会发生。另一简单的表述是“有可能出错的事情，就会出错”。

墨菲定律是由美国人爱德华·墨菲（Edward A. Murphy）提出的。1949 年，当时还是爱德华兹空军基地上尉工程师的墨菲，参加美国空军进行的火箭减速超重实验。这个实验的目的是为了测定人类对加速度的承受极限。其中有一个实验项目是将 16 个火箭加速度计悬空安装在受试者上方，当时有两种方法可以将加速度计固定在支架上，而不可思议的是，竟然有人有条不紊地将 16 个加速度计全部装在错误的位置。墨菲据此提出了墨菲定律这一著名的论断。

墨菲定律揭示了在安全管理中人们为什么不能忽视小概率事件的科学道理，揭示了安全管理必须发挥警示职能，坚持预防为主原则的重要意义。事故是一种不经常发生和人们不希望发生的意外事件，属于小概率事件。由于这些小概率事件在大多数情况下不发生，因此，往往被人们忽视，产生侥幸心理和麻痹大意思想，这恰恰是事故发生的主观原因。

人们对事故开展调查，主要的目的在于探明事故发生的原因，并据此总结出应该从中吸取的教训。然而，现实一再告诉我们，类似的事故经常会一而再、再而三地发生。黑格尔有一名言：“人类从历史中学到的唯一的教训，就是没有从历史中吸取到任何教训。”由此可见，安全意识的建立并不是一件容易的事情，我们唯一能做的就是让安全意识成为一种习惯。

思考题

1. 你如何理解波普尔的“科学理论的基本特征是它应具有可证伪性”的观点？请举一个社会科学的例子来分析。

2. 第一个自然哲学家泰勒斯有一个论断：“万物源于水”。这句话被认为是人类哲学思维的开端。请在自学泰勒斯思想的基础上来分析这一论断的意义。

3. 请结合自己的生活经历或通过对一些现象的观察，尝试提出一个复杂性工程问题。

4. 科学家解决科学问题和工程师解决工程问题有何异同之处？

5. 请根据工程教育专业认证提的 12 条毕业要求，结合专业知识体系和课程体系，并根据自身情况，尝试制定一份能力提升计划表。

6. 请回忆在你的成长经历中所遇到的令你好奇之事，以及你对好奇之事的探究。并想想你的好奇心是否在随着年龄的增长而变化。

7. 请尝试分析"温室效应"现象的本质是什么？

8. 罗伯特·海夫纳三世在其所著《能源大转型：气体能源的崛起与下一波经济大发展》中，提出人类所使用的能源最终会完全转向气体能源。你如何看待该观点。

9. 你怎么评价自己的批判性思维能力，试举例说明。

10. 要在玉米和汽车之间建立联系，你能想到哪些途径？

11. 央视新闻2019年12月30日消息：陕西省榆林市靖边县伊当湾村，地处毛乌素沙漠南缘，华能陕西靖边电力有限公司在当地开工建设光伏电站，规划用地超过3000亩。近日，有村民反映"施工方砍伐树木超10万棵"，涉嫌破坏极脆弱的沙漠生态环境。你如何分析该报道。

12. 以下分别是见诸各种媒体的一些沼气安全事故，以及某公司统计的一些风电机组着火事故，从中你能得到哪些警示？

（1）沼气事故：

1999年，杭州灯塔养殖场沼气工程储气罐爆炸事故，2死1伤。

2001年，杭州田园养殖场沼气工程中毒事故，2死1伤。

2012年，四川省德昌县麻栗乡三合村沼气中毒事故，5人死亡。

2014年，安溪县垃圾焚烧发电厂渗滤液池爆炸，3死2伤。

2015年，福建永安市大湖兴旺养殖场沼气中毒事故，3人死亡。

2016年，杭州萧山大江东养殖场沼气罐爆炸，2死3伤。

2017年，大连旅顺龙头街道盐厂新村污水池沼气中毒，8死2伤。

（2）风电机组着火事故：

2009年2月，某公司风电场一台风电机组发生着火事故，导致该风电机组机舱和一个叶片全部烧毁，另外两个叶片轻微烧损，直接经济损失一千多万元。

2009年7月，某项目公司300MW特许权项目中正处于设备调试期的一台风电机组发生着火事故，导致该机组烧毁。

2011年6月，某公司风电场一台风电机组发生着火事故，导致机舱烧毁、三只叶片根部烧损、其中一只叶片烧损严重、轮毂外壳烧毁、第三节塔筒过火。

2012年2月，某风电场一台1.5WM风电机组起火，导致该风电机组机舱及三叶片严重损毁，两名在风电机组上检修的人员1死1失踪。

第4章 新能源产业及绿色岗位

新能源科学与工程专业和新能源材料与器件专业均是面向新能源产业发展对专业人才的需求而设立的。作为国家战略性新兴产业，我国新能源产业规模已高居世界首位，且还处在不断增长之中，由此提供了大量的工作岗位。新能源产业提供的岗位被归类为绿色岗位。这些岗位分布于新能源产业链的上游、中游和下游的各个环节。本章对各种新能源产业链进行了整体分析，并对工程职业进行了介绍，旨在帮助大家建立起对新能源产业的整体认知，并进一步结合对工程职业的认识，形成对未来工作岗位以及今后所投身宏伟事业的预期。

4.1 新能源产业及产业链

4.1.1 新能源产业发展现状及趋势

全球能源格局处在不断发展和变化之中：自2010年以来，电力在全球能源体系中的重要性不断增强；新能源技术及产业迅速发展，发电成本大幅下降；可再生能源对煤炭等化石能源的替代不断加速；发电侧清洁替代和用能侧电能替代已成为能源体系改革的重要方向。

新能源发电成本快速下降将破解长期制约其发展的价格因素，使其与化石能源相比，更具竞争力。对许多国家而言，可再生能源将会成为成本最低的新增发电能源。根据IEA研究，到2040年，所有可再生能源在总发电量中的占比将达到40%，而欧盟新增发电产能的80%将会来自可再生能源，届时，可再生能源在全球能源消费中的占比将增长到16%。可再生能源的增长并不仅仅限于电力行业，在供热领域同样存在很大的发展潜力，世界不同区域可再生能源利用方式现状及预测如图4.1所示。

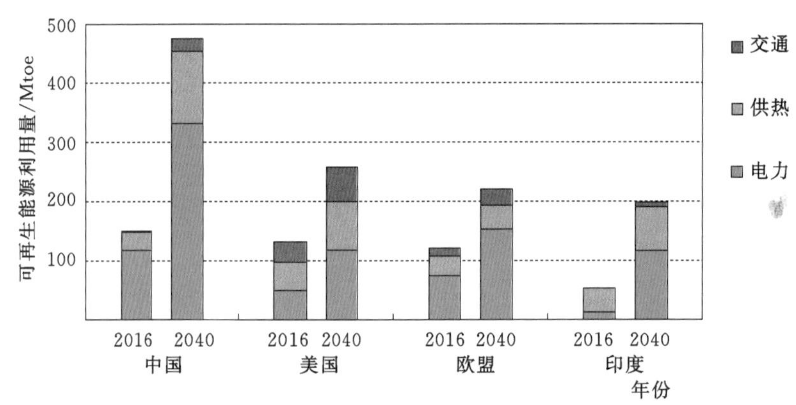

图4.1 世界不同区域可再生能源利用方式现状及预测

电气化是全球能源发展的趋势。在全世界各种能源的终端用途中，电力占比持续增加。全球电力投资在2016年首次超过了油气投资，由于用电人口不断扩大，世界每年会新增4500万电力消费者。根据IEA《2017世界能源展望》，到2040年，电力会占到最终能源消费增量的40%——这是石油在过去25年能源消费增长中的占比。到那时，我国用于制冷的电力需求将会超过当今日本的电力需求总量，我国电力基础设施的增量会相当于当今美国整个电力系统的容量，印度的增量相当于如今欧盟电力系统的规模。电力在传统领域应用增长的同时，也用于采暖和交通领域，使得其在最终能源消费中的份额趋近25%。

我国作为全球第一大能源消费国，早在2009年，就将新能源列为国家战略性新兴产业以推动能源结构转型。目前，我国在新能源与可再生能源技术及产业版图中已成为引领者。我国面向2050年的能源发展转型之路注定是高比例可再生能源发展之路，这是由经济、环境和能源发展底线共同决定的。经济发展是第一要务，根据国家发改委能源研究所的研究，到2050年，我国经济社会要超过一个底线，人均GDP将达到届时中等发达国家的水平，GDP总量的底线是282万亿元。同时，该研究认为生态环境要恢复持久的碧水蓝天是不可逾越的“红线”，评判标准是届时因能源生产和消费活动排放的各种污染物的量，要降低到20世纪70年代末的水平，PM2.5实现世界卫生组织的宜居标准。要实现上述两大目标，需要建成绿色低碳电力体系这一“生命线”，使终端能源利用电气化水平超过50%。

国家发展和改革委员会能源研究所研究了两种情景下我国能源系统的发展路线：第一种是“既定政策”情景，即延续当前我国能源及环境政策的能源发展路径；第二种是“低于2℃”情景，即我国履行《巴黎协定》目标，由此会影响到的我国能源发展路径。研究结果认为，无论是我国政府既定政策的贯彻执行，还是履行《巴黎协定》，就能源转型而言，都需要一个雄心勃勃的能源系统巨大转变来实现。这种转变势必推动新能源产业的快速发展。

4.1.2 新能源产业链

新能源产业是以生产清洁、可再生能源产品为核心的生产体系，体系内各个环节相互关联，并且在发展过程中不断拓展。对这个体系加以描述的最重要形式就是产业链。与化石能源产业以资源开采为核心不同，新能源产业的核心是能源的转换、储存与利用。因此，从本质上看，新能源产业是制造业。经过多年的发展，太阳能、风能、生物质能等新能源都已形成了相对完整的产业链。以下从产业链的上游、中游和下游系统介绍各种新能源产业。

4.1.2.1 光伏产业链

我国光伏产业快速发展，太阳电池制造达到世界先进水平且制造规模迅速扩大，多晶硅冶炼技术日趋成熟，形成了一套完整的制造产业体系，该体系包括材料及电池片、太阳电池及组件、逆变器控制设备等的生产制造。光伏产业已成为我国可参与国际竞争的优势产业之一。根据IEA《光伏应用趋势2016》(*Trends in photovoltaic applications* 2016) 和《光伏应用趋势2019》(*Trends in photovoltaic applications* 2019)，近年来，无论是新增装机容量还是累计装机容量，我国都处在世界第一的位置，不仅占据绝对优势，而且领先优势在不断增加，2015年和2018年世界各国光伏新增及累计装机容量占比如图4.2所示。

太阳能产业发展的主体是光伏产业，其次是光热产业（包括太阳能供热和发电）。光伏产业链由硅料、硅锭、硅棒及硅片加工，太阳电池及组件生产，电站的建设与运营等环节组成，如图4.3所示。

光伏产业链实现了从“砂”到“金”的转变。硅是地壳中第二丰富的元素，但它极少以单质的形式在自然界出现，而是以复杂的硅酸盐或二氧化硅的形式，广泛存在于岩石、砂砾、尘土之中。硅料分为低纯度硅料（纯度为98%~99%）和高纯度硅料（纯度在99.9999%以上）。低纯度硅料又称工业硅料，它的生产是整个产业链中

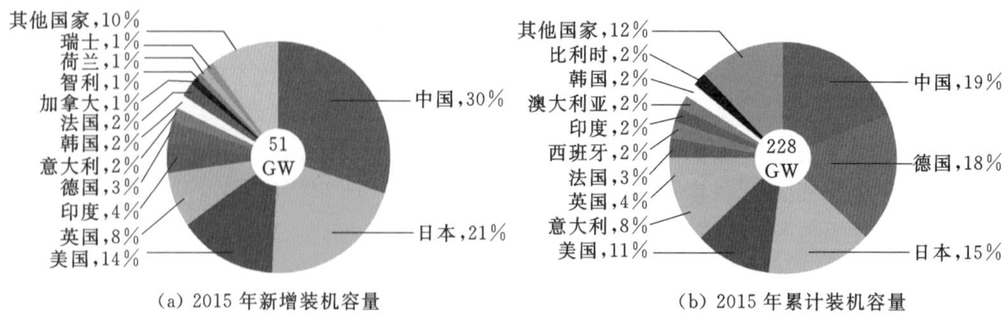

(a) 2015 年新增装机容量　　(b) 2015 年累计装机容量

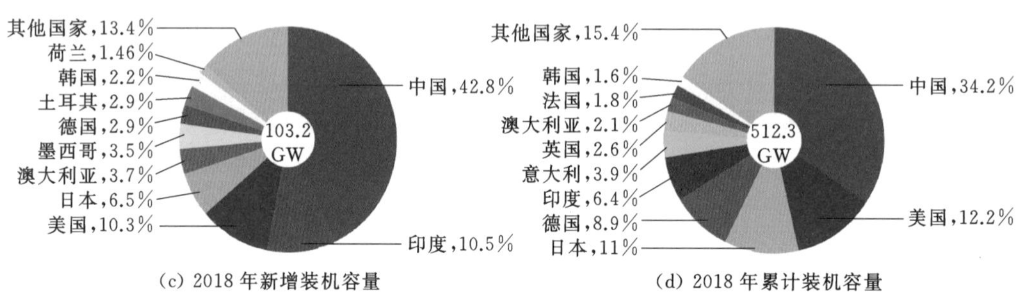

(c) 2018 年新增装机容量　　(d) 2018 年累计装机容量

图 4.2　2015 年和 2018 年世界各国光伏新增及累计装机容量占比

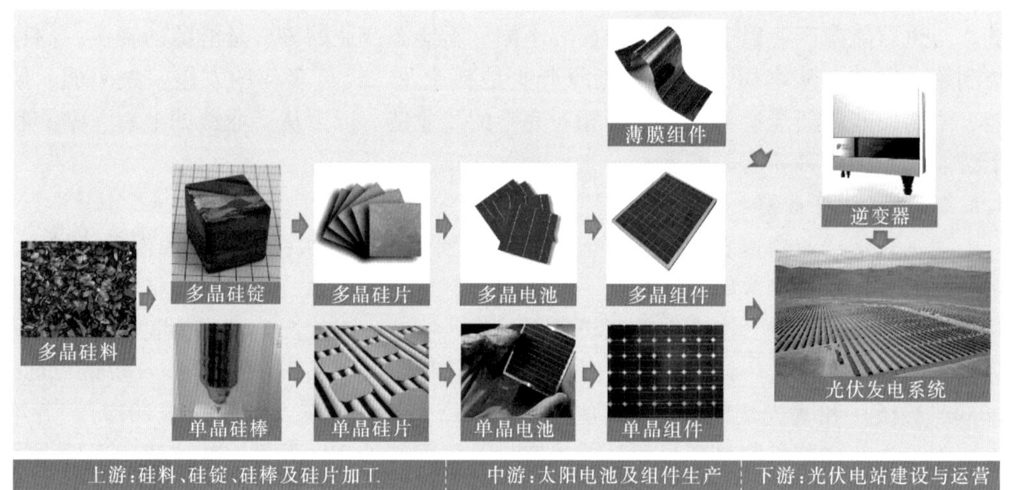

图 4.3　光伏产业链

高污染和高能耗的一个环节，且技术要求比较低。而由工业硅料生产高纯度硅料对技术的要求高，且高纯度硅料的价格高。光伏产业发展的早期，高纯度硅料的生产被国外公司所垄断，经过多年努力，我国已实现了超越，但是，硅料生产过程中的高能耗和高污染问题还亟需通过技术的不断进步加以解决。

硅片的生产由铸锭（或单晶生长）、切方滚磨、多线切割机切片、化学腐蚀抛光等工艺环节组成，技术难度仅次于多晶硅。其中铸锭（或单晶生长）属于高耗能环节，图 4.4 是直拉单晶炉及生产的单晶棒。2015 年我国硅片总产能约 64.3GW，产量约 48GW，同比增长 26.3%，约占全球总产量的 79.6%，全球生产规模前 10 家企业均位于我国。太阳电池和组件的生产属于劳动密集型产业，我国企业在这两个产业链环节同样占据优势地位。

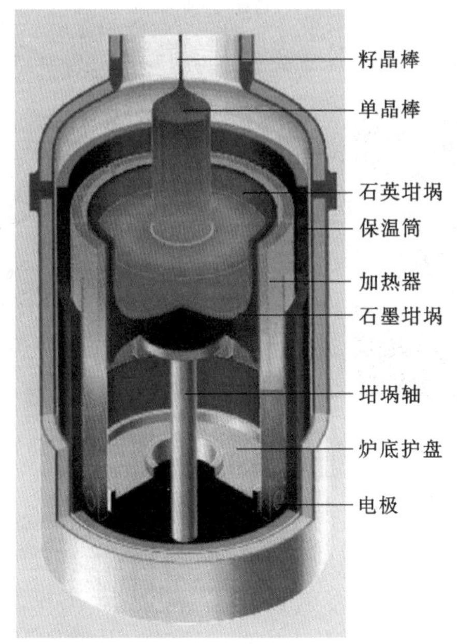

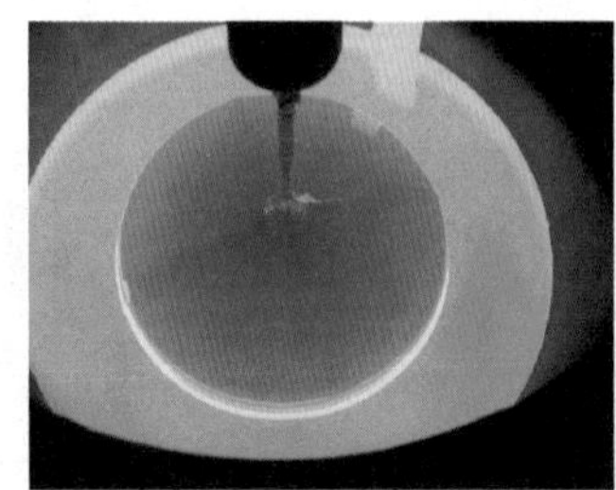

图 4.4　直拉单晶炉及生产的单晶棒

就目前我国光伏发电系统的发展方式来看，集中式光伏电站仍占据优势地位，但与此同时，分布式光伏电站的建设也在不断加快，2016 年分布式光伏发电装机容量 424 万 kW，比 2015 年新增装机容量增长了 200%。

4.1.2.2　光热产业链

光热产业链主要涉及太阳能热水器材料和部件的生产、太阳能热水器整机的生产、太阳能热水工程或光热发电工程的建设与运维。就太阳能热水器而言，其产业链上游主要是部件和材料的生产，包括集热器、保温水箱、支架、连接管道和控制部件等，中游则主要是热水器的组装，而下游主要是热水器产品的销售。很多太阳能企业的业务范围会同时覆盖上游、中游和下游。

根据 IEA 和 REN21 的报告，全球太阳能热利用市场保持稳定增长，2018 年集热器面积达到 6.86 亿 m^2。

从全球太阳能供暖应用来看，小型系统应用最广泛，市场占比达到 90%以上。大型系统处于规模化发展的初期，在丹麦及北欧国家处于快速发展阶段，主要应用于当地大的供热管网或者是区域供热网。超大型太阳能供热项目多为季节性储热项目。截至 2018 年年底，全球最大的 4 个太阳能供热项目都是季节性储热项目，而且太阳能保证率都在 50%以上。2009 年建成的 Gram 项目，集热面积 44836m^2，2011 年建成的 Vojens 项目，集热面积 69991m^2，2014 年建成的 Dronninglud 项目，集热面积 37500m^2，2016 年建成的 Silkeborg 项目，集热面积 157000m^2，该工程由 12436 个标准的太阳能集热板组成，Silkeborg 太阳能供热工程如图 4.5 所示。

图 4.5　Silkeborg 太阳能供热工程

全球工业供热需求巨大。根据 IEA 的研究报告，工业终端能源消费量占到全球能源消费总量的 32%，其中 74%是供热需求。从目前供应状况看，90%以上都是依靠化石能源，只有 9%左右来自可再生能源。从终端需求看，高温热力需求占到 48%，中温 22%，低温 30%。低温热力（<150℃）主要用于洗涤、消毒、加热、炊事等多个行业；中温热力（150~400℃），可用于蒸馏、硝酸盐熔融、染色、加压等工业用途；高温热力（>400℃），主要用于发电行业。太阳能空气集热器、真空管集热器、平板集热器的工作温度都在 150℃以下，可提供低温热力。槽式集热器和菲涅尔集热器可提供中温、甚至高温的热力。

太阳能热发电以其与电网匹配性好，光电转化率高，连续稳定发电，调峰发电能力较强，发电设备生产过程绿色、环保且不产生有毒物质等特点受到关注。在整个生命周期中，光热发电每千瓦时二氧化碳排放量的中位数仅有 18g，远低于光伏的 110g。光热发电具有较为经济的可储热性和可补燃性，兼具光伏发电的清洁性和火力发电的电网亲和性。

光热发电机组因其配置储热系统，因此可以作为电力系统中的主力机组承担基本负荷，也可以作为电力系统中的调峰机组承担调峰负荷。与常规储电电池相比，光热电站的储热系统成本只有其十分之一左右，且其运行效率更高，损耗更低。从调峰技术层面上看，大容量、低成本的储热系统能够更快速、更深度地调节出力，在 15min 以内就可以实现 20%~100%的电力调节，速度比火电更快、深度更深。

当前太阳能热发电按照太阳能采集方式主要可划分为槽式、塔式、菲涅尔式和碟式。在全球建成和在建的太阳能光热发电站中，槽式光热发电数量最多。尽管如此，由于塔式光热发电系统综合效率高，更适合于大规模、大容量商业化应用，在规划建设的光热电站项目中，塔式所占的比例已经超出了槽式技术。综合判断，未来塔式光热发电技术可能会成为光热发电的主流。

光热产业包括太阳能热水器、太阳能热发电、太阳能制冷等多个产业方向。与光伏产业链相对独立不同，光热产业链则是对传统产业的升级和优化，对其他产业具有巨大的拉动作用，可带动的产业包括钢铁、玻璃、高端装备制造、化工产品与工程、电力产品与工程等。就太阳能热水器产业而言，我国是世界第一大国。虽然近年来家用热水器市场销量呈萎缩状态，但太阳能热水工程却保持增长态势。在太阳能热发电产业方面，我国还处在发展起步阶段。

4.1.2.3　风电产业链

1. 产业概况

风能产业主体在风力发电，风电技术比较成熟，成本不断下降，是目前应用规模最大的新能源发电方式。在风力发电产业领域，我国是世界风电第一大国。截至2019年，在世界累计风电装机容量中，我国占比超过1/3，而当年的新增装机容量更是占到了全世界总装机容量的43.3%，超过排名在其后的美国、英国、印度、德国、瑞典、法国、墨西哥、阿根廷及澳大利亚新增装机容量之和，2019年新增装机容量和累计风电装机容量排名前十的国家如图4.6所示。

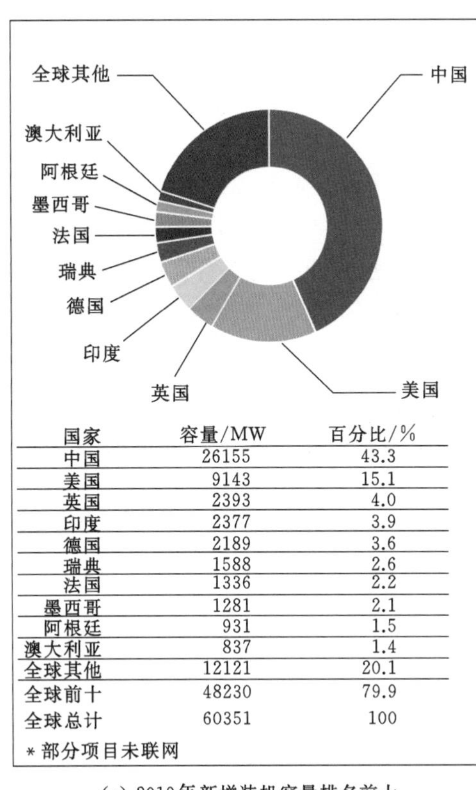

国家	容量/MW	百分比/%
中国	26155	43.3
美国	9143	15.1
英国	2393	4.0
印度	2377	3.9
德国	2189	3.6
瑞典	1588	2.6
法国	1336	2.2
墨西哥	1281	2.1
阿根廷	931	1.5
澳大利亚	837	1.4
全球其他	12121	20.1
全球前十	48230	79.9
全球总计	60351	100

* 部分项目未联网

(a) 2019年新增装机容量排名前十

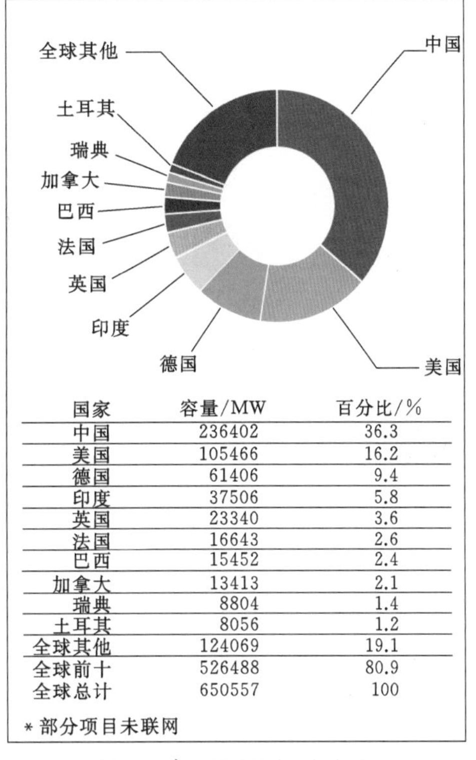

国家	容量/MW	百分比/%
中国	236402	36.3
美国	105466	16.2
德国	61406	9.4
印度	37506	5.8
英国	23340	3.6
法国	16643	2.6
巴西	15452	2.4
加拿大	13413	2.1
瑞典	8804	1.4
土耳其	8056	1.2
全球其他	124069	19.1
全球前十	526488	80.9
全球总计	650557	100

* 部分项目未联网

(b) 2019年累计装机容量排名前十

图4.6　2019年新增风电装机容量和累计装机容量排名前十的国家
[来源于全球风能协会（Global Wind Energy Council，GWEC）]

随着世界各国对能源安全、生态环境、气候变化等问题日益重视，加快发展风电已成为国际社会推动能源转型发展、应对全球气候变化的普遍共识和一致行动。主要表现在以下方面：

（1）风电已在全球范围内实现规模化应用。到2019年年底，全球风电累计装机容量达6.51亿kW，遍布100多个国家和地区。其中2019年，全球新增风电装机容量0.6亿kW。在我国，风电已成为新增电力的重要组成部分。“十三五”期间，我国风电新增装机容量连续四年领跑全球，风电在电源结构中的比重逐年提高。

（2）风电已成为部分国家新增电力供应的重要组成部分。2000年以来风电占欧洲新增装机容量的30%。2015年，风电在丹麦、西班牙和德国用电量中的占比分别达到42%、19%和13%。随着全球发展可再生能源的共识不断增强，风电在未来能源电力系统中将发挥更加重要的作用。丹麦、德国等国把开发风电作为实现2050年高比例可再生能源发展目标的核心措施。到2019年年底，我国风电并网装机容量达到2.1亿kW，年发电量4057亿kWh，首次突破4000亿kWh，占全国总发电量的5.5%，已成为我国继煤电、水电之后的第三大电源。

（3）风电开发利用的经济性显著提升。随着全球范围内风电开发利用技术不断进步及应用规模持续扩大，风电开发利用成本持续降低。巴西、南非、埃及等国家的风电招标电价已低于当地传统化石能源上网电价，美国风电长期协议价格已下降到与化石能源电价同等水平，风电开始逐步显现出较强的经济性。

从产业链来看，风电产业链主要包括上游的零部件生产，中游的整机制造，以及下游的电场投资运营，风电产业链构成如图4.7所示。

图4.7　风电产业链构成

目前，风电全产业链基本实现国产化，产业集中度不断提高，多家企业跻身全球前10名。我国风电产业已经形成包括叶片、轮毂、变桨系统、主机机架、齿轮箱、轴承、发电机、变流器、控制系统、机舱罩、导流罩、塔筒等在内的完整的零部件生产体系。其中，叶片、轮毂、主机机架、发电机、齿轮箱、机舱罩、导流罩、塔筒的产业化进程较快，国产化率较高，技术含量较低的机舱罩、导流罩、塔筒甚至出现了较为严重的产能过剩状况。

风电机组的核心电控部件，如变桨系统、主控系统和变流器，目前均已实现国产化，但这些电控系统中的部分核心器件，如可编程逻辑控制器（programmable logic controller，PLC）、绝缘栅双极型晶体管（insulated gate bipolar transistor，IGBT）等，目前主要依赖国外进口。而核心的机械部件，如变桨和偏航的大型回转轴承，这类轴承基本实现国产化，且制造技术已居于国际领先水平；而主轴轴承，主要还是由国外企业或者在我国的外资企业供货为主，国内传统轴承企业自有技术与国外先进水平尚存在差距。

中游整机制造的现状则是市场集中度显著提高，产能相对过剩。2007 年以来，我国风电机组整机制造领域的同质化竞争带来的产能过剩，加上核心技术的相对缺失以及下游运营企业的发展放缓，导致整个行业微利甚至负债运营。经过 2012—2013 年的内部重组整合，我国整机制造技术有较大进步，整机制造市场的竞争趋于理性。过去 10 年，整机企业的排名、各个企业的装机份额发生的次序变化比较明显，市场集中度有较大幅度提高，龙头企业优势开始凸显，2019 年排名前三位的企业占了 61%左右的市场份额，前十大企业的市场份额更是达到了 94%。

下游电站投资运营方面，2010 年之前很集中，风电投资运营的主要市场份额都被以五大发电集团为首的国有企业所占据，而在 2010 年之后的 10 年间呈现出逐渐分散的发展趋势（地方国企、特别是民企也加入到开发运营队伍）。2018 年，五大发电集团以及中国广核集团有限公司六家企业的风电累计装机容量达 12089 万 kW，占全国风电总装机容量的 57.7%。其中，国家能源投资集团有限责任公司的累计装机容量排在第一位，达到了 3980 万 kW，国家电力投资集团有限公司为新增装机容量排名第一，为 252 万 kW，2018 年我国风电运营企业新增装机和累计装机容量如图 4.8 所示。

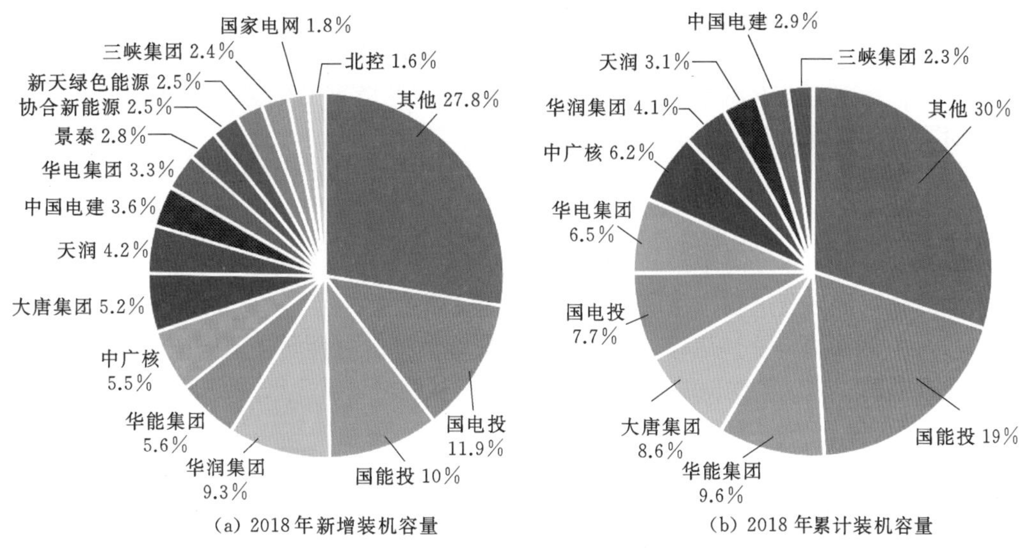

图 4.8　2018 年我国风电运营企业新增装机容量和累计装机容量

我国海上风电场规模较小，且发展起步晚，与欧洲海上风电发展水平存在较大差距。但在 2018 年，我国海上风电发展提速，新增装机容量达到 165.6 万 kW，同步增长 42.7%；累计装机容量达到 444.5 万 kW。2018 年共有 7 家整机制造企业有新增装机容量。

2. 存在的问题

目前我国风电行业主要存在以下问题：

（1）环保问题成为制约风电产业健康发展的重要因素。在我国植被覆盖较好的中、东、南部地区，已有多个省份因生态破坏暂停发展风电。未来国家对项目生态环境保护的要求将更加严格，风电业主将承担更大的环境风险和法律责任。国家林业和草原局已发文明确提出要严禁风电项目使用重点林区林地，未来中、东、南部地区环保、水保、林地、土地等审批将更加严格，集中式风电项目开发难度越来越大。

（2）技术创新时间不足可能带来技术和质量风险。大容量机组技术的研发、高塔筒新材料的应用、生产线的升级革新等，都需要一定的时间。而仓促推行平价上网，新产品和技术进步的应用和验证时间明显不足，会导致整机厂家因市场生存压力而降低创新动力和创新投入，只求加快产品上市节奏，放大机组技术和质量风险。

（3）海上风电出现“大跃进”式发展趋势。2018 年 5 月国家能源局发布竞价上网政策以来，各地方政府为了抢电价，出现集中核准海上风电项目的情况，这些核准项目的成熟度、建设条件是否都能落实存在疑问。海上风机大型化发展速度显著加快，广东要求 5MW 以上，福建将标准提升至 8MW 以上。为了迎合海上风电大规模开发，各机组厂商都在加快推出 6MW 及以上机型，但样机不多且运行时间短，设备稳定性、发电量水平还有待市场检验。

（4）风电场建设质量不容忽视。一些国产风电机组由于设计能力不足和工艺水平较低，设备质量不容乐观，发电机、齿轮箱、控制系统、电气系统等故障频繁出现；随着时间推移，越来越多的机组超出质保期，部分早期投产的老旧机组故障率逐年增加；有些开发商一味追求速度，忽视风电场建设质量，出现过风机着火、倒塔等严重事故；特别是海上风电，过去几年建设质量问题频繁发生，海上风电运维难度大，对项目发电量和经济效益影响很大。

3. *发展趋势*

进入“十三五”时期以来，绿色经济建设、区域战略实施以及新一轮电改推进，都将为我国风电产业发展带来新的机遇。因此风电产业未来将加速“市场化、规模化、国际化”的发展进程，并呈现出六方面的发展趋势。

（1）空间布局将加快优化。从国家层面来看，将出台科学合理的产业布局规划，促进就近并网、当地消纳，缓解弃风限电难题；从跨区域层面来看，通过跨区域合作和上下游配套，形成一批区域性合作、产业链完善、创新能力强的风电产业集聚区；从区域层面来看，基于各区域的区位优势、资源优势、产业优势和科技优势，优先发展本区域最有基础、最具优势条件、能够取得率先突破的细分产业，形成一批产业链完善、创新能力强的风电产业基地。重点规划建设酒泉、内蒙古西部、内蒙古东部、冀北、吉林、黑龙江、山东、哈密、江苏 9 个大型现代风电基地。以南方和中东部地区为重点，大力发展分散式风电，稳步发展海上风电。

（2）发展模式将加快转变。随着供给侧结构性改革以及新一轮电力体制改革的深化，我国风电产业将进入发展相对平缓、稳中提质的增长区间，发展模式将进行深度调整。首先，产业发展将立足用电市场的拓展和用户需求的培育，推进装备制造和发电侧的结构性调整和定向性调整，满足终端用户多样化、个性化的服务需求；其次，产业发展向规划引导、龙头企业带动、市场配置资源的发展模式转变，注重技术研发、装备制造、电力利用过程的服务支持。

（3）产业格局将加快重塑。一方面，分布式风电可以直接并网发电，既经济又可靠，而且对电网的冲击性较小，随着分布式风电的持续增长，分布式项目将在风电产业中占据越来越多的市场份额；另一方面，由于海上风电适宜大规模开发的特点，我国将加快海上风电项目的建设步伐。

（4）行业主体将加快优化。随着产业的深度调整和企业的兼并重组，规模化、创新型企业成为风电产业的中坚力量。一方面，上游零部件生产和中游整机制造业将进行深度的兼并重组，风电产业集中度将进一步提高，淘汰一批资产规模较小、经济效益较差的中小企业，并形成一批资产规模较大、核心竞争力较强、具备区域整合能力的行业龙头企业；另一方面，创新驱动作用将更加显著，科技型、创新型企业将发挥越来越重要的作用。

（5）技术创新将加快推进。“互联网+风电”成为发展趋势，我国风电产业的智能化水平进一步提高，推动风电产业向高端、高效、高辐射方向发展。借助互联网、大数据、云计算等新兴信息技术和手段，加快发展拥有核心技术和自主知识产权的风电产业链条，优先发展附加值高、带动性强、在未来能够形成庞大产业规模和应用市场的细分产业。

（6）海外市场将加快拓展。通过加强关键技术的研发及引进消化吸收再创新，提升核心技术竞争力和开发能力，我国风电产业的国际分工地位将实现由中低端向高端的转移。随着“一带一路”战略实施，沿线国家和地区将成为我国风电产业的发展承接地和新的利润增长点，并形成“优势互补、资源共享”的产业合作格局，推动风电产业良性发展。

4.1.2.4 生物质能产业链

生物质能在人类文明发展进程中始终占有重要地位，是人类所使用的第四大能源。但由于传统的利用方式在整个生物质能消耗中占据很大的比重，而且传统生物质能利用方式形不成产业，这导致目前生物质能利用虽然总量占优，但其产业规模却低于太阳能和风能。尽管如此，其在全球能源大转型的进程中仍具有不可替代的地位和作用，而其作用和地位的体现则需要现代化的技术，以及基于技术之上的产业发展做支撑。

与风能和太阳能产业以电能生产为主有所不同，生物质能产业发展的重点是燃料，以满足人类对燃料和热能的需求。未来几十年，生物质能将继续提供大量的供暖和运输燃料，发展生物质能也是实现联合国可持续发展目标的重要举措。2015 年 9 月 25 日，联合国可持续发展峰会在纽约总部召开，联合国 193 个成员国在峰会上正式通过了 17 个可持续发展目标，如图 4.9 所示。该目标旨在从 2015 年到 2030 年间，以综合方式彻底解决社会、经济和环境三个维度的发展问题，转向可持续发展道路。

围绕该目标，2016 年 11 月，由中国、美国、英国、巴西、法国、加拿大、丹麦、荷兰、瑞典、意大利等 20 国发起成立了“生物未来平台（Biofuture Platform）”。该组织的最终目的是帮助全球对抗气候变化，培育低碳运输和生物经济的解决方案，为联合国可持续发展目标，尤其是目标 7 和目标 13 做出贡献。

2017 年，联合国气候变化大会在德国召开期间，除美国外的 19 个成员国联合发

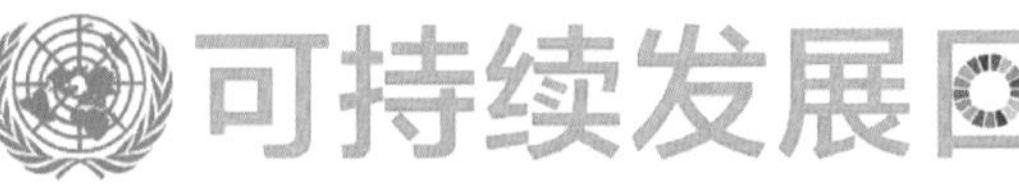

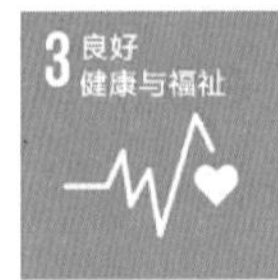

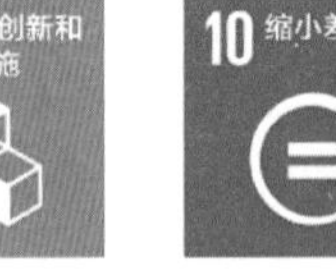

图4.9　联合国制定的可持续发展目标

表了《扩大低碳生物经济：一项紧迫而重要的挑战》的愿景声明，承诺将通过增加对生物质能的使用，来达到减少依赖燃煤发电的目的。19国在声明中说，将按最终能源需求制定一个可持续生物质能的贡献目标，并定下可持续生物质能作为运输燃料的最低比率。同时，他们还将扩大“生物经济”发展，即在可再生能源、材料或化学品的生产中采用植物的所有经济活动。声明还提出，为了实现“将全球平均升温幅度控制在2℃以内的目标”，在接下来的10年，全球能源体系中生物质能至少要增加一倍。这19国的人口占全世界总人口的一半，经济规模占全球的37%，因此，该目标的实现过程将会推动全球生物质能产业的发展。

总之，无论是全球发展目标的实现，还是国内发展需求的保障都为生物质能产业未来的发展奠定了良好的基础。

生物质能产业涉及生物质发电、燃料乙醇、生物柴油、航空生物煤油、生物天然气、沼气、生物质成型燃料等多个方向，因此，生物质能产业链比太阳能和风能产业链复杂。可以从总体上对其上游、中游和下游进行简要归类，生物质能产业链如图4.10所示。

生物质能产业的上游主要是生物质原料的收集、储存与运输。以农作物秸秆为例，原料的收集、储存和运输需要一条复杂的物流体系。秸秆收、储、运物流体系如图4.11所示。该体系涉及各种机械和交通设施以及管理，其复杂性的根源在于秸秆资源的分散性及低能量密度。秸秆收、储、运的成本往往成为许多生物质电厂和燃料厂能否盈利的决定性因素。解决该问题的需求推动了秸秆收获和运输机械的发展。

生物质能产业链的中游主要涉及燃料与发电厂的设计与建设，生物质预处理和转化装备的开发与制造，以及酶制剂等生物燃料生产材料的生产等。由于生物质原料种类的多样性以及同一种原料之间的差异性等原因，生物燃料厂和发电厂都需要根据建设地点的原料来源情况进行设计和建设，这些工作需要具有资质的机构承担。

图 4.10　生物质能产业链

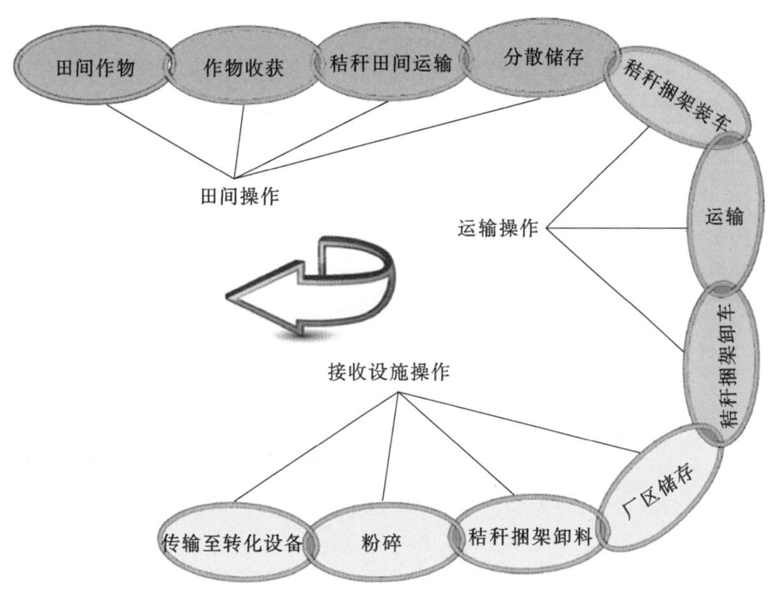

图 4.11　秸秆收、储、运物流体系

生物质能转化利用装备种类很多。例如沼气产业涉及厌氧反应器、储气柜、脱硫塔、脱水器、提纯装置、搅拌器、监测与控制装置等，其核心是厌氧反应器。虽然近年来我国沼气产业取得了显著进步，但先进反应器的专利大都掌握在国外公司手中，例如荷兰 Paques 公司的内循环（internal circulation，IC）反应器，美国 Biothane 公司的膨胀颗粒污泥床（expanded granular sludge bed，EGSB）反应器等。多年来我国都处在跟随的位置，这一状况亟待破解。成型燃料产业涉及的设备主要是各种成型机械、成型燃料燃烧设备及原料粉碎和干燥等预处理设备等，成型设备磨损是困扰该产业多年的突出问题。生物质发电厂的主要设备是生物质锅炉、发电设备以及环保设备，生物质锅炉存在的主要问题是结渣与沉积腐蚀。生物质气化厂的核心设备是各种生物质气化炉，焦油问题是生物质气化面临的突出问题。

纤维燃料乙醇产业和生物质柴油产业涉及的设备都是相对成熟的工业设备，制约这两个产业发展的主要是技术和经济方面的问题，其中酶成本高是两者面临的共性问题。目前，作为第二代生物燃料的纤维燃料乙醇技术已开始进入产业化阶段，由于避开了第一代生物燃料存在的“与人争粮”和“与粮争地”的问题，该产业被人类寄予厚望。2017年9月，国家发改委、国家能源局、财政部等15部门联合印发《关于扩大生物燃料乙醇生产和推广使用车用乙醇汽油的实施方案》，提出到2025年力争纤维素乙醇实现规模化生产。

在燃料乙醇产业领域，我国与燃料乙醇先进国家存在较大差距。近年来，世界燃料乙醇生产消费规模快速增长，从2005年的3628万t，增加到2016年的7915万t。据美国可再生燃料协会数据，2016年全美生物燃料乙醇总产量达4554万t。通过立法，车用乙醇汽油在美国应用已实现全覆盖，年减排CO_2超过4350万t，提供就业岗位40万个，图4.12是美国生物燃料发展现状及目标。巴西是全球燃料乙醇第二大生产消费国，也是最早实现车用乙醇汽油全覆盖的国家，其燃料乙醇已替代了国内50%的汽油。2016年，欧盟燃料乙醇产量为409万t。根据规划，2020年生物燃料在欧盟交通运输燃料消费总量中所占比重将至少达到10%。相比较而言，我国生物燃料发展空间还很大，2016年，我国燃料乙醇消费量不到成品油消费量的1%。

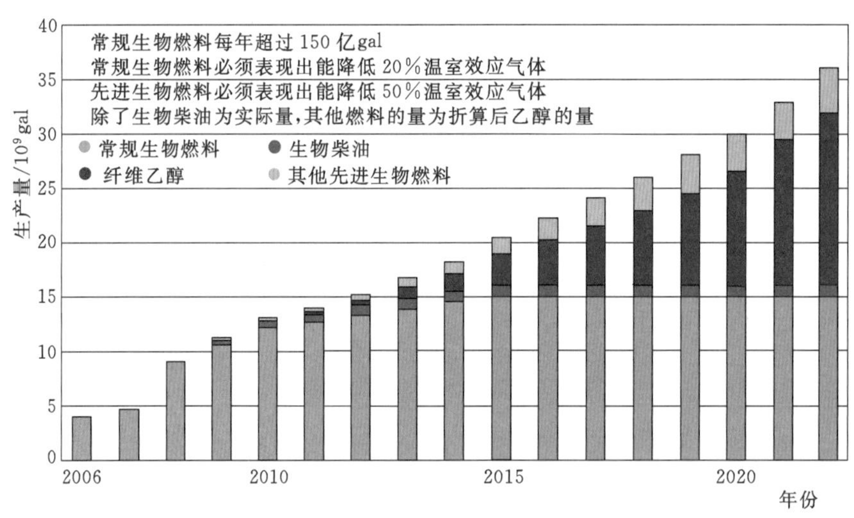

图4.12 美国生物燃料发展现状及目标

生物质成型燃料产业主要服务业于供热和采暖领域，包括给生产企业供应蒸汽、热水，以及用于集中或分散采暖等。近年来，合同能源管理（energy performance contracting，EPC）模式已成为推动生物质成型燃料产业发展的重要商业模式。EPC模式采用如下节能服务机制：节能服务公司与用能单位以契约形式约定节能项目的节能目标，节能服务公司为实现节能目标向用能单位提供必要的服务，用能单位以节能效益支付节能服务公司的投入及其合理利润。合同能源管理模式如图4.13所示。其实质

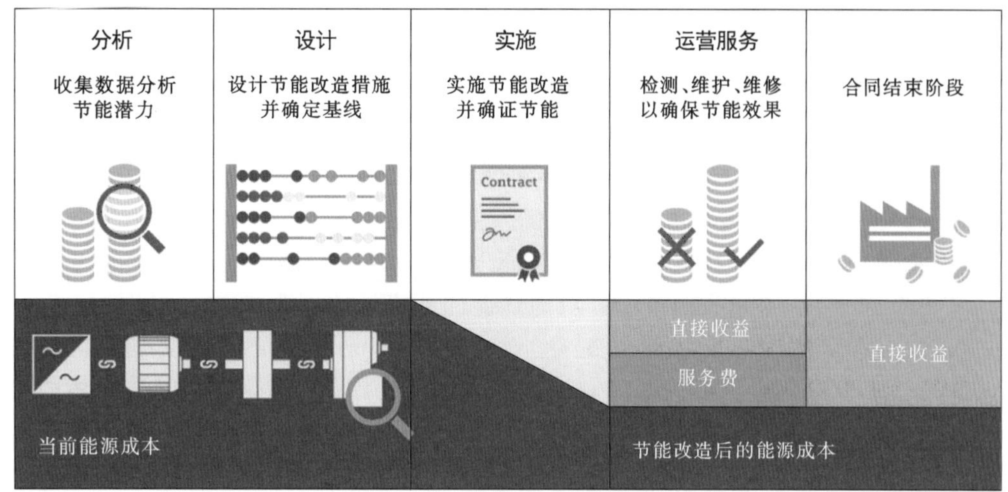

图 4.13　合同能源管理模式

就是以减少的能源费用来支付节能项目全部成本的节能业务方式。

生物质能产业链的下游则主要涉及燃料厂和发电厂的运营，以及燃料的输配和销售等环节。截至 2015 年，我国生物质发电总装机容量约 1030 万 kW，其中，农林生物质直燃发电约 530 万 kW，垃圾焚烧发电约 470 万 kW，沼气发电约 30 万 kW，年发电量约 520 亿 kWh，生物质发电技术基本成熟。随着我国清洁取暖需求的不断增加，生物质热电联产受到了广泛重视，这将会进一步推进生物质能产业的发展。

相较于风能和太阳能，生物质能的一大优势是它能以不同的形式，帮助平衡电网、天然气管网、热力网以及交通用能网络，生物质能对电网、气网和热网的平衡作用如图 4.14 所示。这主要得益于生物质资源可以储存的特性。

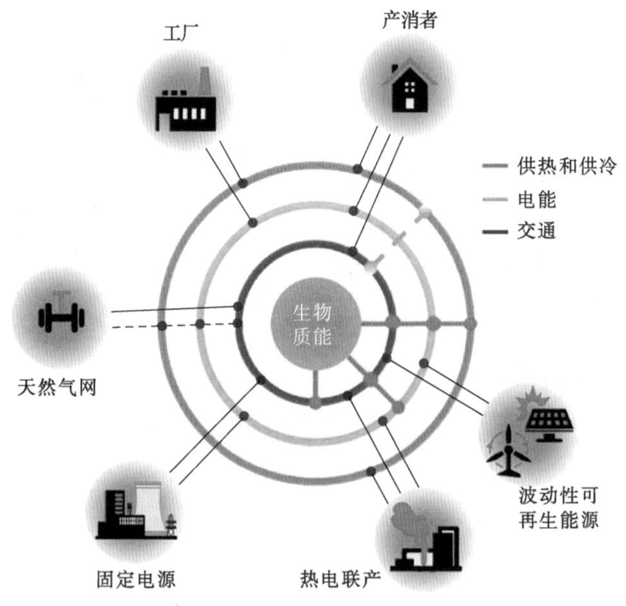

图 4.14　生物质能对电网、气网和热网的平衡作用

4.1.2.5 地热能产业链

我国是地热资源大国，在全球约4900万亿t标煤的地热资源量中，我国约占1/6。我国地热直接利用连续多年位居世界首位，是排名第二的美国的两倍多。我国地源热泵供热的建筑应用面积已超过1.4亿m^2，全国地源热泵系统年销售额已超过50亿元，并以30%以上的速度在增长，单体地源热泵系统应用面积高达80万m^2。但我国地热发电规模则比较低。为推动我国地热能的发展，2017年，国家发展和改革委员会、国土资源部及国家能源局共同编制了《地热能开发利用"十三五"规划》，这是我国首份针对地热能的国家规划。根据该规划，"十三五"时期，我国将新增地热能供暖（制冷）面积11亿m^2，新增地热发电装机容量500MW。到2020年，地热供暖（制冷）面积累计达到16亿m^2，地热发电装机容量约530MW。2020年，地热能年利用量7000万t标准煤，地热能供暖年利用量4000万t标准煤。

目前，全球地热发电项目在持续增加。整个中美洲和南美洲的地热开发都在向前推进。萨尔瓦多计划在2019年年底之前使地热能在其能源结构中占比达40%。哥斯达黎加从日本国际协力机构获得了5亿美元的信贷额度，新增165MW地热发电能力。随着地热能开发技术越来越成熟，成本逐步降低，地热能发电将成为很多国家发展新能源的重要选项。由国际可再生能源署领导并获联合国气候变化框架公约支持的全球地热联盟（Global Geothermal Alliance，GGA），承诺到2030年将全球地热发电能力提高到65GW。

地热能产业链包括地热资源勘探与开采、地热电站设计建设、热泵等设备生产、电站运营及地热能利用等多个方面。地热能产业链如图4.15所示。地热能开发利用需要成套技术，从主机的研发制造到工程的设计、安装、调试，是一个紧密关联的高技术产业链。

图4.15 地热能产业链

从整个产业发展看，地热能在未来的发展中，有地热供暖、地热发电、地热农业、温泉地产四个主要利用途径，它们将发展成为支撑地热能产业的四大支柱。

1. 地热供暖

随着我国经济水平的不断提升，人民对取暖的需求日益增加，但目前以煤炭为主要取暖燃料的能源结构造成了严重的大气污染问题。为解决该问题，国家提出了清洁取暖目标。在各种新能源中，地热能是进行都市建筑集中供暖最具优势的绿色能源，已有大量成功运行的案例。2014 年，雄县成为华北地区首个地热供暖代替燃煤取暖的地区，目前雄县地热供暖能力达到 450 万 m^2，覆盖率超 95%。定位为绿色生态宜居新城区的雄安新区，设立以来首个确认的具体投资领域正是地热能。雄安新区地下热水资源年均开采量折合标准煤超过 200 万 t，可满足近千万平方米建筑群的供暖需求。

2. 地热发电

地热发电是地热能间接利用的主要形式，目前，世界各国都在积极开发地热发电。地热发电在这些国家的发展，已经不仅仅是一种经济需要，更是一种对未来几十年甚至更长远的能源投资。我国地热发电产业空间很大，2015 年，我国地热发电能力仅仅只有 27MW，而同期美国地热发电能力则达到了 3567MW，紧随其后的是菲律宾、印度尼西亚和墨西哥，这些国家地热发电能力也都超过了 1000MW，2015 年部分国家地热发电能力如图 4.16 所示。我国的地热发电正处在一个爆发式发展的前夜，各地的地热发电项目都在酝酿成长，未来我国的地热发电，必将有迅猛的发展。

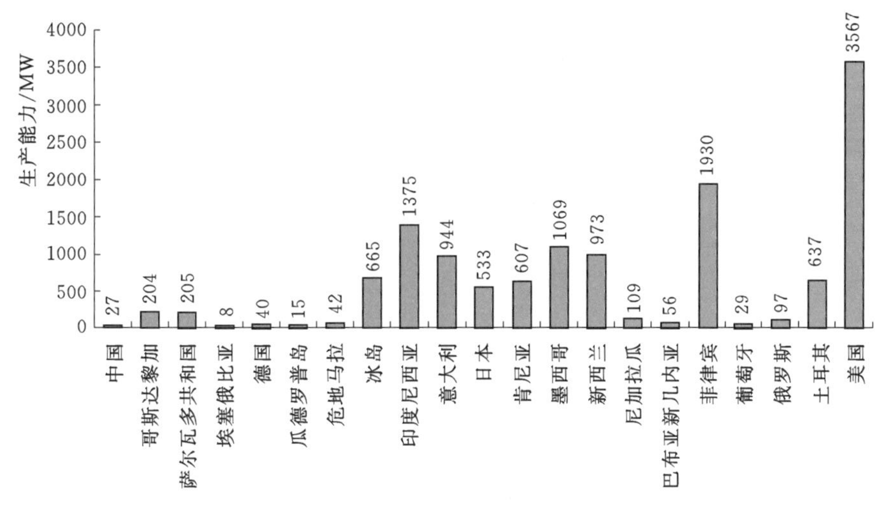

图 4.16　2015 年部分国家地热发电能力

3. 地热农业

我国的地热农业虽然起步较早，但前期基本是试点经营，并未形成规模。近几年，地热农业逐渐开拓了新的经营模式，并创造了巨大的经济效益。随着地热勘察和地热钻井技术的进一步发展，地热资源的开发得到进一步扩大，地热农业也将随之发展起来。地热农业一大优势是其所需要的地热水温度并不高，地热尾水就可以满足其需要。

地热农业的应用范围很广泛，例如地热养殖热带鱼，地热种植蔬菜、花卉，进行养殖场地热孵化等，图 4.17 是温室大棚内的地热增温管道。在联合国粮农组织 2015 年发布的《粮食和农业领域地热能的利用》中，鼓励发展中国家利用地热能进行粮食烘干和储藏。

图 4.17　温室大棚内的地热增温管道

4. 温泉地产

温泉地产是将温泉作为一个地产的核心项目，对温泉资源进行全面规划，多方位开发，综合利用，全面经营的产业。在温泉地产中，温泉的疗养、健身、休闲、娱乐、社交、生活用水等多方面功能被综合集成，将温泉景区变成一个生活化的高品位体验区域。温泉地产开发致力于实现温泉旅游项目与周边地产的和谐配套，是一种复合型旅游地产开发模式。

在产业化应用过程中，还可以通过对地热能的合理梯级利用设计，将多种用途有效结合起来，实现地热资源利用价值的最大化。地热资源的梯级开发利用如图 4.18 所示。

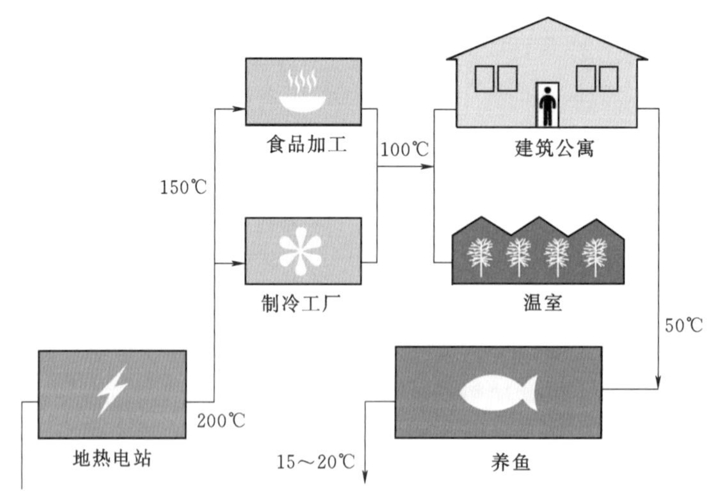

图 4.18　地热资源的梯级开发利用

我国在地热勘察和地热钻井技术方面有着国际一流的技术团队和丰富的开发经验，在温泉区域规划、地热供暖、地源热泵、地热发电等各个领域，都在积极开拓。今后还需通过地热开发实践，积累丰富的项目开发经验，顺应地热产业市场的多元化需求，开发地热能的综合利用和梯级利用模式。

4.1.2.6 氢能产业链

全球范围内，氢能产业发展的序幕已拉开，有望迎来快速发展。美欧日韩已将氢能发展上升为重要国家能源战略，2019 年我国首次将“推动加氢设施建设”写入政府工作报告。根据中国氢能联盟 2019 年发布的《中国氢能源及燃料电池产业白皮书》，2020—2025 年氢能产业产值预计将达到 1 万亿元，氢能源车保有 5 万辆，加氢站 200 座，到 2050 年，氢能在中国能源结构中占比将达 10%，氢气需求量接近 6000 万 t，年经济产值超过 10 万亿元，全国加氢站达到 1 万座以上。

氢能产业链包括上游的制氢，中游的储氢和输氢，下游的氢燃料电池及其应用三个部分，如图 4.19 所示。

图 4.19　氢能产业链

在制氢环节，主要涉及氢气的生产和提纯。从全球范围来看，目前 96%的氢气来源于化石能源的热化学重整，其中最主要为天然气重整，电解水制氢仅占 4%。我国氢气的来源主要有煤气化制氢、天然气制氢、石油制氢、电解水制氢，另外一个重要的来源是工业副产氢气，主要来源于石化、焦化、氯碱、合成氨、甲醇等行业。工业行业氢气利用领域很广，主要用于合成氨、甲醇或石油炼制过程中的加氢反应，此外，在电子、冶金、食品、玻璃、化工、航空航天领域也有应用，以能源形式利用的氢气量较少。

氢气储运产业是氢能产业的中间环节，联结着产业链前端的制氢和后端的氢能应用环节。氢气储运产业包括低温液态储运装备、高压气体储运装备、储氢新材料、加氢站建设与运营等环节。随着氢能的广泛应用，未来氢气储运产业将有广阔的发展前景，而其中较为重要的就是储运装备和加氢站建设。从氢气价格组成来看，氢气储运成本占总成本的 20%左右。

氢燃料电池产业包括车用氢燃料电池、便携式氢燃料电池、家用热电联供系统、氢能分布式电站、氢燃料电池关键零部件及研发检测等环节，燃料电池产业体系如图4.20所示。

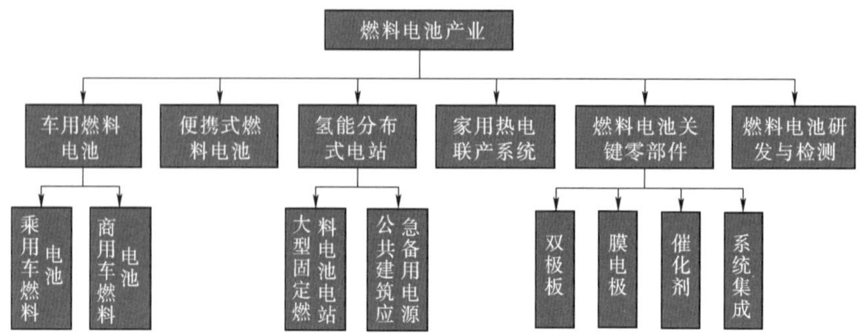

图4.20　燃料电池产业体系

车用氢燃料电池方面，乘用车领域的氢燃料电池以PEMFC为主。氢燃料电池在商用车领域的应用更广泛，北美、欧洲、亚洲的政府部门都非常支持燃料电池商用车的开发和示范运行。便携式移动氢燃料电池具有比普通电池更耐久、轻量化、方便可靠等优点，可用于小型家电、笔记本和手机等。燃料电池分布式电站则多以大型电站为主。

氢燃料电池自身也是一个产业体系。燃料电池关键部件和材料涉及膜电极、双极板、密封材料、集流板及紧固件等，此外还有一些辅助部件，包括热管理系统、空气处理系统、燃料处理系统，以及电力转换与控制部件等。

燃料电池系统的高效、低排放、静音运行特性被视为独一无二的特性，但这些特性并没有被证明足以使其成为其他发电方式的替代者。20世纪90年代，PAFC取得了突破性进展，它的另一个有利特性变得明显起来，即可靠性。银行和其他金融机构需要99.999%的可靠性，为了避免因电力中断导致的巨大损失，一个或者最好两个PAFC就可以很容易地避免断电发生。与金融机构哪怕停电几秒钟所造成的损失相比，PAFC系统的高成本显然不成问题，因此PAFC在金融机构有了很多成功应用的案例。但在其他领域，特别是在交通车辆领域，燃料电池还没有取得类似的成功。

增加燃料电池公交车的生产是一个好的方案，如果以目前的速度继续发展，一个令人鼓舞的前景就是成本可以降低到一个有竞争力的水平。汽车制造商认识到，尽管电动汽车很重要，但它不能满足私人司机的所有需求。因此，大多数主要汽车制造商重新承诺生产燃料电池汽车，并越来越乐观地认为，一旦燃料问题得到解决，这种汽车将证明是经济的。燃料电池系统在铁路运输中也有了应用案例。2015年，加拿大Hydrogenics公司签署了一项为期10年的协议，为法国阿尔斯通运输公司提供质子交换膜燃料电池系统。2016年9月，阿尔斯通运输公司推出氢能燃料电池列车Coradia iLint，2018年9月，世界首批两列氢动力列车在德国下萨克森州投入商用，参见图4.19右侧中间图片。

尽管燃料电池正在快速发展，但历史告诉我们还不能盲目乐观。1998 年，戴姆勒-奔驰宣布到 2004 年将生产 4 万～10 万辆氢燃料电池汽车。然而进展远低于预期，截至 2015 年年底，在公共交通领域，全球运营的燃料电池公交车少于 200 辆，面包车少于 50 辆。同时，即使有设备制造商在日本、美国和欧盟逐城进行推广，全球范围内上路行驶的燃料电池汽车也只有不到 3000 辆。

4.1.2.7 能源互联网体系中的新能源

能源互联网是以电力能源为中心，多种能源协同，供给与消费协同，集中式与分布式协同，大众广泛参与的新型生态化能源系统。同时，能源互联网也是互联网思维和理念与能源生产、传输、存储、消费以及市场深度融合的智慧能源系统，主要表现为坚强智能电网与泛在电力物联网深度融合。

能源互联网目前已成为国内外的研究热点。《第三次工业革命》的作者杰瑞米·里夫金提出了能源互联网是第三次工业革命的核心之一的观点。清华大学能源互联网课题组认为能源互联网可以分为物理基础、实现手段和价值实现三个层级。

能源互联网的物理基础是多能互联能源网络。该网络以电力网络为主体骨架，融合燃气和供热等网络，支持生产端、消费端和存储端的分布式能源的即插即用。能源转换是多能互联的核心。在生产端，能源转换包括把煤和天然气转换为电力，还包括电解水生产氢气，以及电转换为热。在消费端，能源转换的含义是指消费者可以在多种可选能源中根据效益最优原则进行选择消费。同时储能在多能互联环境中的重要性越发凸显。在能源互联网中，能源传输方式具有多样性，包括具有连续传输特性的电网和管网输送，以及非连续传输的航运、火车、汽车运输。能源互联网以微电网技术为基础，将冷、热、水、气等网络互联和协调，实现能源的高效利用。而要实现这一目标，需要信息物理能源系统的支撑。

信息物理能源系统实现了主要网络的信息流和电力流的有效结合。信息物理能源系统示意图如图 4.21 所示。这种结合不仅能实现多能协同优化和调度，而且还可通过信息开放共享创新商业模式，促进经济发展。

2016 年，国家发展和改革委员会、国家能源局、工业和信息化部联合发布了《关于推进“互联网+”智慧能源发展的指导意见》，明确提出：鼓励建设智能风电场、智能光伏电站等设施及基于互联网的智慧运行云平台，实现可再生能源的智能化生产。鼓励用户侧建设冷热电三联供，热泵、工业余热余压利用等综合能源利用基础设施，推动分布式可再生能源与天然气分布式能源协同发展，提高分布式可再生能源综合利用水平。促进可再生能源与化石能源协同生产，推动对散烧煤等低效化石能源的清洁替代。建设可再生能源参与市场的计量、交易、结算等接入设施与支持系统。

综上所述，对于新能源产业，我们应该将其放在能源互联网这样具有全局意义的能源体系内加以认识。新能源与互联网及人工智能的融合是产业发展大趋势，这就要求大家应该广泛涉猎多学科的知识，以适应智能化能源时代对人才知识和能力的要求。

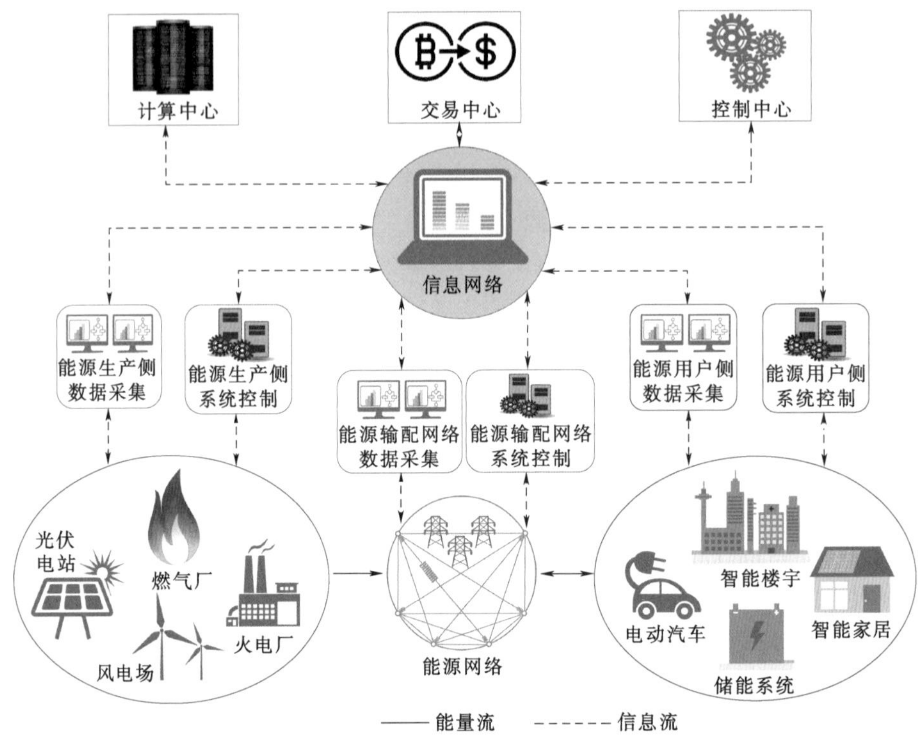

图4.21　信息物理能源系统示意图

4.2　新能源行业领域的绿色工作岗位

新能源与可再生能源提供了可持续发展的所有主要支撑：环境、经济甚至社会。除了降低成本和稳步提高技术，向新能源与可再生能源的转型也创造了大量就业机会。

2008年，联合国环境规划署（United Nations Environment Programme，UNEP）、国际劳工组织（International Labour Organization，ILO）、国际雇主组织（International Organisation of Employers，IOE）和国际工会联盟（International Trade Union Confederation，ITUC）联合发布了《绿色工作：在低碳、可持续发展的世界实现体面劳动》研究报告。根据该报告，绿色工作被定义为在农业、工业、服务业和管理领域有助于保护或者恢复环境质量的工作。绿色工作存在于很多经济领域，例如能源供应、回收、农业、建筑业、交通业等。它们通过推行高效节能策略来减少能源、原材料和水资源的消耗，实现经济无碳化，减少温室气体排放，减少或避免所有形式的废物和污染，保护和重建生态系统并保持生物多样性。

早在2006年，全球就已经产生了大量的绿色工作岗位，尤其在可再生能源等领域，绿色工作岗位增加很快，根据统计，当年新能源提供的工作岗位超过230万个，而根据预测，到2030年新能源所能提供的工作岗位将超过2000万个，新能源领域绿色工作岗位如图4.22所示。

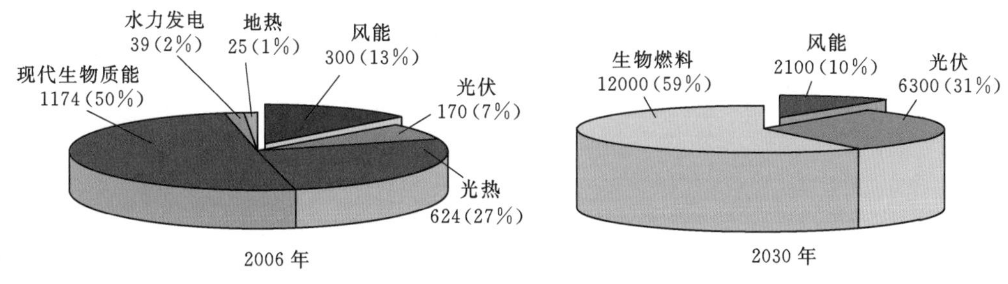

图4.22　新能源领域绿色工作岗位（单位：千个）

自2011年开始，IRENA每年都会发布一份《可再生能源与就业年度回顾报告》，对全球可再生能源提供的工作岗位进行分析。表4.1对2016年和2018年的工作岗位数据进行了对比。可以看出，除日本外，世界主要经济体可再生能源工作岗位都有不同幅度的提升，其中我国可再生能源提供的就业岗位由364.3万个提升到了407.8万个，两年间增长了12%。增幅最大的当数非洲地区，增加了427.8%。图4.23显示了2012—2018年各种可再生能源产业的工作岗位数量。图4.23中，生物能源包括液体燃料、固体燃料和沼气，其他包括地热能、聚光式光热发电、地源热泵、海洋能和垃圾发电。

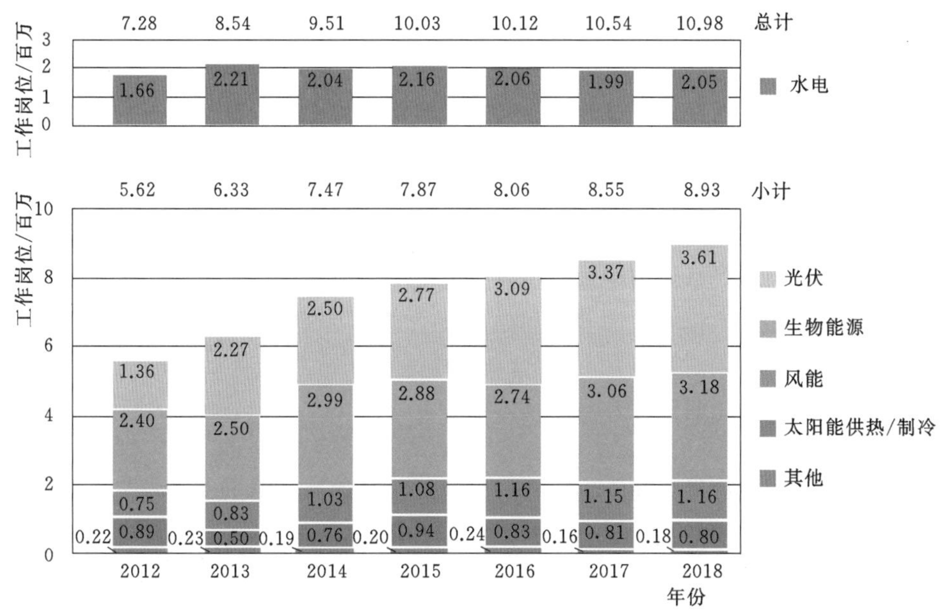

图4.23　2012—2018年各种可再生能源产业的工作岗位数量

表 4.1 2016 年和 2018 年世界主要国家和地区非水可再生能源产业工作岗位数量

序号	国家或地区	岗位数量/千个	
		2016 年	2018 年
1	中国	3643	4078
2	巴西	876	1125
3	美国	777	855
4	欧盟	1163	1235
5	印度	385	719
6	日本	313	267
7	南非	30	66
8	北非	16	29
9	其他非洲国家	15	227

4.3 工程职业

为了使大家了解自己将来可能从事的工作，这里对工程职能和职业加以简要介绍。工程职能包括研究、开发、设计、生产、测试、建筑、运营、销售、管理、咨询等，这些职能提供研究工程师、开发工程师、设计工程师等工程职业岗位。

1. 研究工程师

工程领域的研究工作主要是为了解决工程问题，当然，研究过程中也会有新发现，而且研究工程师还会找到应用新发现的方法。要成为一名成功的研究工程师应具有洞察力、耐心和自信。对研究过程出现的新现象要有足够的洞察力，对研究过程中出现的失败和反复应能保持足够的耐心，同时对最终的成功应有充分的自信。关键的是，作为研究工程师还要有很强的创新意识和能力。要从事研究工作，通常需要进一步攻读硕士和博士学位。

2. 开发工程师

开发工程师的工作是使用现有知识或研究中的新发现，去尝试生产具有一定功能的产品或结构。开发工程师评估其构思的主要方法，是建立并测试比例或试验模型，开发工程师产生某种创意并构思出功能产品或系统概念后，将结果传送给设计工程师，并由设计工程师完成生产所需的具体细节。

3. 设计工程师

设计工程师的职责是将开发工程师形成的概念或模型绘制出设备或工程图纸（图 4.24），并进一步转换为设备、结构或流程。与开发工程师不同的是，设计工程师的工作通常受到工程材料、生产设备和经济因素的限制。因此，为了做出正确的决定，设计工程师必须有多个工程专业的基础知识以及对经济和客户的理解。图纸作为工程师的另一种语言，在工程设计中具有十分重要的作用。工程制图或工程图学是传授工程图纸绘制知识的课程，学生应充分重视并学好这门课程，并建议选修或自学

AutoCAD 等计算机辅助绘图软件，以便为自己将来从事的设计工作奠定坚实的基础。

4. 生产与测试工程师

通过上述工作设计开发出的设备，需要投入批量生产。在此过程中，生产工程师负责原材料订购、生产线建立以及产品的处理和运送。而测试工程师则负责产品的测试工作，其实，测试工程师在开发工程师构思产品时就需要介入，直到产品停止生产为止。有时需要在创建实际物理模型之前使用 3D 建模和分析软件进行一些测试。而有限元分析则允许测试工程师在建立测试用原型设备之前评估负荷、温度、压力以及其他许多物理参数的变化。测试工程师通常负责制造过程的质量控制。

图 4.24　设计图纸

以下为某公司太阳电池测试工程师的岗位职责：①负责非晶硅薄膜太阳电池电性能的测试与分析；②负责编写、完善测试仪器作业指导书；③负责测试仪器的校准工作，提出正确的校准方法，负责标准板的制作、保存工作；④负责测试仪的维护、维修工作，随时处理测试仪器出现的异常，确保生产畅通；⑤研究工艺及生产需要的测试技术，提出和改进测试技术方案，为产品开发、生产以及太阳电池效能测试提供测试技术保障；⑥随时分析产品测试数据，并进行性能评估，及时发现电池芯片或组件测试过程中出现的异常，并提出改进建议；⑦分析层压前后芯片和组件电性能差别，并提出改进建议。

5. 建筑工程师

建筑工程需要有建筑工程师，其职能包括在项目投标阶段评估材料、人力和财务开支；在项目建设过程中，其所在团队需要管理施工的每个步骤，例如管道铺设、设备安装、基建施工等。

6. 运维工程师

运维工程师主要负责工程或设备的运行与维护，及时解决设备出现的问题，对工程设备或设施进行保养，以保证工程始终处于良好的运行状态。运营工程师必须非常重视成本并能跟踪新技术的发展，使设备的运行费用维持在最低水平。

例如某风电场运维工程师的岗位职责：①现场安装督导定检、消缺、技改、调试和试运行、维修等工作；②风电机组定期维护和例行维护工作对标及维护手册制定；③风电机组大型故障维修技术方案制定及技术支持；④风电机组运行数据分析；⑤风电机组日常故障分析及处理技术支持；⑥风电场后市场评估及风电机组性能优化提升方案制定。

7. 销售工程师

销售工程师是公司和消费者之间的纽带，在当今产品日益复杂的时代，对于产品材料、原理、性能、操作等专业性很强的内容，一般的销售人员难以胜任，此时就需要销售工程师来负责这项工作。

例如某公司光伏销售工程师的岗位职责：①从事光伏单晶产品销售工作，完成公司制定的销售目标。具体工作包括销售策划、商务公关、产品技术前期沟通、项目沟通、项目跟踪、合同签订、合同评审、项目进度跟踪、来访客户接待、催要货款等工作；②参与所负责产品或行业的客户信息、市场信息和竞争情报的收集工作；③开拓新市场、发展新客户，增加产品销售范围；④维护并增进客户关系；⑤所负责项目回款计划的制定及实施；⑥完成部分技术支持工作，与客户进行技术交流。

8. 管理工程师

在工程领域，越来越多的管理职位由工程师和科学家担任。由于管理职责既影响到公司的效益，而且所做的决策通常会影响到受其领导的职工，因此接受过工程或科学教育，同时也接受过商业教育的人具有更大的竞争优势。尤其是对于未来准备创业的同学，管理工作是必不可少的，因此更应该及早拓宽自己的专业领域。

9. 咨询工程师

咨询工程师通过单独或合作的方式向寻求帮助的客户提供咨询服务。成功的咨询师主要通过解决其他公司没有时间或没有能力解决的独特问题来维持其存在的价值。要成为咨询工程师，通常需要在公司或政府部门工作多年以积累特定的经验。

例如某电力设计院有限公司新能源咨询工程师的岗位职责：①新能源专业技术服务工作，涉及风、光、储、生物质等资源的评估与开发；②编制咨询报告、进行数据计算、绘制专业图纸、编制技术标书、出版施工图纸、技术交底与现场工代等；③项目相关科研或质量控制课题工作。

10. 系统工程师

系统工程师监督一个项目或系统的所有方面，如软件、运输、产品开发和制造。他们的工作是开发一个从头到尾都能创造产品的系统。系统就像运行良好的机器一样，为客户提供可靠的、高质量的产品和服务。维护这些系统是至关重要的。

例如某新能源公司对光伏系统工程师岗位职责的描述：①组织制定光伏电站工程项目的设计方案，审核相关图纸和施工方案；确保深化设计正确，理解光伏系统或者产品的方案和技术要求；②跟踪太阳能行业最新技术情报和技术信息；③与客户进行光伏系统技术内容的谈判，为光伏电站项目开发人员提供技术方面的支持；④负责公司太阳能工程方案的汇编，标书制作，及配合光伏电站项目开发人员进行招投标相关工作；⑤电气设计和审核图纸，负责现场技术督导、调试，配合安装，并配合项目经理做好项目管理工作；⑥建设项目投资估算的编制、审核，各阶段工程造价控制，工程经济纠纷的鉴定。

11. 工程科学家

工程科学家的主要职责是探索并研究工程实践中尚未被人类完全理解或掌握的基础科学问题。和自然科学领域的科学家一样，工程科学家的工作性质也是探索自然规律。只不过他们探索的是具有明确应用前景的自然现象或科学问题。工程科学家通常都拥有博士学位。

以上是工程职业所涉及工作岗位的简要介绍。需要提醒大家注意的一点是，在了解现有岗位分工的同时，还需认识到在数字化时代岗位的界限正变得越来越模糊，而且还会不断出现用传统的岗位分类方法无法定义的岗位。

思考题

1. 应该如何理性看待新能源产业发展过程中出现的波动?

2. 请分析太阳能产业链哪些环节的工作岗位更易被机器所替代。

3. 请登录国际可再生能源署网站查阅其每年发布的《可再生能源与就业年度回顾报告》，并对近5年的报告数据进行对比分析。

4. 请大胆预测5年后新能源领域可能出现的新的工作岗位。

5. 结合新能源系统工程师的岗位职责，分析要成为一名优秀的系统工程师，需要具备哪些能力和素质。

附录 1

新能源复杂工程问题案例

案例1 风电机组结冰预测

1. 风电机组结冰问题简介

风电的开发利用是努力追求更高风能利用效率的过程。风电行业正在全球如火如荼发展，海上及陆上低风速地区、高海拔地区、寒冷地区（高纬度）等都有风电机组在生产清洁电力。随着风电行业的大发展，一系列影响风能利用效率的复杂工程问题也随之而来，风电机组结冰现象便是其中之一，风电机组叶片结冰如附图 1 所示。

附图 1　风电机组叶片结冰

结冰不仅会降低风电机组性能，减少发电量，而且还会影响风电机组气动特性，引起叶片受力不均、震动等问题，严重时导致叶片折断甚至风电机组倒塌。风电机组叶片上的冰凌脱落，还会对人员产生潜在威胁。据统计，在我国西南地区的一些风电场，风电机组一年有近 1/3 的时间会遭遇结冰。风电机组结冰问题在许多国家广泛存在。

1.1　风电机组叶片结冰形式

发生风电机组结冰现象的气象条件为冻雨、湿雪和过冷水滴等，风电机组结冰类型有霜冰、明冰和湿雪。

（1）霜冰。来自云或雾的过冷液滴被风输送，当撞击物体表面时，它们会立即冻结形成霜冰。如果液滴比较小，就会形成软性雾凇；如果液滴比较大，就会形成硬性雾凇。霜冰的形成是不对称的，位于风力机的迎风侧。它可以在零下 20℃ 的温度下发生。

（2）明冰。明冰是由冻雨或湿云冰形成的一种光滑、透明、均匀的冰层，有很强的附着力，它通常发生在-6～0℃。当温暖的空气融化雪晶并形成雨滴时，就会形成冻雨，这些雨滴随后会穿过靠近地面的冷空气层。当表面温度接近 0℃ 时，会发生云内湿结冰。在其生长期间，与叶片表面接触的水滴不会完全冻结。未冻结的水由于风和重力的作用，可能会在物体周围流动，并在背风面结冰。

（3）湿雪。部分融化的雪晶体具有较高的液态水含量，会变得黏稠，能附着在叶片的表面。因此，当气温为 0～3℃时，湿雪就会堆积在风力机外表面上。

1.2 防除冰方法

风电机组叶片结冰现象普遍存在，而且有较大的危害，但截至目前仍未有较好的结冰处理应对方法。目前防除冰方法有机械法、热除冰法和叶片表面涂层法（化学法）。机械法有较大的破冰能力，但对于运行中的风电机组，除冰存在较大的困难。热除冰主要是在风电机组的每一个叶片上敷设电加热装置以防冰和除冰，或者通过在叶片中通入热的气体达到除冰的目的。但由于需要对叶片反复加热，会使叶片内表面与外表面形成较大温差，从而直接影响叶片的使用寿命。采用涂层的方法，是依据结冰的过程机理，运用化学的方法配制防结冰的化学溶剂，涂抹在叶片表面上，以达到延缓叶片结冰时间及减少叶片结冰质量的目的。

防除冰技术应用在风电机组上代价极高，在保证风电机组安全的条件下，为了更好地利用风能资源，减少极端天气对风电机组带来的灾难影响，近年来研究者们在探索利用大数据机器学习的方法预测风电机组叶片结冰时间，以便尽可能预防结冰的发生。

2. 大数据机器学习方法简介

近年来工业领域信息化不断深化，2017 年，政府工作报告中提出“深入实施《中国制造 2025》，加快大数据、云计算、物联网应用，以新技术、新业态、新模式，推动传统产业生产、管理和营销模式变革”。为进一步探索工业大数据对工业改革的深远影响，在工业和信息化部的指导下，2017 年 9 月中国信息通信研究院举办了首届工业大数据创新竞赛。这次大赛的两个问题都是针对风力机，其中之一就是基于风力机监测的历史数据预测风力机结冰的发生。

风电机组数据采集与监视控制（supervisory control and data acquisition，SCADA）系统每天产生大量运行过程中的实时数据。数据背后隐含了大量不易被我们感官识别的信息、知识和规律等，通过揭示这些数据隐含的规律和趋势，分析数据间的关联，可为风电机组提供健康评价及故障预警。风电机组 SCADA 系统每天产生大量的数据，但是目前大部分子系统依然局限于对已发生故障的报警。这些故障到达报警阶段时问题往往已经比较严重，需要对风电机组进行停机和维修，造成巨大的发电损失和维护成本。风电机组气象站结冰如附图 2 所示。附图 2 中，W 为管直径，L 为结冰特征长度。风电机组机舱上的气象站发生结冰现象，导致不能输出风速、风向等信号。若能在结冰的前期及时诊断，及时调整风电机组运行参数，就能避免风电机组停机等事件的发生。

通过对 SCADA 系统产生的大数据进行挖掘和建模，能够对一些严重故障进行预测和诊断，从而使过去应激型的维护方式转变为主动预测型的维护方式，能够有效地改善风电设备的使用率和运维成本。

大数据分析方法可以分为描述性分析、探索性分析和验证性分析。描述性数据分析经常采用的方法有对比分析法、平均分析法和交叉分析法等。探索性数据分析和验证性数据分析属于高级数据分析，常用的分析方法有相关分析、主元分析、回归分析、聚类分析和参数分析等。

（a）全景图

（b）局部放大图

附图 2　风电机组气象站结冰

大数据处理的关键技术一般包括大数据采集、大数据预处理、大数据分析与挖掘等。就利用大数据分析预测结冰而言，大数据预处理就是对已有结冰相关数据进行分辨、提取、清洗等操作。根据挖掘方法，大数据分析及挖掘技术可分为机器学习方法和神经网络方法等。机器学习方法可细分为归纳学习方法（决策树、规则归纳等）、基于范例学习法和遗传算法等。神经网络方法可细分为前向神经网络（BP 算法等）和自组织神经网络（自组织特征映射、竞争学习）等，另外还有面向属性的归纳方法。大数据分析工具有 R、Python 和 MATLAB 等常用计算机语言。算法是指解题方案的准确而完整的描述，是一系列解决问题的清晰指令，算法代表着用系统的方法描述解决问题的策略机制。

3. 基于大数据机器学习的风电机组叶片结冰预测方法

风电机组叶片结冰是一个在达到结冰条件后缓慢的逐渐积累过程，受到多种因素的影响，风电机组叶片结冰影响因素如附图 3 所示。这些因素可以从内因和外因两个方面加以解析。内因可从叶片结构与材质，以及风电机组运行状况两方面进行解析。叶片结构与材质方面的影响主要包括叶片翼型、叶片材质、叶片表面粗糙度和叶片攻角等；运行状况方面的因素包括叶片转速、机舱温度、发电机转速、有功功率和偏航位置等。外因主要指风电机组所处的环境温度、空气相对湿度和风速等因素。

下面结合 2017 年首届工业大数据创新竞赛所提供的数据，介绍基于大数据分析的风电机组叶片结冰预测方法。

竞赛共提供了 5 个不同风电机组的 SCADA 采集的数据集：训练数据来自第 1 台和第 2 台风电机组，初赛的测试数据来自第 3 台风电机组，复赛测试的风电机组数据来自第 4 台和第 5 台风电机组。SCADA 系统的数据通常有上百个变量，本次竞赛的数据经过筛选保留了其中 28 个连续数值型变量，涵盖了风电机组的工况参数、环境参数和状态参数等多个维度。

风电机组叶片结冰是复杂问题，可以通过输出功率数据判断结冰状态，依据原始数据中风速和功率进行常规数据分析及探索性数据分析，数据预处理过程如附图 4 所示。风

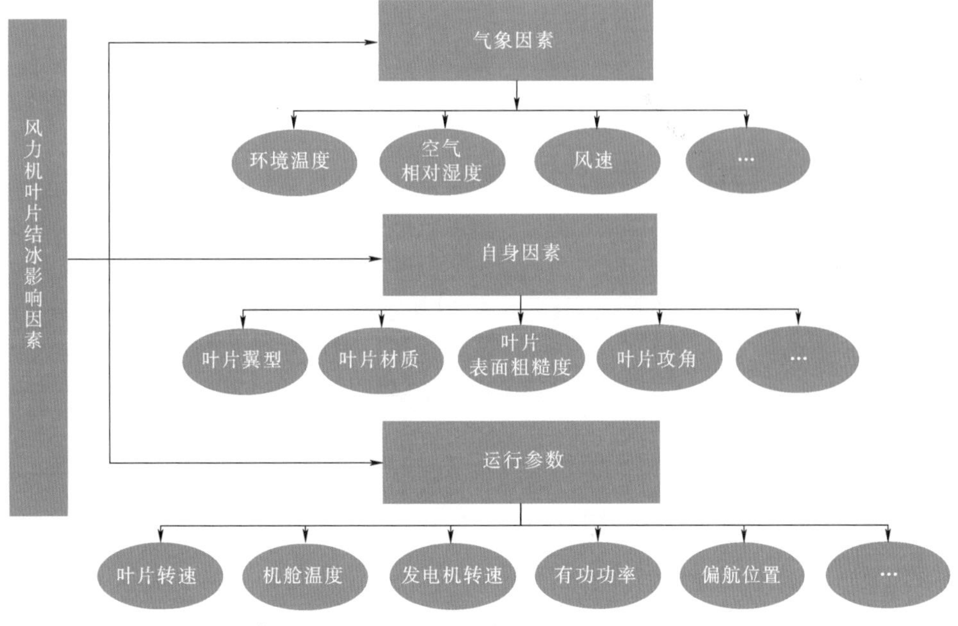

附图 3　风电机组叶片结冰影响因素

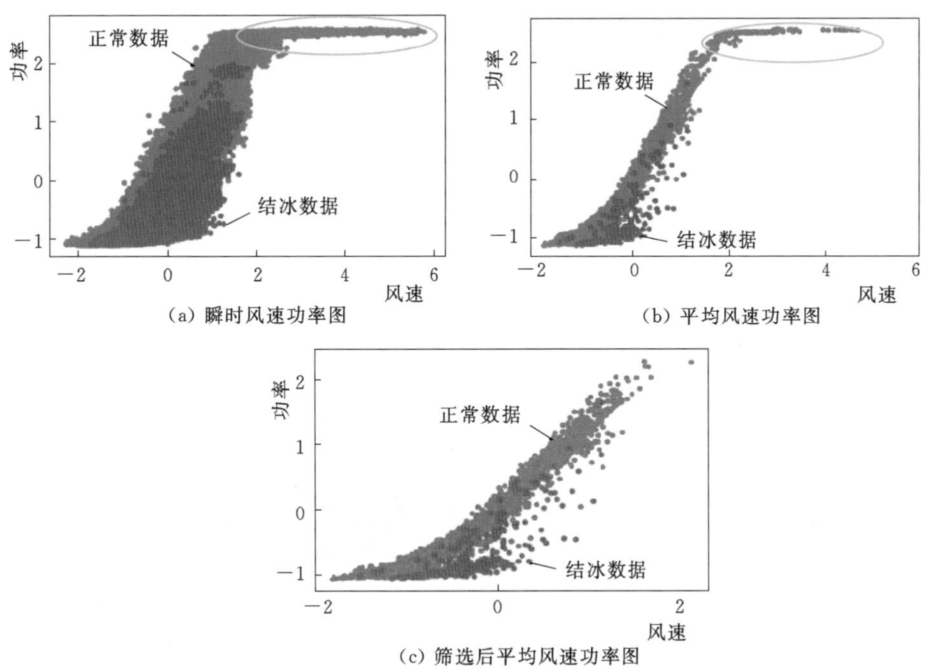

附图 4　数据预处理过程

速与功率特征主成分分析如附图 5 所示。常规数据分析中，对数据进行预处理，对结冰和未结冰的功率数据与瞬时风速数据和平均风速数据进行均值计算，对所得的结果进行可视化。从附图 4（a）和附图 4（b）中可以看出，当风电机组功率满发时（黄

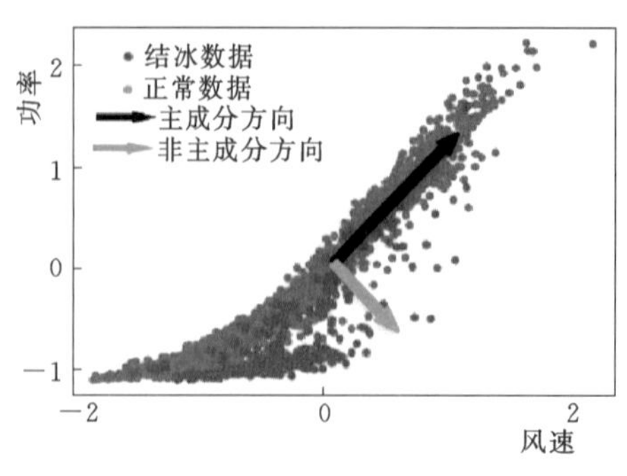

附图 5　风速与功率特征主成分分析

绿色椭圆区域），并未有结冰数据，筛选掉此部分之后的数据如附图 4（c）所示，可以看出结冰多发生在风速较低情况之下。探索性数据分析是依据构建敏感性风速与功率的特征数据进行主成分分析❶。主成分方向为风电机组叶片未结冰时风速与功率曲线方向，而非主成分方向结冰的可能性较大，这也是建立风电机组叶片结冰对风力机性能关系模型的可视化分析方法，进而初步判断叶片发生结冰相关过程的区间。

利用机器学习方法可以分别对所提供的风电机组结冰数据进行合并、标记、删除无效数据、移动平均等预处理工作，然后再对数据通过强规则过滤及数据分割等物理特征的变换，通过对所建立的预测模型进行反复训练、调整参数等过程，得到最终预测结果。附图 6 是大赛中某团队基于机器学习方法对风电机组叶片结冰进行预测的设计流程。他们所采用的编程语言是 R 语言，所采用的机器学习分类方法有邻近算法或者 K 最近邻算法（K－Nearest Neighbor，KNN）、支持向量机（support vector machine，SVM）、人工神经网络（artificial neural network，ANN）、决策树（decision tree）、随机森林（random forests）等分类算法，其中预测较好的算法有 KNN、SVM、ANN，附表 1 给出了预测较好算法的得分结果。综合比较可知 KNN 算法是最优的，其优点主要体现在算法简单，泛化能力最强，模型训练时间最短。

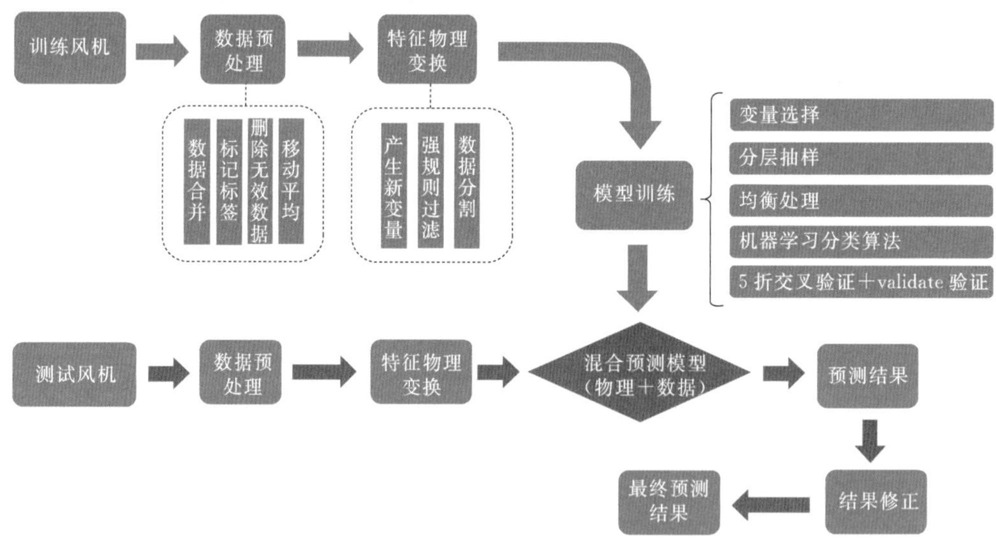

附图 6　基于机器学习方法对风电机组叶片结冰进行预测的设计流程

❶　主成分分析，是考察多个变量间相关性的一种多元统计方法，研究如何通过少数几个主成分来揭示多个变量间的内部结构，即从原始变量中导出少数几个主成分，使它们尽可能多地保留原始变量的信息。附图 4 和附图 5 中风速和功率不是实际值，所提供的数据是经过加密处理后的数据，未体现原有的物理意义。因此，横纵坐标上的风速和功率未有单位。

附表 1　　预测较好算法的得分结果　　单位：分

算法	交叉验证	Validate 验证	1 号风力机训练	2 号风力机训练	3 号风力机测试
KNN	97.15	96.95	92.34	95.62	87.67
SVM	97.26	97.13	88.12	91.54	84.78
ANN	96.83	95.78	90.52	92.21	82.68

KNN 算法的核心思想是，如果一个样本在特征空间中的 K 个最相邻的样本中的大多数属于某一个类别，则该样本也属于这个类别，并具有这个类别上样本的特性。该方法在确定分类决策上只依据最邻近的一个或者几个样本的类别来决定其所属的类别。KNN 方法在类别决策时，只与极少量的相邻样本有关。由于 KNN 方法主要靠周围有限的邻近样本，而不是靠判别类域的方法来确定所属类别，因此对于类域的交叉或重叠较多的待分样本集来说，KNN 方法较其他方法更为适合。

SVM 算法是一种二类分类模型，是一种基于统计学习理论的机器学习方法。其基本模型定义为特征空间上间隔最大的线性分类器，即支持向量机的学习策略是使这种间隔最大化，最终可转化为一个凸二次规划问题的求解。

ANN 是以数学模型模拟神经元活动，是基于模仿大脑神经网络结构和功能而建立的一种信息处理系统。人工神经网络有多层和单层之分，每一层包含若干个神经元，各神经元之间用带可变权重的有向弧连接，网络通过对已知信息的反复学习训练，通过逐步调整改变神经元连接权重的方法，达到处理信息、模拟输入输出之间关系的目的。它不需要知道输入输出之间的确切关系，无需大量参数，只需要知道引起输出变化的非恒定因素，即非常量性参数。因此与传统的数据处理方法相比，神经网络技术在处理模糊数据、随机性数据、非线性数据方面具有明显优势，对规模大、结构复杂、信息不明确的系统尤为适用。

需要特别说明的是预测方法多种多样，如何能快速准确预测结冰时间，达到实际应用的效果是人们一直追求的目标。大家也可以在工业大数据网站下载相关结冰数据，采用其他适合的大数据分析方法进行研究。机器学习的方法及软件使用在网站上都有相关介绍，学校也可能开设相关课程进行讲解。

案例 2　生物质气化焦油问题

1. 焦油的产生及危害

生物质焦油是生物质气化过程中产生的由多种成分组成的液态混合物，这些成分包含酚、萘、苯、苯乙烯等。焦油的具体成分主要取决于气化反应条件，包括气化温度以及裂解气在气化炉内的停留时间等。生物质在加热过程中，首先脱水，然后发生热裂解反应析出挥发分，这些挥发分既可以继续裂解成永久性气体，也可能再经历脱水、凝结以及聚合反应形成焦油，如附图 7 所示。

生物质气化产生的燃气主要作为燃料被加以利用。生物质燃气的燃烧设备，如果

附图 7　焦油

允许燃气中含有焦油，那么焦油则可以直接被烧掉并释放出热量。但是在多数情况下，燃气中焦油的存在，即使浓度非常低也会带来操作和处理问题。这是因为焦油容易与颗粒一起凝结在气化炉下游设备上，从而导致管道及设备的堵塞和污染。此外，生物质燃气中焦油的存在会严重影响它作为合成气和氢气源的用途。因此，从燃气中脱除焦油对于大多数生物质气化系统来说都非常重要。

焦油的脱除主要采用冷凝的方法使燃气中的焦油成分凝结成液滴，然后再利用湿式除尘器、静电除尘器或者旋风除尘器等将冷凝下来的焦油去除。湿式除尘器除焦油是通过水滴对焦油的碰撞捕集作用实现的。这些物理除焦油方法只是通过不同的途径将焦油从燃气中分离出来，而且多数方法把分离出来的焦油作为废物排放，浪费了焦油所含的能量，同时，如果处理不当还会产生污染。因此，焦油问题成了制约生物质气化技术应用的一个主要障碍。

2. 生物质气化多联产技术解决焦油问题

2.1　生物质气化多联产技术原理

在气化过程中，生物质原料在气化炉内要经过干燥、裂解、氧化和还原四个阶段，通过控制温度、气化剂用量等反应条件，从而得到生物质燃气，反应过程中还产出焦炭、灰分和焦油。附图 8 显示了常规气化所用的下吸式固定床气化炉的工作原理。

生物质热解气化多联产技术通过将焦油组分的资源化利用，可有效解决焦油问题。其工作原理（以下吸式固定床为例）如附图 9 所示。与传统生物质气化不同，气化多联产技术将气化剂（空气和水蒸气）通过三个部位通入气化炉。首先，从气化炉顶部通入空气以控制热解气化阶段可燃气和炭的产生。在此阶段，通过调节空气供应可控制反应温度避免其意外升高；然后，将预先混合的空气和水蒸气供应到气化炉的中间区域，使气化炭进行微活化；最后，气化炭在进入排料区之前与水蒸气反应，进一步被活化和冷却，这一区域也被称为“冷却区”。气液混合物离开气化炉后，由干式净化系统加以分离，该系统主要由旋风除尘器、干式除焦机、冷凝器、分离器以及焦液分离装置组成。用干式净化系统取代传统湿式净化系统，可大大提高提取液品质，减少提取液的量，最终得到清洁燃气，满足内燃机对燃气的要求。

通过干式分离得到的生物质提取液，主要成分为酸类、醇类、醛类、酮类、酚类等有机物。生物质提取液精制后可用于家畜饲养的消毒、杀菌、除臭或用作农药、助剂和促进作物生长的叶面肥。研究表明，生物质提取液有多种功能：①促进农林作物

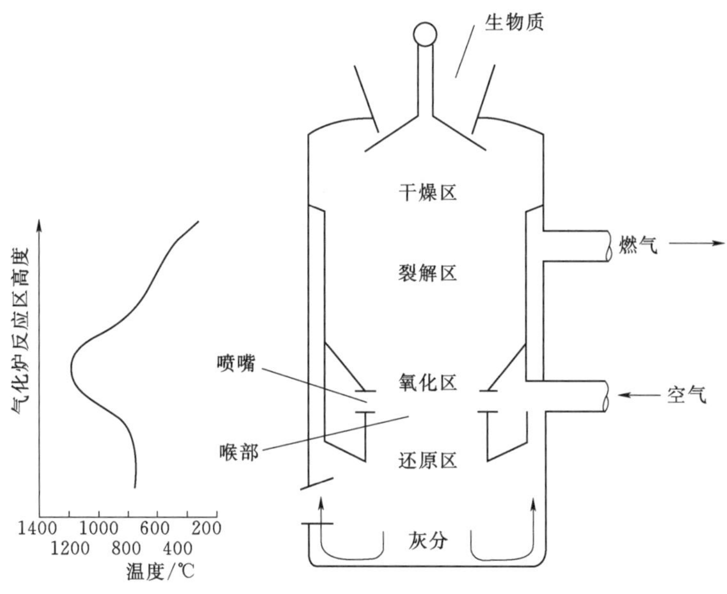

附图 8　下吸式固定床气化炉工作原理

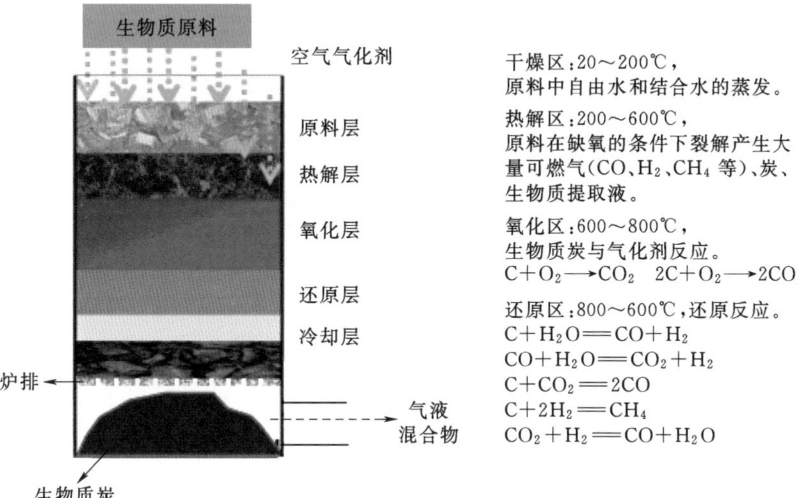

附图 9　生物质热解气化多联产技术原理

生长，促根壮苗、健壮植株，增加作物的抗逆、抗旱、抗寒能力；②抑菌、杀菌、忌避害虫；③提高农林作物抗病、防病能力，显著减少病害的发生；④促进有益微生物和有益菌群的繁殖；⑤改善农林产品的内在质量和外观品质，提高农作物的产量和农产品的质量。因此，通过气化技术的创新，将焦油由污染物转化为了有价值的产品，实现了化害为利。

2.2　杏壳气化多联产工程案例

南京林业大学与企业合作于 2013 年在平泉市建成了 3MW 杏壳气化发电联产活性

炭、肥、热工程。生物质气化多联产系统工艺流程图如附图 10 所示。该工程每年消耗杏壳 3.9 万 t，可发电 2100 万 kWh，生产气化炭 1.1 万 t、80℃的热水 20 万 t、尾炭 800t、提取液 1950t。

杏壳气化多联产系统主要由 7 个子系统组成：进料系统、排料系统、气炭联产气化炉系统、干式净化系统、发电机余热锅炉系统、炭活化系统、PLC 控制部分，如附图 10 所示。

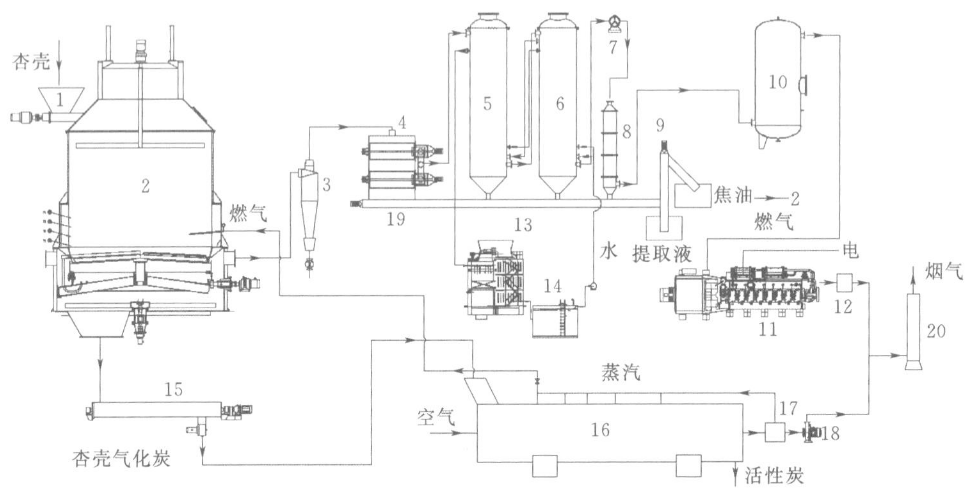

附图 10　生物质气化多联产系统工艺流程图

1—进料系统；2—气化炉；3—旋风除尘器；4—干式除焦机；5—冷凝器 1；6—冷凝器 2；7—风机 1；8—分离器；9—焦水分离螺旋；10—缓冲罐；11—内燃机；12—热水锅炉；13—冷却塔；14—水箱；15—出炭系统；16—回转活化炉；17—余热锅炉；18—风机 2；19—螺旋输送机；20—烟囱

下面对 3 个核心子系统加以简要介绍。

（1）气炭联产气化炉系统。该系统中最重要的组成部分是气炭联产气化炉，其作用是将杏壳转化为可燃气和活性炭。在气化炉的顶部水平安装的拨料杆旋转将生物质均匀分布于气化炉内部。同时，拨料杆可以上下移动以检测反应器内部原料的厚度，从而调节生物质的进料速度。在反应阶段，为了控制反应温度以达到控制所需产物品质的目的，将空气和水蒸气通过三个部位通入气化炉。卸料装置由螺旋叶片和一根轴组成，在叶片顶部安装了一根多孔不锈钢管，从中喷出低温蒸汽，可进一步冷却生物质炭。

（2）干式净化系统。干式除焦机是脱除焦油的关键设备，由可燃气进口、壳体、排污口、中间高速离心过滤元件、电机等组成，运行时带有粉尘、水和焦油的可燃气从设备下部进入，进而自外而内穿过中间过滤元件，可燃气中的粉尘、水和焦油被过滤元件截留。截留下来的粉尘、水、焦油在高速旋转滤芯的作用下被甩出，达到了过滤元件自清洁的目的。该系统解决了现有可燃气净化装置无法低成本、低能耗、无污染、高效地深度净化可燃气的问题。

（3）炭活化系统。活化阶段是活性炭制备工艺的关键，炭活化部分主要由回转窑和余热锅炉组成。生物质气化炭在回转窑内缓慢移动的过程中，高温活化段温度达到 800~1000℃，从而使活性炭形成发达的微孔，使其具备高吸附性能。余热锅炉的作用在于为炭活化提供蒸汽。

附录 2

能源相关机构及其网址

附录 2

能源相关机构及其网址

为了方便学生查阅新能源专业资讯和专业资料，这里收集整理了重要的国际能源机构及国内外能源研究机构、专业学会或行业协会的网址，并对机构进行了简要介绍，见附表 2。

附表 2　　机构名称、网址及简介

序号	机构名称及网址	机构简介
1	国际可再生能源署 http：//www. irena. org	国际可再生能源署（International Renewable Energy Agency，IRENA）是为了在全球范围内积极推动可再生能源的广泛普及和可持续利用而成立的国际组织，于 2009 年 1 月 26 日在德国波恩成立，总部设在阿布扎比。截至 2018 年，有 154 个成员国，我国 2013 年加入 IRENA。其网站设计有 Renewables、Publications 和 Newsroom 等版块
2	国际能源署 http：//www. iea. org	国际能源署（International Energy Agency，IEA），成立于 1973—1974 年石油危机期间，有 30 个成员国。当前，IEA 的工作重点是研究应对气候变化的政策、能源市场改革、能源技术合作、开展与世界其他地区的合作，着重加强与中国、印度与其他新兴经济体国家的合作关系。其网站设有 Publications、Newsroom、Topics 和 Statics 等版块
3	世界能源理事会 http：//www. worldenergy. org	世界能源理事会（World Energy Council，WEC）是一家会员制国际组织，汇集了当今能源领袖（包括政府、学术机构、非政府组织以及工业和能源专家）的各种知识，是由 90 多个国家级成员委员会组成的庞大网络。世界能源理事会在全球多地定期举办峰会，重点讨论世界面临的各种挑战。全球能源界人士每三年一次齐聚在全球能源界首屈一指的集会——世界能源大会。在其网站，读者可以下载 WEC 研究和调研小组文献；查看用可视化方式显示的关于世界能源资源的最新数据；浏览活动地图；关注世界能源大会的博客和新闻；阅读对成员和合作伙伴的访谈记录等
4	世界风能协会 http：//gwec. net	世界风能协会（World Wind Energy Association，WWEA）是一个非盈利性的国际组织。其主要工作是为成员提供交流的平台，促进技术转让；影响国家及国际风能政策的制定；组织国际会议的召开；出版风能国际标准年鉴，其每年发布的《世界风能报告》已经成为国际上权威报告和风能产业发展的风向标
5	国际太阳能学会 https：//www. ises. org	国际太阳能学会（International Solar Energy Society，ISES），一个致力于发展能够使可再生能源得到有效利用和实际应用并进行科普教育的全球性学术组织。学会每两年召开一届世界太阳能大会，《Solar Energy》是其主办的学术期刊
6	中国国家可再生能源中心 http：//www. cnrec. org. cn	中国国家可再生能源中心（China National Renewable Energy Centre，CNREC）是协助国务院能源主管部门进行可再生能源政策研究及组织实施、统筹协调行业管理的业务支撑机构，主要开展国家可再生能源发展战略、规划和政策研究，协助国家可再生能源产业体系建设、开展国家示范项目管理和可再生能源国际合作项目管理等任务。登录其网站可下载软科学研究成果报告，了解国家及区域合作信息等内容

续表

序号	机构名称及网址	机构简介
7	美国国家可再生能源实验室 http：//www. nrel. gov	美国国家可再生能源实验室（National Renewable Energy Laboratory，NREL）是美国从事可再生能源和能源效率研究和开发的主要实验室，隶属于美国能源部，是美国唯一一所专门致力于可再生能源基础研究的国家实验室。在其网站可查阅下载实验室的各种研究报告、实验方法手册，了解其研究进展、招生计划等信息
8	中国科学院广州能源研究所 http：//www. giec. ac. cn	中国科学院广州能源研究所（以下简称广州能源所）成立于 1978 年。其定位是新能源与可再生能源领域的研究与开发利用，主要从事清洁能源工程科学领域的高技术研究，并以后续能源中的新能源与可再生能源为主要研究方向，兼顾发展节能与能源环境技术，发挥能源战略的重要支撑作用。登录其网站可了解其所具有的研究平台、研究方向及研究进展、研究生招生信息等
9	中国科学院青岛生物能源与过程研究所 http：//www. qibebt. cas. cn	中国科学院青岛生物能源与过程研究所是由中国科学院、山东省人民政府、青岛市人民政府于 2006 年 7 月共同筹建的。研究所聚焦新能源与先进储能，兼顾新生物和新材料领域，开展战略性、基础性、前瞻性和系统集成的重大创新研究。登录其网站可了解其所具有的研究平台、研究方向及研究进展、研究生招生信息等
10	中国可再生能源学会 http：//www. cres. org. cn	中国可再生能源学会（China Renewable Energy Society，CRES）成立于 1979 年 9 月，领域涉及太阳能光伏与光热、风能、生物质能、氢能、海洋能、地热能以及天然气水合物、发电并网等，具有多学科、综合性的特点，是目前中国可再生能源领域内最具影响力的学术团体之一。学会网站设有新闻、国际合作、学术会议、行业新闻、能源文章、政策规划、科普园地、资料下载、出版物等版块
11	中国农村能源行业协会 http：//www. carei. org. cn	中国农村能源行业协会（China Association of Rural Energy Industry，CAREI）是由从事农村能源建设领域的技术开发、产品制造、工程施工、市场营销等企事业单位、社团机构自愿组成，并经民政部批准的跨部门全国性行业社团法人组织。下设有太阳能热利用、民用清洁炉具、沼气、生物质能、分布式电源、新型液体燃料六个专业委员会和能源行业农村能源标准化技术委员会。中国农村能源行业信息网是其官方网站
12	中国能源研究会 http：//www. cers. org. cn	中国能源研究会（China Energy Research Society，CERS）成立于 1981 年 1 月，是由中国能源科技与管理工作者和能源领域的知名企事业单位组成的学术团体。研究会下设新能源、储能、能源互联网等 16 个专业技术委员会
13	中国电力企业联合会 http：//www. cec. org. cn	中国电力企业联合会（China Electricity Council，CEC）于 1988 年由国务院批准成立，是全国电力行业企事业单位的联合组织。国家电网公司为第六届理事会理事长单位，15 个大型电力企业集团和华北电力大学为副理事长单位。网站专门设有科技开发与新能源版块
14	中国能源网 http：//www. cnenergynews. cn	中国能源网是国内能源行业权威的专业新闻网站。中国能源网依托《中国能源报》强大的报道力量，全力开创跨媒体的联动传播模式，实现报网联动的立体服务，以文字、图像、视频、音频相结合的方式提供多元化的能源资讯。网站版块分为国内、国际、油气、煤炭、电力、新能源等，并设有专题、视频专栏

续表

序号	机构名称及网址	机构简介
15	21 世纪可再生能源政策网络 http：//www. ren21. net/	21 世纪可再生能源政策网络（Renewable Energy Policy Network for the 21st Century，REN21），一个全球性的政策网络，旨在通过共享观点、鼓励采取各种方式的行动，促进可再生能源的发展。2005 年起，REN21 每年发表《可再生能源全球现状报告》，制作了大量国际公认的再生能源政策和再生能源市场的发展报告
16	欧洲光伏产业协会 http：//www. solarpowereurope. org/	欧洲光伏产业协会（原名 European Photovoltaic Industry Association，2015 年 5 月 28 日改名为 SolarPower Europe），是目前世界规模最大的太阳能光伏行业协会。网站设有 LIVE MAP、WHAT WE DO、EVENTS、MEDIA、REPORTS、POLICY 等版块
17	国际地热能协会 https：//www. geothermal－energy. org/	国际地热能协会（International Geothermal Association，IGA）是一个非政治、非盈利、非政府组织，具有联合国专门咨商地位和绿色气候基金特别观察员地位。在 65 多个国家拥有超过 4000 名成员。其目标是通过在地热专家、商业界、政府代表、联合国组织、民间社会和公众之间发布科学和技术信息，鼓励研究、开发和利用全球地热资源。其网站上有关于地热能基础知识的介绍

附录 3

全国性大学生创新创业大赛简介

全国性大学生创新创业大赛简介

为方便同学们了解创新创业大赛，这里选取9项全国性大学生创新创业大赛加以简要介绍，大赛详细信息请参考相关大赛网址。

一、中国国际“互联网+”大学生创新创业大赛

1. 大赛简介

中国国际“互联网+”大学生创新创业大赛由教育部、中央网络安全和信息化领导小组办公室、国家发展和改革委员会、工业和信息化部、人力资源和社会保障部、国家知识产权局、中国科学院、中国工程院、共青团中央和承办高校所在的省级人民政府共同主办。是目前国内最具影响力的大学生创新创业大赛。大赛每年举办一次。

2. 大赛内容

大赛围绕“互联网+”和创新创业主题开展，要求能够将移动互联网、云计算、大数据、人工智能、物联网等新一代信息技术与经济社会各领域紧密结合，培育基于互联网新时代的新产品、新服务、新业态、新模式；发挥互联网在促进产业升级以及信息化和工业化深度融合中的作用，促进制造业、农业、能源、环保等产业转型升级；发挥互联网在社会服务中的作用，创新网络化服务模式，促进互联网与教育、医疗、交通、金融、消费生活等深度融合。

3. 大赛规则

（1）参赛对象：大赛分为高教主赛道、“青年红色筑梦之旅”赛道、职教赛道和萌芽赛道4个赛道。主赛道参赛对象根据参赛项目所处的创业阶段及已获投资情况，分为创意组、初创组、成长组和师生共创组。“青年红色筑梦之旅”赛道根据项目性质和特点，分为公益组和商业组。

（2）参赛单位：以团队为单位报名参赛。允许跨校组建团队。每个团队的参赛成员不少于3人，须为项目的实际成员。参赛团队所报参赛创业项目，须为本团队策划或经营的项目，不可借用他人项目参赛。已获往届中国国际“互联网+”大学生创新创业大赛金奖和银奖的项目，不再报名参赛。

（3）比赛赛制：大赛采用校级初赛、省级复赛、全国总决赛三级赛制。校级初赛由各高校负责组织，省级复赛由各省（自治区、直辖市）负责组织，全国总决赛由各省（自治区、直辖市）按照大赛组委会确定的配额择优遴选推荐项目。大赛组委会将综合考虑各省（自治区、直辖市）报名团队数、参赛高校数和创新创业教育工作情况等因素分配名额。高校主赛道每所高校入选全国总决赛团队总数不超过4个，“青年红色筑梦之旅”赛道、职教赛道、萌芽赛道每所院校入选全国总决赛团队总数各不超过2个。

4. 奖励

高教主赛道中国大陆参赛项目设金奖50个、银奖100个、铜奖450个，中国港澳台地区参赛项目设金奖5个、银奖15个、铜奖另定，国际参赛项目设金奖40个、银奖60个、铜奖300个。另设最佳带动就业奖、最佳创意奖、最具商业价值奖、最

具人气奖各1个。获奖项目颁发获奖证书，提供投融资对接、落地孵化等服务。

5. 大赛网址

http：//cy. ncss. cn/

二、“挑战杯”全国大学生课外学术科技作品竞赛

1. 竞赛简介

“挑战杯”是“挑战杯”全国大学生课外学术科技作品竞赛的简称，是由共青团中央、中国科协、教育部、全国学联共同主办的全国性大学生课外学术竞赛。“挑战杯”竞赛在中国有两个并列项目，一个是“挑战杯”全国大学生创业计划竞赛；另一个则是“挑战杯”全国大学生课外学术科技作品竞赛。这两个项目的全国竞赛交叉轮流开展，每个项目每两年举办一届。

“挑战杯”全国大学生课外学术科技作品竞赛（以下简称“‘挑战杯’竞赛”）是由共青团中央、中国科协、教育部、全国学联和地方政府共同主办，国内著名大学、新闻媒体联合发起的一项具有导向性、示范性和群众性的全国竞赛活动。自1989年首届竞赛举办以来，“挑战杯”竞赛在促进青年创新人才成长、深化高校素质教育、推动经济社会发展等方面发挥了积极作用，在广大高校乃至社会上产生了广泛而良好的影响，被誉为当代大学生科技创新的“奥林匹克”盛会。

2. 竞赛内容

高等学校在校学生申报自然科学类学术论文、哲学社会科学类社会调查报告和学术论文、科技发明制作三类作品参赛；聘请专家评定出具有较高学术理论水平、实际应用价值和创新意义的优秀作品，给予奖励；组织学术交流和科技成果的展览、转让活动。

3. 竞赛规则

（1）参赛对象：凡在举办竞赛终审决赛的当年7月1日以前正式注册的全日制非成人教育的各类高等院校在校专科生、本科生、硕士研究生和博士研究生（均不含在职研究生）都可申报作品参赛。

（2）作品申报：申报参赛的作品必须是距竞赛终审决赛当年7月1日前两年内完成的学生课外学术科技或社会实践活动成果，可分为个人作品和集体作品。申报个人作品的，申报者必须承担申报作品60%以上的研究工作，作品鉴定证书、专利证书及发表的有关作品上的署名均应为第一作者，合作者必须是学生且不得超过2人；凡作者超过3人的项目或者不超过3人，但无法区分第一作者的项目，均须申报集体作品。集体作品的作者必须均为学生。凡有合作者的个人作品或集体作品，均按学历最高的作者划分至本专科生、硕士研究生或博士研究生类进行评审。

4. 奖励

竞赛采取学校、省（自治区、直辖市）和全国三级赛制，分预赛、复赛、决赛三个赛段进行。全国评审委员会对各省级组织协调委员会和发起高校报送的参赛作品进行预审，评出80%左右的参赛作品入围获奖作品，评出入围作品中的40%获得三等奖，其余60%进入终审决赛。在终审决赛中评出特等奖、一等奖、二等奖，其余部分

获得三等奖。

5. 比赛网址

http：//www. tiaozhanbei. net

三、“创青春”全国大学生创业大赛

1. 大赛简介

“创青春”全国大学生创业大赛是在原有“挑战杯”中国大学生创业计划竞赛的基础上，由共青团中央、教育部、人力资源社会保障部、中国科协、全国学联和地方省级人民政府主办，工业和信息化部、国务院国有资产监督管理委员会、中华全国工商业联合会支持的一项具有导向性、示范性和群众性的创业竞赛活动。大赛自2014年起每两年举办一次。

2. 大赛内容

大赛下设3项主体赛事：大学生创业计划竞赛（即“挑战杯”中国大学生创业计划竞赛)、创业实践挑战赛、公益创业赛。

3. 大赛规则

（1）基本方式：大学生创业计划竞赛面向高等学校在校学生，以商业计划书评审、现场答辩等作为参赛项目的主要评价内容；创业实践挑战赛面向高等学校在校学生或毕业未满5年的高校毕业生，且应已投入实际创业3个月以上，以盈利状况、发展前景等作为参赛项目的主要评价内容；公益创业赛面向高等学校在校学生，以创办非盈利性质社会组织的计划和实践等作为参赛项目的主要评价内容。

（2）参赛对象：凡在举办大赛终审决赛的当年7月1日以前正式注册的全日制非成人教育的各类高等院校在校专科生、本科生、硕士研究生和博士研究生（均不含在职研究生）可参加全部3项主体赛事；毕业5年以内（时间截至举办大赛终审决赛的当年7月1日）的专科生、本科生、硕士研究生和博士研究生可代表原所在高校参加创业实践挑战赛。

（3）参赛单位：以学校为单位统一申报，以创业团队形式参赛，原则上每个团队人数不超过10人。对于跨校组队参赛的项目，各成员须事先协商明确项目的申报单位。

（4）作品申报：每个学校选送参加全国大赛的项目总数不超过6件。其中，参加大学生创业计划竞赛的项目总数不超过3件，参加创业实践挑战赛的项目总数不超过2件，参加公益创业赛的项目总数不超过1件，每人（每个团队）限报1件；每个参赛项目只可选择参加一项主体赛事，不得兼报。专项竞赛名额另计。

参赛项目须经过本省（自治区、直辖市）组织协调委员会进行资格及形式审查和本省（自治区、直辖市）评审委员会初步评定，方可上报全国组织委员会办公室。各省（自治区、直辖市）选送全国大赛的项目数额由主办单位统一确定。

4. 奖励

大赛由资格审查和初评，以及复审两个阶段组成。3项主体赛事的奖项设置统一为金奖、银奖、铜奖，分别约占进入决赛项目总数的10%、20%和70%。

5. 大赛官方网站

http//www. chuangqingchun. net

四、全国大学生数学建模竞赛

1. 竞赛简介

全国大学生数学建模竞赛是由中国工业与应用数学学会主办的面向全国大学生的群众性科技活动，目的在于激励学生学习数学的积极性，提高学生建立数学模型和运用计算机技术解决实际问题的综合能力，鼓励广大学生踊跃参加课外科技活动，开拓知识面，培养创造精神及合作意识，推动大学数学教学体系、教学内容和方法的改革。竞赛创办于1992年，每年一届，目前已成为全国高校规模最大的基础性学科竞赛，也是世界上规模最大的数学建模竞赛。

2. 竞赛内容

竞赛题目一般来源于工程技术和管理科学等方面经过适当简化加工的实际问题，不要求参赛者预先掌握深入的专门知识，只需要学过高等学校的数学课程。题目有较大的灵活性，供参赛者发挥其创造能力。参赛者应根据题目要求，完成一篇包括模型的假设、建立和求解，计算方法的设计和计算机实现，结果的分析和检验，模型的改进等方面的论文（即答卷）。竞赛评奖以假设的合理性、建模的创造性、结果的正确性和文字表述的清晰程度为主要标准。

3. 竞赛规则

（1）全国统一竞赛题目，采取通信竞赛方式，以相对集中的形式进行。

（2）竞赛每年举办一次，一般在某个周末前后的三天内举行。

（3）大学生以队为单位参赛，每队3人（须属于同一所学校），专业不限。竞赛分本科、专科两组进行，本科生参加本科组竞赛，专科生参加专科组竞赛（也可参加本科组竞赛），研究生不得参加。每队可设一名指导教师（或教师组），从事赛前辅导和参赛的组织工作，但在竞赛期间必须回避参赛队员，不得进行指导或参与讨论，否则按违反纪律处理。

（4）竞赛期间参赛队员可以使用各种图书资料、计算机和软件，在国际互联网上浏览，但不得与队外任何人（包括在网上）讨论。

（5）竞赛开始后，赛题将公布在指定的网址供参赛队下载，参赛队在规定时间内完成答卷，并准时交卷。

4. 奖励

竞赛分赛区组织进行，原则上一个省（自治区、直辖市）为一个赛区。各赛区组委会聘请专家组成评阅委员会，评选本赛区的一等奖、二等奖（也可增设三等奖），获奖比例一般不超过三分之一，其余凡完成合格答卷者可获得成功参赛证书。各赛区组委会按全国组委会规定的数量将本赛区的优秀答卷送全国组委会。全国组委会聘请专家组成全国评阅委员会，按统一标准从各赛区送交的优秀答卷中评选出全国一等奖和二等奖。

5. 竞赛网址

http：//www. mcm. edu. cn/

五、全国大学生节能减排社会实践与科技竞赛

1. 竞赛简介

全国大学生节能减排社会实践与科技竞赛是由教育部高等教育司主办，由高等教育司办公室主抓的全国大学生学科竞赛。该竞赛充分体现了“节能减排、绿色能源”的主题，紧密围绕国家能源与环境政策，紧密结合国家重大需求，在教育部的直接领导和广大高校的积极协作下，起点高、规模大、精品多，覆盖面广，是一项具有导向性、示范性和群众性的全国大学生竞赛。该项比赛每年举办一次，主要是激发当代大学生的青春活力，创新实践能力，目前全国几乎所有211大学都积极参与其中。

2. 竞赛内容

竞赛内容：紧扣竞赛主题，体现新思维、新思想的实物制作（含模型）、软件、设计和社会实践调研报告等作品。

3. 竞赛规则

（1）参赛对象：全日制非成人教育的本科生、专科生、硕士研究生和博士研究生（不含在职研究生）。参赛者必须以小组形式参赛，每组不得超过7人，可聘请指导教师1名。

（2）参赛单位：以高等学校为参赛单位，每所高校限报15项作品，申报作品时需对所有作品进行排序以作评审参考。

（3）作品申报：参赛作品必须是比赛当年完成的作品。参赛学生必须在规定时间内完成设计，并按要求准时上交参赛作品。

（4）作品评审：由作品初审、专家会评、作品公示、终审和决赛等阶段组成。

4. 奖励

设立等级奖、单项奖和优秀组织奖三类奖项。等级奖设特等奖（可空缺）、一等奖、二等奖、三等奖和优秀奖。获奖比例由竞赛委员会根据参赛规模的实际情况确定。

5. 竞赛网址

http：//www. jienengjianpai. org/

六、全国大学生电子设计竞赛

1. 竞赛简介

全国大学生电子设计竞赛是由教育部与工业和信息化部共同发起的面向大学生的群众性科技活动，目的在于推动高等学校促进信息与电子类学科课程体系和课程内容的改革。该竞赛每逢单数年的9月份举办，赛期四天三夜。在双数的非竞赛年份，根据实际需要由全国竞赛组委会和有关赛区组织开展全国的专题性竞赛，同时积极鼓励各赛区和学校根据自身条件适时组织开展赛区和学校一级的大学生电子设计竞赛。

2. 竞赛内容

该竞赛以电子技术（包括模拟和数字电路）应用设计为主要内容，分为电源类、信号源类、无线电类、放大器类、仪器仪表类、控制类等几大类，包括理论设计和实际制作与调试两部分。

3. 竞赛规则

（1）参赛对象：具有正式学籍的全日制在校本、专科生。

（2）参赛单位：以高等学校为基本参赛单位，参赛学校应成立电子竞赛工作领导小组，负责本校学生的参赛事宜，包括组队、报名、赛前准备、赛期管理和赛后总结等。

（3）作品申报：竞赛采用全国统一命题、分赛区组织、“半封闭、相对集中”的方式进行。每支参赛队由三名学生组成。参赛学生必须按统一时间参加竞赛，按时开赛，准时交卷。

（4）作品评审：竞赛评审分赛区和全国两级评审，按本科生组和高职高专学生组的相应标准分别开展评审工作。每个测试组至少由三位赛区评审专家组成。全国竞赛评审工作原则上由一个专家组在一地完成。全国竞赛评审分为初评和复评两个阶段。全国一等奖候选队一律集中在一地参加复评，原则上不再另行命题，以原竞赛题目为基础，由专家组确定测试内容和方式，参加复评的代表队名单以全国竞赛组委会届时公布的有关通知为准。

4. 奖励

（1）各赛区组委会聘请专家组成赛区评委会，评选本赛区的一、二、三等奖，获奖比例一般不超过总参赛队数的三分之一。赛区组委会向全国组委会推荐的队数分别不得超过当年本赛区本科生组和高职高专学生组实际参赛队数量的10%。

（2）全国分组设立一、二等奖。本科生组和高职高专学生组获奖队数量分别不超过当年实际参赛队的8%，其中一等奖和二等奖的比例原则上为3：7。

5. 竞赛网址

http：//nuedc. xjtu. edu. cn/

七、全国大学生机械创新设计大赛

1. 竞赛简介

全国大学生机械创新设计大赛由全国大学生机械创新设计大赛组织委员会和教育部高等学校机械基础课程教学指导分委员会主办，全国机械原理教学研究会、全国机械设计教学研究会、各省市金工研究会联合著名高校和社会力量共同承办的一项大学生机械学科创新设计大赛。大赛的目的在于引导高等学校在教学中注重培养大学生的创新设计意识、综合设计能力与团队协作精神；加强学生动手能力的培养和工程实践的训练，提高学生针对实际需求通过创新思维，进行机械设计和工艺制作等实践工作能力；吸引、鼓励广大学生踊跃参加课外科技活动，为优秀人才脱颖而出创造条件。大赛每两年举办一次。

2. 竞赛内容

根据竞赛主题要求，参赛作品必须以机械设计为主，提倡采用先进理论和先进技术，如机电一体化技术等。对作品的评价不以机械结构为单一标准，而是对作品的功能、设计、结构、工艺制作、性能价格比、先进性、创新性等多方面进行综合评价。在实现功能相同的条件下，机械结构越简单越好。

3. 竞赛规则

（1）参赛对象：大赛期间在国家承认的高等院校注册的在校学生以及当年毕业的本、专科学生。

（2）参赛单位：以高等学校为基本参赛单位。

（3）作品申报：申报参赛作品可以以个人或小组的形式申报，每件参赛作品的参与学生人数不得超过5人，指导教师人数不得超过2人。参赛队需提交完整的设计说明书并附主要设计图纸。

（4）作品评审：采用学校选拔、各赛区预赛和全国决赛（含初评和决赛评审）的方式，每个参赛的省（自治区、直辖市）为一个赛区。评审委员会的评审工作分小组评审和集中评审两个阶段。小组评审将参赛作品按内容分成若干组，评审委员亦划分成相应个评审小组；集中评审对各小组上报的获奖建议名单，评审委员会采取第二轮观摩或问辩的方式，对其中一部分参赛作品进行复审，通过投票（或打分），最终确定各个奖次的获奖名单。

4. 奖励

（1）各赛区组委会负责本赛区的评奖工作。赛区奖的评奖等级及各奖项获奖比例由各赛区自行确定。

（2）全国大赛决赛设立设计奖、单项奖和组织奖三类奖项。其中，设计奖设立一等奖、二等奖两个奖级。单项奖由决赛评审委员会提出设立的各单项奖名称并进行提名，报全国大赛主办方批准。

5. 竞赛网址

http：//umic. ckcest. cn/

八、全国大学生工程训练综合能力竞赛

1. 竞赛简介

全国大学生工程训练综合能力竞赛由教育部高等教育司主办，由全国大学生工程训练综合能力竞赛组织委员会组织实施。大赛旨在加强大学生工程实践能力、创新意识和合作精神的培养，激发大学生进行科学研究与探索的兴趣，挖掘大学生的创新潜能与智慧，为优秀人才脱颖而出创造良好的条件。竞赛每两年举办一次。

2. 竞赛内容

竞赛题目采用命题方式，由专家委员会负责组织比赛命题设计。

3. 竞赛规则

（1）参赛对象：面向全日制普通高校和科研院所研究生（含硕士、博士）、本科生、专科生（创业实践类可面向毕业5年以内的高校毕业生）。

（2）参赛单位：凡在全国竞赛举办当年为正式注册的全国各类高等院校。

（3）作品申报：参赛者以小组形式申报。每组学生人数不超过3人，指导教师人数不超过2人，具体人数以每届竞赛组委会发布的报名通知为准。参赛小组应统一按照全国竞赛组委会发布的命题及其规则，在参加竞赛前向秘书处提交所要求的设计报告以及实物等材料。

（4）作品评审：大赛评审工作组对参赛作品的综合分析能力、创新设计能力、工艺综合设计能力、实际动手操作能力和工程管理综合应用能力等方面进行综合评价，依据比赛成绩评定标准对参赛作品进行评分，确定作品的获奖等级。

4. 奖励

（1）全国竞赛设特等和一、二、三等奖及优秀奖、优秀组织奖、优秀指导教师奖。每届全国竞赛设特等奖一项，此奖项可以空缺；其余奖项的数量和比例由全国竞赛组委会根据每届竞赛实际情况确定，并在赛前公布。

（2）全国竞赛组委会向获奖的参赛队、教师颁发获奖证书和奖品。

5. 竞赛网址

http：//www. gcxl. edu. cn/index. htm

九、中国可再生能源学会大学生优秀科技作品竞赛

1. 竞赛简介

中国可再生能源学会大学生优秀科技作品竞赛由中国可再生能源学会创办并主办，全国新能源科学与工程专业联盟和相关高校承办。大赛旨在推动可再生能源和新能源领域人才培养与技术创新的深度融合，加强可再生能源领域学术交流与科技创新。

2. 竞赛内容

紧扣竞赛主题，主要内容涉及太阳能、风能、生物质能、地热能、氢能、海洋能、天然气水合物、可再生能源发电并网技术、储能，作品包括实物制作（含模型）、软件、设计等，体现新思想、新原理、新方法及新技术。

3. 竞赛规则

（1）参赛对象：全日制非成人教育的本科生、硕士研究生和博士研究生（含港澳台，不含在职研究生）。

（2）参赛单位：全日制普通高校和科研院所。

（3）作品申报：参赛者必须以团队形式参赛，团队分为本科生、研究生团队，其中有一位本科以上学历者的团队视为研究生团队。每队不得超过7人，可聘请指导教师1名。参赛学生必须在规定时间内完成设计，并按要求准时上交参赛作品。

（4）作品评审：专家委员会根据作品的科学性、创新性、可行性和经济性等对作品进行初审和终审，并提出获奖名单。

4. 奖励

竞赛设特等奖和一、二、三等奖，获奖数目由竞赛组委会根据参赛规模的实际情况确定。

附录 4

新能源相关硕士专业及招生单位

新能源相关硕士专业及招生单位

门类	学科类别	硕士招生专业	招生单位
理学 07	物理学 0702	能源与材料物理	福建师范大学
		能源与环境系统工程	苏州大学
		新能源材料与器件	重庆师范大学
		新能源科学与工程	苏州大学
	化学 0703	光电转换材料	青海民族大学
		洁净能源科学	西南大学
		纳米科学与技术	中国科学院大学
		物理化学	中国科学院大学、内蒙古师范大学、大连理工大学
		新能源材料	福州大学
工学 08	机械工程 0802	能源机械装备及其自动化	南京理工大学
	材料科学与工程 0805	半导体材料与器件	中国科学院大学
		材料科学与工程	北京科技大学、北京化工大学、华北电力大学、中国石油大学（北京）、中国科学院大学、钢铁研究总院、北京有色金属研究总院
		光伏材料与器件	常州大学
		核工程与材料	厦门大学
		能源与材料工程	福建师范大学
		新能源材料与器件	四川大学、云南大学
		新能源科学与工程	云南大学
	动力工程及工程热物理 0807	动力工程及工程热物理	清华大学、北京工业大学、北京航空航天大学、北京理工大学、北京科技大学、北京化工大学、华北电力大学、中国科学院大学、天津大学、天津城建大学、华北电力大学（保定）、河北工业大学、华北理工大学、河北科技大学、中北大学、太原理工大学、内蒙古科技大学、内蒙古工业大学、沈阳工业大学、沈阳航空航天大学、东北大学、辽宁科技大学、辽宁工程技术大学、沈阳化工大学、吉林大学、东北电力大学、哈尔滨工业大学、哈尔滨工程大学、东北石油大学、哈尔滨商业大学
		动力机械及工程	北京交通大学、同济大学、上海理工大学、上海电力大学、武汉理工大学、兰州理工大学
		风能和太阳能系统与工程	西北工业大学
		工程热物理	中国科学院大学、上海电力大学、南京工业大学、常州大学、武汉工程大学、昆明理工大学、兰州理工大学
		核能发电工程	武汉大学
		化工过程机械	大连理工大学、上海理工大学、中国矿业大学、四川大学、昆明理工大学
		节能材料与工程	南京工业大学

续表

门类	学科类别	硕士招生专业	招生单位
工学 08	动力工程及工程热物理 0807	可再生能源科学与工程	上海电力大学、河海大学
		可再生能源与环境工程	兰州理工大学
		流体机械及工程	中国科学院大学、大连理工大学、河海大学、扬州大学、河南理工大学、西安理工大学、兰州理工大学
		能源与环境工程	大连理工大学
		热能工程	北京交通大学、中国石油大学（北京）、中国科学院大学、大连理工大学、华东理工大学、上海理工大学、上海电力大学、南京理工大学、南京工业大学、常州大学、景德镇陶瓷大学、郑州大学、武汉大学、昆明理工大学、陕西科技大学、兰州理工大学
		新能源科学与工程	南京理工大学、华中科技大学
		新能源科学与技术	上海理工大学
		制冷及低温工程	北京航空航天大学、大连理工大学、上海理工大学
	电气工程 0808	电工理论与新技术	中国科学院大学、中国电力科学研究院、福州大学、湖北工业大学、兰州理工大学
		电机与电器	中国科学院大学、河北科技大学、上海电力大学、南京理工大学、扬州大学
		电力电子与电力传动	中国科学院大学、太原科技大学、内蒙古工业大学、上海电力大学、福州大学、山东大学、兰州理工大学
		电力系统及其自动化	中国电力科学研究院、内蒙古工业大学、辽宁工业大学、上海电力大学、福州大学、湖北工业大学、兰州理工大学、兰州交通大学
		电气工程	北方工业大学、华北电力大学、沈阳工业大学、东北大学、东北电力大学、长春工业大学
		电气系统检测与控制	上海电力大学
		可再生能源与清洁能源	华北电力大学
		能源与电工的新材料及器件	中国科学院大学
		太阳能技术与工程	湖北工业大学
		智能电网与控制	南京理工大学
	电子科学与技术 0809	光伏工程	厦门大学
		微电子学与固体电子学	上海大学、景德镇陶瓷大学、暨南大学、宁夏大学
		物理电子学	中国科学院大学、河南师范大学
		有机电子学	南京邮电大学
	水利工程 0815	风能工程	天津大学
		海洋能利用技术	中国海洋大学
		能源工程及电站动力系统	四川大学
	化学工程与技术 0817	材料化学工程	上海电力大学、上海应用技术大学、中国科学技术大学、安徽理工大学
		化学工程	中国科学院大学、大连理工大学

续表

门类	学科类别	硕士招生专业	招生单位
工学 08	化学工程与技术 0817	化学工程与技术	清华大学、北京化工大学、中国石油大学（北京）、中国科学院大学、天津工业大学、天津理工大学、华北电力大学（保定）、太原理工大学、沈阳理工大学、辽宁科技大学、大连工业大学、沈阳师范大学
工学 08	化学工程与技术 0817	化学工艺	中国科学院大学、中国石油化工股份有限公司石油化工科学研究院、大连理工大学、辽宁石油化工大学、武汉大学
工学 08	化学工程与技术 0817	化学物理技术	郑州轻工业大学
工学 08	化学工程与技术 0817	环境化学工程	上海电力大学
工学 08	化学工程与技术 0817	能源化工	大连理工大学
工学 08	化学工程与技术 0817	生物化工	中国科学院大学、大连理工大学、辽宁石油化工大学、东北电力大学、南京理工大学、南京工业大学、浙江工业大学、中国科学技术大学、厦门大学、中国石油大学（华东）、郑州大学、郑州轻工业大学
工学 08	化学工程与技术 0817	应用化学	中国科学院大学
工学 08	化学工程与技术 0817	再生资源化工	四川轻化工大学
工学 08	化学工程与技术 0817	资源循环利用工程	湖北工业大学
工学 08	石油与天然气工程 0820	非常规油气工程	西安石油大学
工学 08	石油与天然气工程 0820	油气储运工程	常州大学
工学 08	轻工技术与工程 0822	工业微生物代谢工程	湖北工业大学
工学 08	轻工技术与工程 0822	轻工技术与工程	中国林业科学研究院
工学 08	轻工技术与工程 0822	生物质化学与材料工程	陕西科技大学
工学 08	轻工技术与工程 0822	生物质能源与材料	大连工业大学
工学 08	农业工程 0828	农业生物环境与能源工程	中国农业大学、中国农业科学院、内蒙古农业大学、沈阳农业大学、吉林大学、吉林农业大学、佳木斯大学、东北农业大学、河海大学、南京农业大学、华中农业大学、华南农业大学、仲恺农业工程学院、西南大学、昆明理工大学、云南农业大学、云南师范大学、西安理工大学、西北农林科技大学
工学 08	林业工程 0829	生物能源与生物材料	西南林业大学
工学 08	林业工程 0829	生物质化学与技术	西南林业大学
工学 08	林业工程 0829	生物质能源科学与技术	南京林业大学
工学 08	林业工程 0829	生物资能源与材料	中国林业科学研究院、浙江农林大学、福建农林大学、西南林业大学
工学 08	环境科学与工程 0830	环境科学与工程	北京工业大学、北京航空航天大学、北京科技大学、北京化工大学、中国农业大学、北京林业大学、华北电力大学、中国石油大学（北京）、中国科学院大学、天津工业大学、天津城建大学、华北电力大学（保定）、河北科技大学、太原理工大学
工学 08	环境科学与工程 0830	环境科学与新能源技术	清华大学
工学 08	环境科学与工程 0830	再生资源科学与技术	昆明理工大学
工学 08	环境科学与工程 0830	资源循环科学与工程	南开大学、山西大学、福州大学
农学 09	农业资源与环境 0903	农业资源应用化学	内蒙古农业大学
农学 09	农业资源与环境 0903	农业资源与环境	中国农业大学、山西农业大学、内蒙古农业大学、沈阳农业大学、延边大学、黑龙江八一农垦大学、南京农业大学
农学 09	农业资源与环境 0903	生物质工程	中国农业大学

注： 更详细信息请检索研招网网站 https：//yz. chsi. com. cn/zsml/queryAction. do

参 考 文 献

[1] NICOLA ARMAROLI, VINCENZO BALZANI. Energy for a Sustainable World: From the Oil Age to a Sun - Powered Future [M]. Weinheim: WILEY - VCH Verlag GmbH & Co. KGaA, 2011.

[2] ROSARIO CARBONE. Energy Storage in the Emerging Era of Smart Grids [M]. Croatia: InTech, 2011.

[3] NASIR EI BASSAM, PREBEN MAEGAARD, MARCIA LAWTON SCHLICHTING. Distributed renewable energies for off - grid communities: strategies and technologies toward achieving sustainability in energy generation and supply [M]. Elsevier, 2013.

[4] VAN NGUYEN M, ARASON S, GISSURARSON, et al. Uses of geothermal energy in food and agriculture: opportunities for developing countries [R]. FAO, 2015.

[5] European Commission. Energy 2020 - A strategy for competitive, sustainable and secure energy [R]. Luxembourg: Publications Office of the European Union, 2011.

[6] IEA. Technology Roadmap Bioenergy for Heat and Power [R]. 2012.

[7] U. S. Department of Energy. 2016 Billion - Ton Report: Advancing Domestic Resources for a Thriving Bioeconomy, Volume 1: Economic Availability of Feedstock [R/OL]. http: //energy. gov/eere/bioenergy/2016 - billion - ton - report.

[8] DOHYUNG KIM, KELSEY K SAKIMOTO, DACHAO HONG, et al. Artificial photosynthesis for sustainable fuel and chemical production [J]. Angewandte Chemie, 2015, 54 (11): 3259.

[9] ARVID R EIDE, ROLAND D. JENISON, LARRY L NORTHUP, STEVEN K MICKELSON. Engineering fundamentals and problem solving [M]. McGraw - Hill Education, 2017.

[10] ANDREW JARVIS, ADARSH VARMA, JUSTIN RAM. Assessing green jobs potential in developing countries: A practitioner's guide [R]. Geneva, International Labour Office, 2011.

[11] ARVIZU D, BALAYA P, CABEZA L, et al. Direct Solar Energy. In IPCC Special Report on Renewable Energy Sources and Climate Change Mitigation [O. Edenhofer, R. Pichs - Madruga, Y. Sokona, K. et al. (eds)] [M]. New York: Cambridge University Press, 2011.

[12] CIAMICIAN G. The Photochemistry of the Future [J]. Science, 1912, 36 (926): 385 - 394.

[13] KELSE Y K SAKIMOTO, NIKOLAY KORNIENKO, PEIDONG YANG. Cyborgian Material Design for Solar Fuel Production: The Emerging Photosynthetic Biohybrid Systems [J]. Acc Chem Res, 2017, 50 (3): 476 - 481.

[14] United Nations Conference on trade and development. Second generation biofuel markets: state of play, trade and developing country perspectives [R]. United Nations, 2016.

[15] UNEP, ILO, IOE, ITUE. Green Jobs: Towards Decent Work in a Sustainable, Low - Carbon World [R], 2008.

[16] NICHOLS E M, GALLAGHER J J, LIU C, et al. Hybrid bioinorganic approach to solar - to - chemical conversion [J]. Proceedings of the National Academy of Sciences of the United States of America, 2015, 112 (37): 11461.

[17] ANTTI ARASTO, DAVID CHIARAMONTI, JUHA KIVILUOMA. Bioenergy's role in balancing the electricity grid and providing storage options - an EU perspective [R]. IEA Bioenergy, 2017.

[18] IREAN. Renewable Energy and Jobs: Annual Review 2017 [R/OL]. http: //www. irena. org/

publications.

[19] IEA. Key world energy statistics [R]. 2016.

[20] IEA. Trends 2016 in Photovoltaic Applications: Survey Report of Selected IEA Countries between 1992 and 2015 [R]. 2016.

[21] IEA. Technology Roadmap: Solar Heating and Cooling [R]. 2012.

[22] IEA. Technology Roadmap: Energy Storage [R]. 2014.

[23] IEA. Technology Roadmap: Delivering Sustainable Bioenergy [R]. 2017.

[24] IEA. Technology Roadmap: Solar Photovoltaic Energy [R]. 2014.

[25] IEA. Tracking Clean Energy Progress 2017 [R]. 2017.

[26] IEA. Technology Roadmap: Wind Energy [R]. 2013.

[27] 国家发展和改革委员会/中国宏观经济研究院能源研究所，国家可再生能源中心. 中国可再生能源展望 2017 [R]. 2017.

[28] 胡以怀，金浩，冯是全，等. 垂直轴风力机在风力致热中的应用研究 [J]. 环境工程，2016，33 (s1): 933-939.

[29] 甘中学，朱晓军，王成，等. 泛能网——信息与能量耦合的能源互联网 [J]. 中国工程科学，2015，17 (9): 98-104.

[30] 胡以怀，金浩，冯是全，等. 垂直轴风力机在风力致热中的应用研究 [J]. 环境工程，2016，33 (s1): 933-939.

[31] 萧树铁. 高等数学改革研究报告 [J]. 数学通报，2002 (9): 3-8.

[32] 苏文娟，李永光. 搅拌式风力致热实验研究 [J]. 上海电力学院学报，2016，32 (3): 274-276.

[33] 李廉. 以计算思维培养为导向深化大学计算机课程改革 [J]. 中国大学教学，2013 (4): 188-188.

[34] 中国光伏行业协会，中国电子信息产业发展研究院. 中国光伏产业发展路线图 2016 年版 [R]. 2016.

[35] 郑家茂. 对大学实验教学若干问题的厘析 [J]. 实验室研究与探索，2007，26 (10): 1-3.

[36] 周国华，黄蓉，谢盼盼. 地热产业构成分析 [J]. 国土资源科技管理，2013，30 (4): 47-53.

[37] 范红梅. 世界风力发电产业现状研究与思考 [J]. 中国军转民，2016，1: 62-66.

[38] 张帅，邢志刚，姚瑶. 解密新能源 [M]. 上海：文汇出版社，2011.

[39] 徐涛. 2015 中国风电建设统计评价报告 [C]. 风能产业. 2016.

[40] 罗纳德・巴尼特. 高等教育理念 [M]. 蓝劲松，译. 北京：北京大学出版社，2012.

[41] 李培根. 认识大学 [M]. 北京：商务印书馆，2015.

[42] 邵华. 工程学导论 [M]. 北京：机械工业出版社，2016.

[43] 李河君. 中国领先一把 [M]. 北京：中信出版社，2014.

[44] AHMAD M, KHAN M A, ZAFAR M, et al. Practical Handbook on Biodiesel Production and Properties [M]. Boca Raton: CRC Press, 2012.

[45] JEREMY RIFKIN. 第三次工业革命 [M]. 张体伟，译. 中信出版社，2012.

[46] WISER R, YANG Z, HAND M, et al. Wind Energy. In IPCC Special Report on Renewable Energy Sources and Climate Change Mitigation [O. Edenhofer, R. Pichs - Madruga, Y. Sokona, K. et al. (eds)] [M]. Cambridge University Press, 2011.

[47] GOLDSTEIN B, HIRIART G, BERTANI R, et al. Geothermal Energy. In IPCC Special Report on Renewable Energy Sources and Climate Change Mitigation [O. Edenhofer, R. Pichs - Madruga, Y. Sokona, K. et al. (eds)] [M]. Cambridge University Press, 2011.

[48] SHAMSHAD AKHTAR, KAVEH ZAHEDI, HONGPENG LIU. Regional Cooperation for Sustainable Energy in Asia and the Pacific [R]. United Nations publication, 2017.

[49] 张百良. 生物质成型燃料技术与工程化 [M]. 北京：科学出版社，2012.

[50] 中国国家发展和改革委员会能源研究所，美国劳伦斯伯克利国家实验室，落基山研究所，能源基金会. 重塑能源：中国面向 2050 年能源消费和生产革命路线图研究 [R]. 2016.

[51] Geothermal Energy Association. Geothermal Basics: Q&A [R/OL]. http://www.geo - energy.org.

[52] IEA. Prospects for Distributed Energy Systems in China [R]. 2017.

[53] 郭庆方，董吴鑫. 新能源破局：中国新能源产业发展逻辑 [M]. 北京：机械工业出版社，2015.

[54] 徐涛. 2015 中国风电建设统计评价报告 [J]. 风能产业，2016 (6): 22 - 40.

[55] Robert A. Hefner Ⅲ. 能源大转型：气体能源的崛起与下一波经济大发展 [M]. 马圆春，李博抒，译. 北京：中信出版社，2013.

[56] BIRGIT KAMM, PATRICK R. GRUBER, MICHAEL KAMM. 生物炼制：工业过程与产品 [M]. 马延和，译. 北京：化学工业出版社，2007.

[57] HIMMEL M E. 生物质抗降解屏障：解构植物细胞壁产生物能 [M]. 王禄山，张正，等，译. 北京：化学工业出版社，2010.

[58] 樊一阳，易静怡. 《华盛顿协议》对我国高等工程教育的启示 [J]. 中国高教研究，2014 (8): 45 - 49.

[59] BROOKE NOEL MOORE, RICHARD PARKER. 批判性思维 [M]. 朱素梅，译. 10 版. 北京：机械工业出版社，2014.

[60] 卢安武. 重塑能源：新能源世纪的商业解决方案 [M]. 秦海岩，译. 长沙：湖南科学技术出版社，2015.

[61] 翁敏航. 太阳能电池：材料·制造·检测技术 [M]. 北京：科学出版社，2013.

[62] 田水承，景国勋. 安全管理学 [M]. 北京：机械工业出版社，2014.

[63] 杨世关，李继红，董长青. 国内外新能源专业人才培养方案对比与分析 [J]. 中国电力教育，2013 (6): 58 - 61.

[64] KANDPAL T C, BROMAN L. Renewable energy education: A global status review [J]. Renewable & Sustainable Energy Reviews, 2014, 34 (3): 300 - 324.

[65] ISLAM M, AMIN R M. Renewable - energy education for mechanical engineering undergraduate students [J]. International Journal of Mechanical Engineering Education, 2012, 40 (3): 207 - 219.

[66] JENNINGS P. New directions in renewable energy education [J]. Renewable Energy, 2009, 34 (2): 435 - 439.

[67] 教育部高等学校教学指导委员会. 普通高等学校本科专业类教学质量国家标准（上）[M]. 北京：高等教育出版社，2018.

[68] GANDÍA L M, ARZAMENDI G, DIÉGUEZ P M. Renewable Hydrogen Technologies. Production, Purification, Storage, Applications and Safety [M]. Elsevier Science, 2013.

[69] MOAVENI S. Engineering Fundamentals: An Introduction to Engineering [M]. CL - Engineering, 2010.

[70] RUFER A. Energy Storage Systems and Components [M]. Florida: CRC Press, 2017.

[71] KISUK KANG, SUNG - WOOK KIM. Bio - Inspired Synthesis of Electrode Materials for Lithium Rechargeable Batteries. In Energy Storage in the Emerging Era of Smart Grids [Rosario Carbone (eds)] [M]. InTech, 2011.

[72] BERNIE TRILLING, CHARLES FADEL. 21st Century Skills: Learning for Life in Our Times [M].

Jossey - Bass, 2009.

[73] GERALD M. WEINBERG. An Introduction to General Systems Thinking [M]. Weinberg & Weinberg, 2011.

[74] KUPPAM, CHANDRASEKHAR, YONG - JIK, et al. Biohydrogen Production: Strategies to Improve Process Efficiency through Microbial Routes [J]. International Journal of Molecular Sciences, 2015, 16: 8266 - 8293.

[75] LYNN, PAUL A. Electricity from wave and tide [M]. New Jersey: Wiley, 2013.

[76] RYAN O' HAYRE, SUK - WON CHA, WHITNEY G. COLELLA, et al. Fuel Cell Fundamentals [M]. New Jersey: Wiley, 2016.

[77] ANDREW L. DICKS, DAVID A. J. Rand. Fuel Cell Systems Explained [M]. New Jersey: Wiley, 2018.

[78] SIMON P. NEILL, M. REZA HASHEMI. Fundamentals of Ocean Renewable Energy [M]. London: Elsevier, 2018.

[79] ANTONIO SCIPIONI, ALESSANDRO MANZARDO, JINGZHENG REN. Hydrogen Economy: Supply Chain, Life Cycle Analysis and Energy Transition for Sustainability [M]. London: Elsevier, 2017.

[80] BAHMAN ZOHURI. Hydrogen Energy: Challenges and Solutions for a Cleaner Future [M]. Berlin: Springer, 2019.

[81] MASSON G, KAIZUKA I. Trends 2019 in Photovoltaic Applications [R]. IEA PVPS, 2019.

[82] IRENA. Renewable Energy and Jobs: Annual Review 2019 [R]. 2019.

[83] CHIP HEATH, DAN HEATH. Made to stick: why some ideas survive and others die [M]. New York: Random House, 2007.

[84] ROBERT L. JAFFE, WASHINGTON TAYLOR. The Physics of Energy [M]. Cambridge: Cambridge University Press, 2018.

[85] POULLIKKAS A. An overview of future sustainable nuclear power reactors [J]. International Journal of Energy & Environment, 2013, 4 (5): 743 - 776.

[86] ROEL VAN DE KROL, MICHAEL GRÄTZEL. Photoelectrochemical Hydrogen Production [M]. Berlin: Springer, 2012.

[87] REN21. Renewables 2019: Global Status Report [R]. 2019.

[88] KENNETH S. BORDENS, BRUCE B. Abbott. Research Design and Methods: A Process Approach [M]. New York: McGraw - Hill Education, 2018.

[89] MUSHTAK AL - ATABI. Think Like an Engineer: Use systematic thinking to solve everyday challenges & unlock the inherent values in them [M]. 2014.

[90] KAREN GADD. TRIZ For Engineers: Enabling Inventive Problem Solving [M]. New Jersey: Wiley, 2011.

[91] STEPHANIE CARRETERO, RIINA VUORIKARI, YVES PUNIE. DigComp 2. 1: The Digital Competence Framework for Citizens with eight proficiency levels and examples of use [M]. Publications Office of the European Union, 2017.

[92] 克劳斯·施瓦布. 第三次工业革命：转型的力量 [M]. 北京：中信出版社，2016.

[93] FRANCISCO DÍAZ - GONÁLEZ. Energy Storage in Power Systems [M]. New Jersey: Wiley, 2016.

[94] 张济生. 对培养大学生实践能力的认识 [J]. 高等工程教育研究，2001 (2)：37 - 40.

[95] 宋垈. 还原论和系统论 [J]. 前沿科学，2015，9 (4)：4 - 6.

[96] 李醒民. 论科学的精神功能 [J]. 厦门大学学报：哲学社会科学版，2005 (5)：17 - 26.

[97] 邵志刚，衣宝廉. 氢能与燃料电池发展现状及展望［J］. 低碳多能融合发展，2019，34（4）：469－476.

[98] IRENA. A New World：The Geopolitics of the Energy Transformation［R］. 2019.

[99] 裘肖庚. 数学美探源［J］. 绍兴文理学院学报：哲学社会科学，1991（4）：85－89.

[100] 吴国盛. 科学的历程［M］. 4版. 长沙：湖南科学技术出版社，2018.

[101] D. Q. 麦克伦尼，简明逻辑学［M］. 赵明燕，译. 北京：北京联合出版公司，2016.

[102] 马修·萨伊德. 黑匣子思维［M］. 孙鹏，译. 南昌：江西人民出版社，2017.

[103] WU F，MAIER J，YU Y. Guidelines and trends for next－generation rechargeable lithium and lithium－ion batteries［J］. Chem. Soc. Rev.，2020，49（5）：1569－1614.

[104] KANG S，HONG S Y，KIM N，et al. Stretchable Lithium－Ion Battery Based on Reentrant Micro－honeycomb Electrodes and Cross－Linked Gel Electrolyte［J］. ACS Nano，2020，14（3）：3660－3668.

[105] 黄志高，林应宾，李传常. 储能原理与技术［M］. 北京：中国水利水电出版社，2018.

[106] 麻常雷，夏登文，王萌，等. 国际海洋能技术进展综述［J］. 海洋技术学报，2017（4）：70－75.

[107] 爱德华·克雷格. 哲学的思与惑［M］. 曹新宇，译. 南京：译林出版社，2013.

[108] 萨米尔·奥卡沙，科学哲学［M］. 韩广忠，译. 南京：译林出版社，2013.

[109] 大卫 J. 格里菲斯. 粒子物理导论［M］. 王青，译. 北京：机械工业出版社，2019.

[110] 毛宗强，毛志明，余皓，等. 制氢工艺与技术［M］. 北京：化学工业出版社，2018.

[111] 芭芭拉·奥克利. 学习之道［M］. 教育无边界字幕组，译. 北京：机械工业出版社，2016.

[112] 曾嵘. 能源互联网发展研究［M］. 北京：清华大学出版社，2017.

[113] 贺德馨. 风能技术发展中的几个问题［J］. 世界科技研究与发展，2003，25（4）：44－48.

[114] 李岩，王绍龙，冯放. 风力机结冰与防除冰技术［M］. 北京：中国水利水电出版社，2017.

[115] JOLIN N，BOLDUC D，Swytink－Binnema N，et al. Wind turbine blade ice accretion：A correlation with nacelle ice accretion［J］. Cold Regions Science & Technology，2019，157：235－241.

[116] 范强，文贤馗，林呈辉，等. 大数据技术在风电领域应用研究［J］. 电力大数据，2017，20（9）：55－58.

[117] 赵守香，唐胡鑫，熊海涛. 大数据分析与应用［M］. 北京：航空工业出版社，2015.

[118] 李宁波，闫涛，李乃鹏，等. 基于 SCADA 数据的风机叶片结冰检测方法［J］. 发电技术，2018，39（1）：10－14.

[119] 蔡达峰. 我们的通识教育［M］. 北京：生活·读书·新知三联书店，2017.

[120] 钱颖一. 大学的改革［M］. 北京：中信出版社，2017.